02 总期第二期

REGISTERED ARCHITECT

注册建筑师

深圳市注册建筑师协会

主　　编　张一莉

执行主编　张一莉　赵嗣明　艾志刚　陈邦贤

中国建筑工业出版社

前 言

深圳市注册建筑师协会会长

书有道、艺无涯，深圳市注册建筑师协会编辑的《注册建筑师》第二期现已出版发行。《注册建筑师》第二期，多层次多角度地诠释了首册《注册建筑师》序言中所阐述的编书宗旨。在此衷心地感谢各地设计业务管理部门、各设计单位和建筑师们的支持、参与和帮助。

《注册建筑师》是以建筑师职业实践为主题的书刊，在国内尚属首创和初办。其内容的选择、文章价值观的定位、专题栏目的设置及编排的方法等，则无书可循无例可学，也只能是在编辑的过程中边学边做。坚持宗旨、明确方向、总结经验、提升质量，逐步地使《注册建筑师》具有方向性、专业性、可读性和群众性。为使《注册建筑师》书刊特性鲜明、编有所重，有必要再次强调阐明编书的目的和宗旨。《注册建筑师》编辑宗旨是：反映和体现注册建筑师的职业考试、教育、执业、管理等工作环节上的意见、技能、水平和成果业绩；彰显和评估注册建筑师的责任、诚信、思想和职业道德；介绍和交流注册建筑师认识、经验、观点和设计理念；认识和对比我国注册建筑师在执业过程中和国际习惯做法的不同、不足、差距和处理方法；宣传和拓展职业建筑师的“建筑学服务”的流程和职业建筑师职能体系。

改革开放30多年，中国快速发展和崛起震撼了全世界。中国的崛起是一个五千年文化连绵不断伟大文明的复兴。环顾今日之世界，数千年古老文明与现代国家形态几乎完全重合的国家只有一个，那就是中国。中国经济的腾飞，也为中华文化的崛起提供了经济基础，营造了以社会主义核心价值体系为根本的文化氛围，推动了中国特色社会主义文化的发展和繁荣。同时，具有中国特色社会主义建筑文化也在更新、发展和提高，中国建筑师在中国城市化发展的高潮中，付出了无限的智慧和辛勤的劳动，独立地完成了数以万计的各种类型建筑的设计工作。在华夏的土地上，广厦楼宇巍然挺立，家园、环境和谐相存，生态建设持续发展。同样，中国建筑师也有一个实现国家富强、民族复兴、人民幸福的中国梦，在确切理解中国特色社会主义的本质与内涵的同时，也会在建筑文化领域内进行总结。回首“雄关漫道真如铁”的过去，审视“人间正道是沧桑”的现在，展望“长风破浪会有时”的未来。从而，以最大努力促进建筑文化迅速高度地发展。《注册建筑师》的任务就是书写中国职业建筑师在中国崛起的过程中所做的奉献，记录中国建筑师在推进生态文明建设中奋发工作的精神和面貌，影现和歌颂这个变革时代的我们伟大的中国。《注册建筑师》要随着中国建筑师参加生态建设的步伐，高歌前进。

在中国改革开放期间，特别是在中国加入世贸组织前后，欧美等西方国家和我国港、澳地区的建筑师，纷纷来到中国大陆参加建筑设计市场的竞争。外国建筑师在京、沪、穗、深等地建筑设计方案投标中颇有“建树”，因而在建筑设计这个工作范围内引起了冲击和振荡，不少建筑师感到了压力的存在，甚至怕被国际建筑师边缘化。随着时间的推移，外来建筑文化的撞击和挑战，已逐渐变为中国建筑师“开阔视野、激发创意、完善自我、提高能力”的契机。通过了二十多年来的竞争实践，中国建筑师已“精读国际百家书论，融会贯通化成果；细研外人多种技法，捕捉神韵创风格”。中国建筑师有信心融合外来的建筑文化，能够把具有中国特色社会主义思想体系中的原质文化和自然文化进行开拓、突破和升华。 中国建筑师也逐渐具备了参加境外国际市场竞争的能力和实力，2013年3月香港建筑师学会组织举办的“海峡两岸和香港、澳门建筑设计大奖赛”，充分反映了中国建筑师设计能力的现状。获得提名的建筑工程设计有300余项，经由香港建筑师学会聘请的欧美建筑界的知名学者、教授、建筑师严格公正的评议，共有44项工程获奖，且奖项多为中国大陆建筑师获得，深圳市的建筑师也获得其中的13个奖项。部分获奖项目的设计文件刊登在本期《注册建筑师》“建筑广角”栏内。望请建筑师们阅读并评价。

期待《注册建筑师》的作用，如山泉润绿，似春水流翠。

盼望中国建筑师胸中的波澜、笔底的风雷化为：“一勺如江湖万里”、“万千楼宇笔下生”。

目录 CONTENTS

理论研究与规划

建筑广角

注册建筑师执业实践与创新 / 建筑专题研究

注册建筑师之窗

附录

前海深港现代服务业合作区规划

叶伟华 博士
深圳市前海深港现代服务业合作区管理局

一、前海的基本情况

前海深港现代服务业合作区（以下简称前海）位于深圳蛇口半岛西侧，珠江口东岸，占地面积14.92km²，地处珠三角区域发展主轴和沿海功能拓展带的交汇处，邻近香港与深圳国际机场，汇聚众多重要城际联系轨道和海、陆、空、地铁综合性基础设施。2010年8月26日，国务院批复同意《前海深港现代服务业合作区总体发展规划》，将前海定位为粤港现代服务业创新合作示范区，前海发展上升为国家战略。在城市规划建设上，前海则定位为具有国际竞争力的现代服务业区域中心和现代化国际化滨海城市中心，是一个强调产业集聚和城市建设同步推进、融合发展的滨海新中心区，是深圳探索新型城市化的窗口和试验田。

二、前海规划编制体系

前海坚持规划先行、谋定后动，以国际一流为目标，高起点、高水平组织开展各层次规划的编制工作，经过3年多的努力，现已初步建立了“1（主干体系）+6（支干体系）+3（基础研究）”的规划编制体系，基本实现各层次规划的全覆盖。其中，“1”指前海主干规划体系，“6”指六大专项规划构成的支干体系，包括近期建设规划和年度实施计划、单元规划和城市设计、交通及市政专项规划、景观及绿化专项规划、绿色建筑专项规划、其他功能空间构成要素规划等，“3”指由规划研究、技术标准和政策法规研究构成的基础研究支撑系统。

（一）“主干体系”：总体规划层面对前海资源建设发展的系统性配置

主干体系中的《前海深港现代服务业合作区综合规划》（以下简称《综合规划》）是市政府批复的法定规划，《综合规划》以《深圳城市总体规划（2010-2020）》、《深圳前海深港现代服务业合作区总体发展规划》为依据，是在总体规划层面对前海资源和建设发展的系统性配置，主要对目标定位、产业布局、主导功能、建设规模、规划结构、公共空间等内容做出刚性规定和框架搭建，明确了产城融合、特色都市、绿色低碳等规划策略，融汇了产业发展、市政交通、低碳生态、城市设计、综合交通、环境保护等专题研究，是指导前海开发建设的综合性的总体规划。成果深度介于组团分区规划和控制性详细规划之间，主要作用在于指导下层次的单元规划和专项规划编制（图1）。

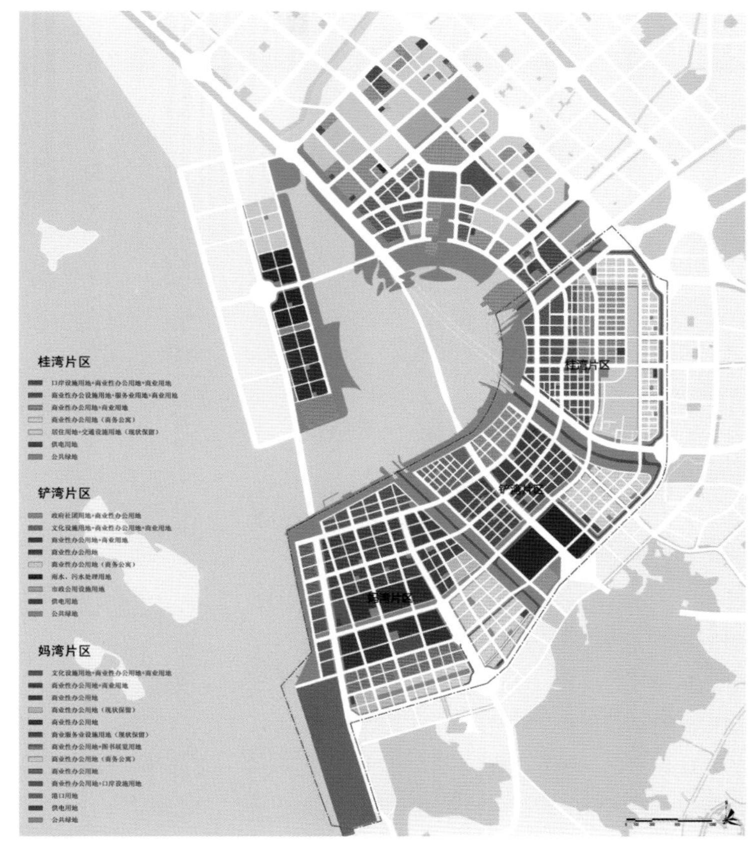

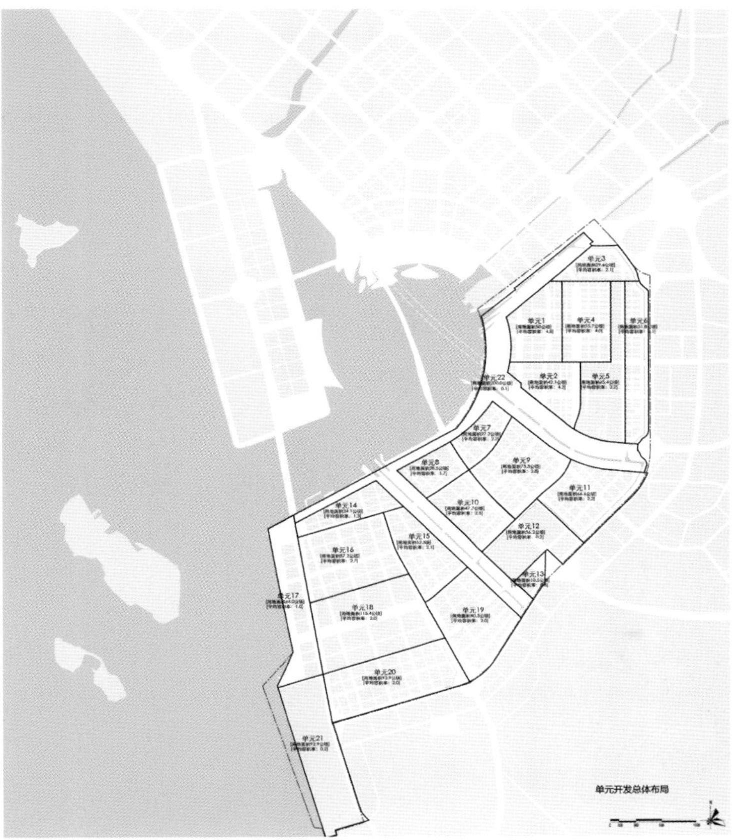

图1 《综合规划》：土地利用规划图、单元开发总体布局图

（二）“支干体系”：实施性详细规划

前海实施性详细规划涵盖城市设计、交通市政、景观绿化、绿色建筑等方面。前海倡导以城市综合体为主的单元开发模式，综合规划初步划定22个开发单元，每个单元的用地规模一般在30－80hm²，采用产业特色鲜明、功能复合的整体开发模式。开发单元规划以单元为基本单位，在综合规划的指导和框架下，借鉴深圳法定图则、城市发展单元等规划编制方法而开展，涵盖详细规划、城市设计、土地整备、项目策划、开发导控等内容。作为实施性详细规划，成果深度介于深圳法定图则与详细蓝图之间。除了详细规划、城市设计等常规内容外，开发单元规划还重点关注意向实施主体的市场诉求和开发意愿，以开发导控、刚性与弹性结合的方式，适应以街坊为基本单元的整体开发，成果可有效指导近期土地出让和单元开发（图2）。同时，前海注重城市建筑、景观、环境的有机融合，构建前海的人居环境，开展了《景观及绿化专项规划》、《市政和交通设施设计导则》等，强调塑造前海特色、宜人的大景观体系。还开展了《水系统专项规划》、《竖向设计》、《市政工程详规》、《轨道和道路交通详规》、《地名规划》、《前海综合交通枢纽规划》等10多个面向实施的详细规划。

按照前海不同规划的特点和分工，单元规划是指导开发建设的主要规划依据，专项规划则是确定市政交通设施项目和建设规模布局、容量的技术依据。随着前海规划编制体系的逐步建立和成型，目前正在筹划建立前海的规划“一张图”系统。探索以单元规划为基础，将专项规划进行最大程度的衔接，实现多专业的规划协调和统筹，形成可解决复杂问题的详细规划方案，适应前海高度复杂、快速多变的开发建设（图3）。

（三）“基础研究”全面提供技术支撑

在前海主、支体系规划同步开展的同时，前海各类支撑性规划研究相应开展，具体分为规划研究、技术标准研究和政策法规研究三类，为规划编制和实施提供技术支撑。现已完成或正在进行的规划研究有10余项，其中有指导开发单元规划编制的《开发单元规划控制指引》，关注保税港区发展的《前海湾保税港区发展规划及实施计划》，研究开发建设节奏和时序的《前海合作区开发建设时序及实施计划》，指导具体市政基础设施建设的《前海合作区水廊道水体交换与生态效应研究》等，有针对前海现代服务业功能业态开展的《前海合作区业态需求专题调查》等。同时，正在探索前海在新的

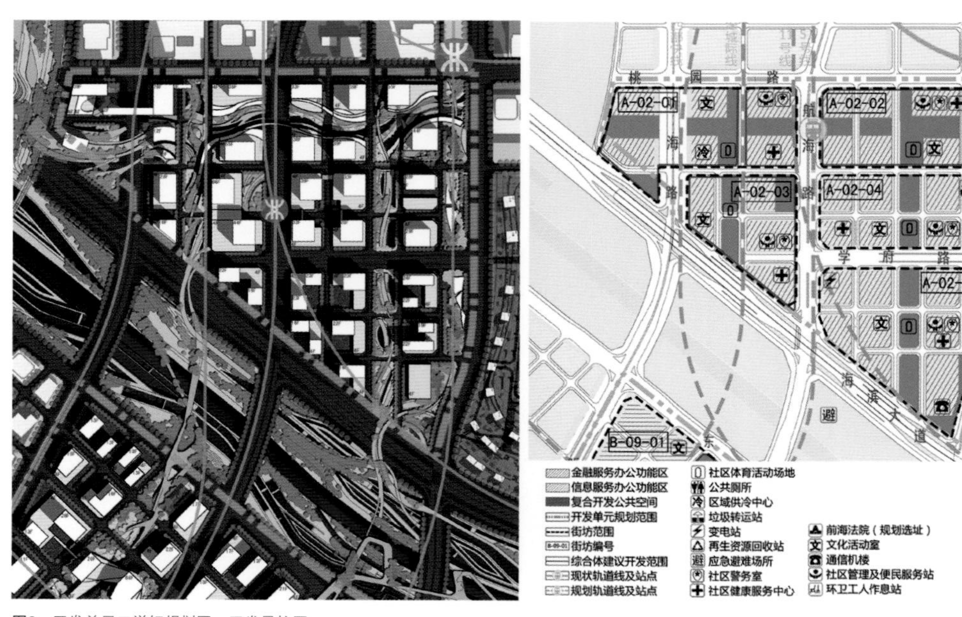

图2 开发单元二详细规划图、开发导控图

［注：深圳市前海深港现代服务业合作区管理局委托深圳市城市规划设计研究院、美国捷得建筑师事务所公司（The Jerde Partnership, Inc）编制，2012 年］

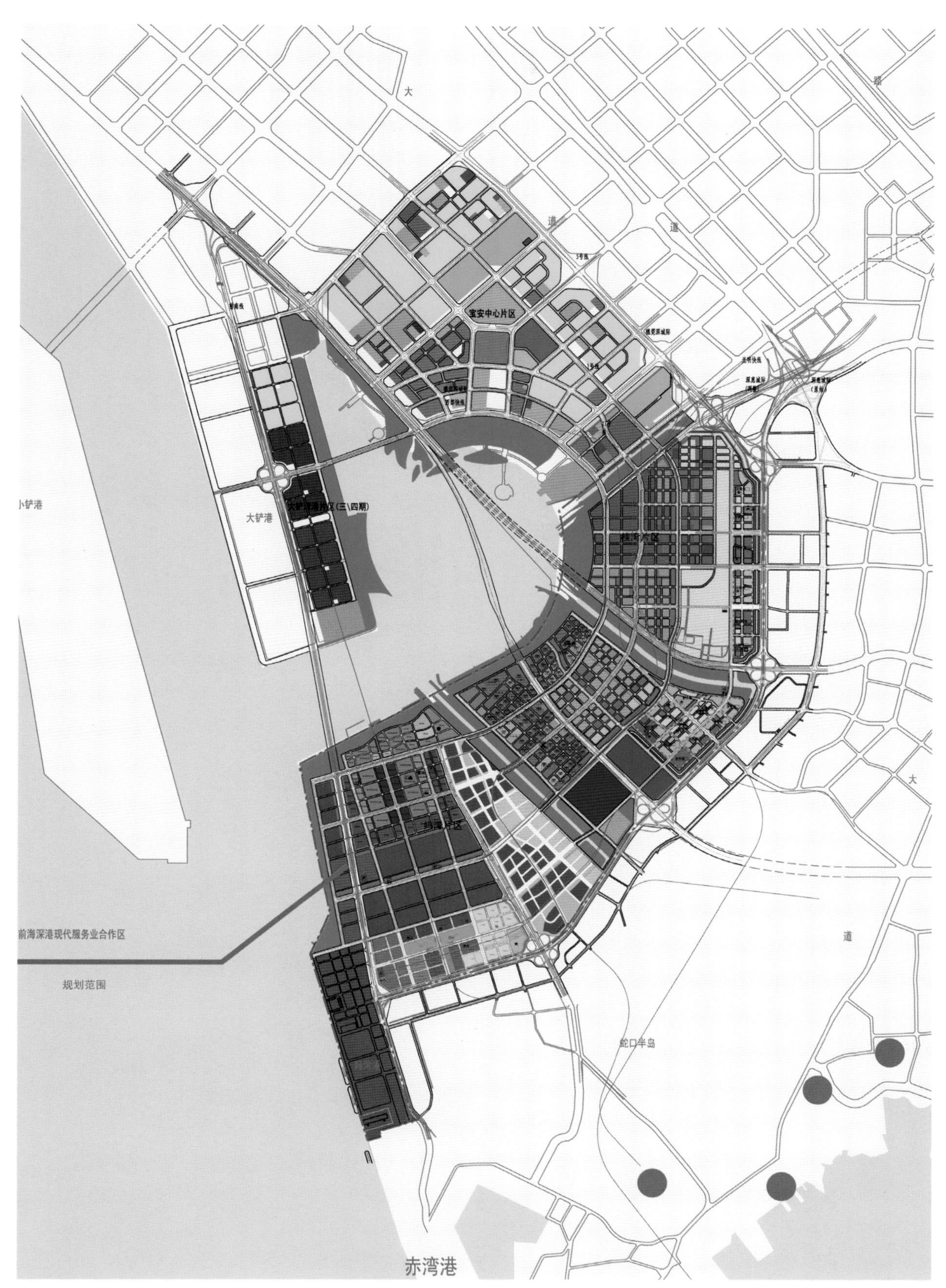

图3 前海单元规划总图
（注：深圳市前海深港现代服务业合作区管理局委托深圳市城市规划设计研究院在各开发单元规划的基础上编制，2012年）

规划理念、开发模式下的规划技术标准以及相对独立、封闭运作的规划管理办法，以实现前海规划的特色化、精细化管理。

总体而言，前海规划编制总体上实现“全覆盖”，有利于落实宏观层面规划对地区的整体控制要求，并在内容上“逐步深化”。前海“1+6+3”规划整体编制体系结构科学、层次完善、实施性强，为前海规划的高水平实施和精细化管理奠定坚实的基础。

三、前海规划的总体理念

（一）建立既相对独立，又联动发展的规划结构

前海以美国景观都市主义理论为核心理念，规划充分利用三条现状临时河流改造形成的指状水廊道以及线形的滨海休闲带（总面积约2.07km^2，是前海最大、最重要的集中公共开放空间）为线性空间骨架，作为功能性的大尺度景观要素和绿色基础设施，连接三大功能片区，构成前海特色鲜明、有机联系的“三区两带”空间发展格局。三大片区各自有明晰的功能定位和空间特色，既可相对独立，又能联动发展，异曲同工地体现了深圳总体规划组团式多中心发展的特点。

桂湾片区用地面积3km^2，建设规模950万m^2，重点发展金融业，吸引企业总部集聚，打造集中展示前海整体城市形象的核心商务区。

荔湾片区用地面积3km^2，建设规模600万m^2，重点发展信息服务、文化创意、科技服务等现代服务业，并承接桂湾和妈湾片区的功能拓展，打造功能复合的综合发展区。

妈湾片区用地面积6km^2，建设规模1050万m^2，重点发展现代物流、航运服务、供应链管理、商品交易等现代服务业，打造具备区域生产组织中枢和国际供应链管理中心功能的保税港片区。

（二）营造以人为本，活力多元的城市空间

1. 建立适宜步行的城市空间

前海主要发展金融、现代物流、信息服务、专业服务及科技服务，并以金融为主导产业。前海规划重点研究这类现代服务业从业人员的行为模式和生活需求，在地块划分、空间尺度、交通组织、配套设施布局等方面充分考虑步行15分钟实现工作、生活、休闲、娱乐、配套等需求的有效组织，并规划了自行车道，建设适宜步行的城市空间，强调服务设施的效率和可达性，100m可达社区公园和水系，200m以内各种交通设施无缝对接，500m以内办公、餐饮、酒店、购物配套齐全，1000m以内文化、体育、教育、医疗设施覆盖。同时，通过小地块（约80m×80m）、高密度支路网开发（支路网密度高达7.2km/km^2），塑造以人为本、充满活力、适宜步行、地方特色鲜明的街道空间。

2. 建构宜人易达的多层级公共空间系统

前海最重要、最集中的公共开放空间是滨海岸线和水廊道。指状水廊道宽155–245m，特有的“一槽、两滩、双沟”的结构，具有泄洪纳潮、景观生态、休闲娱乐、市政廊道等综合功能，是城市滨水特色鲜明的大尺度复合公共开放空间；滨海休闲带集生态性、景观性、文化性、艺术性于一体，设置演艺广场、亲水台阶、观海平台、栈桥等多样化海岸空间，形成高品质的滨海公共活动与休闲娱乐区。除此之外，规划重点均衡布局了大量1500–3000m^{2}的街头绿地、社区公园、林荫大道、景观通廊、骑楼广场等多种类型、层级丰富的公共空间，强调公共空间的可达性、开放性、宜人性（图4）。

3. 促进多种城市行为方式的混合

利用前海独特的景观环境资源，充分考虑商务办公功能与其他功能相互渗透和交融，建构空间立体化、行为系统化、功能复合化，促进工作、购物、休闲、娱乐、观光等多种城市行为的融合，营造“生活着同时工作着”的生活方式，提升前海的城市活力。

图4 前海景观规划总图
［注：深圳市前海深港现代服务业合作区管理局委托深圳市北林苑景观及建筑规划有限公司、泛亚环境有限公司、英国普拉斯玛设计事务所（PLASMA STUDIO LIMITED）编制，2013年］

（三）倡导以城市综合体为主的相对独立、整体开发机制

前海倡导以城市综合体为主的单元开发模式，规划初步划定的22个开发单元、100多个街坊，鼓励集中成片、地上地下统一规划、一体化开发，促进产业集聚。开发单元鼓励采用土地功能混合，建筑空间的高度复合，在每个单元内均衡配置办公、商业、居住、政府社团、休闲服务等多种城市功能，鼓励变电站、公交首末站等配套设施的附建，并以街坊为基本单位的城市综合体为主的整体开发模式，有利于适应不同阶段的发展需求，创造多种形式丰富的城市空间，还可相对独立的快速开发建设，形成特色鲜明、功能完善的产业城区。

（四）规划的国际化视野、本土化思考

自2009年前海概念规划国际咨询开始，就有众多国际知名规划设计机构参与，美国景观都市主义代表人物James Corner提出的“前海水城”概念方案获得第一名，建立了水城的整体格局和景观、功能性、绿色基础设施的大景观总体理念，是一种强调自然生态保护和城市高密度、高强度、高复合开发有机结合的发展理念，以此作为核心理念，2010年9月，深圳市规划部门确定了由深圳市城市规划设计研究院作为规划技术统筹，包括综合开发研究院、市环境科学研究院、交通中心等14家国内外机构组成的《综合规划》编制组，共同完成综合规划，延续和发展了“水城”的核心理念。

综合规划基本稳定之后，又引入了美国SOM、捷得、荷兰KCAP、英国普拉斯玛（英国都市景观主义代表人物Eva Castro Iraola）、香港泛亚等国际知名设计公司参与前海开发单元详细规划。在规划过程中，前海坚持整体更注重细节，一脉相承，逐步深入、不断优化规划理念，注重国外规划理念与深圳地域文化和气候特点以及开发建设模式的结合，强调前海规划的国际化视野和本土化落地。既保障了前海整体规划和城市设计的高品质，也为前海未来高水平开发建设奠定了坚实基础。

四、小结

经过多年的准备和策划，前海今年已进入实质性开发建设阶段。目前，前海已经基本完成填海及土地软基处理、环境整治及土地清理等工作，土地管理改革更为前海整体开发和规划实施提供了政策保障，更有先行先试的政策支持以及国内外知名产业和开发机构的参与，并以“充分授权、封闭运作”的行政审批制度为保障，我们有理由相信，在不久的将来，前海必将建设成为国际化滨海城区、充满活力的产业城区，成为中国探索新型城市化的重要载体。

福田中心区的规划起源及形成历程

陈一新
深圳市规划和国土资源委员会副总规划师
国家一级注册建筑师

摘要：
深圳市中心区（福田中心区）是世界上少数几个完全按照城市规划蓝图建设起来的城市中心之一，它的起源及形成历程是深圳特区改革开放30多年城市化发展和城市建设的一个缩影，也是深圳二次创业城市新中心的规划实践成果。本文以1980-2012年为时间轴，采用编年体的写法，通过查阅文献史料、长期积累图片资料和对现存规划建筑实物的考察统计，全面系统地记载福田中心区（4km²）32年的规划起源、规划实施及其金融功能形成的发展历程。本文共分五篇连载，为今后深入研究深圳福田中心区的城市规划与实践工作提供基础资料。

引言

深圳在短短30多年间从宝安县的一个农村小镇迅速跨越工业化、城市化历程，进入到现代化经济中心城市的行列，并成为中国改革开放30年新城市规划建设的范例。福田中心区[①]（又名深圳市中心区、深圳CBD，简称中心区或CBD）是深圳特区二次创业开发建设的城市中心区，是深圳多中心组团式城市建设的一个典型实例，具有较高的城市规划研究价值。

空间是政治性的，福田中心区的开发建设离不开深圳二次创业的政治需要，离不开深圳社会经济发展的时代背景。福田中心区能在短短十几年基本建成CBD绝不是偶然的幸运，实质是政治家的远见，并适时抓住了深圳金融创新的机遇。福田中心区规划的成功实践佐证了亨利·勒菲弗关于“空间是政治性的”、“每一个社会都会生产出它自己的空间。”[②]等哲学论断。因此，本文以与福田中心区规划建设相关的重要行动及当时深圳的社会经济发展背景为线索，较为完整地阐述中心区在深港合作、香港经济三次转型、深圳三次产业转型的社会经济背景下按规划蓝图实现CBD的历程。

深圳市位于珠江口东岸，西与珠海市相望，北邻东莞市，东接惠州市，东南部濒临大亚湾、南海，南部隔深圳河与香港新界接壤，深圳地理位置图如图1所示。深圳市域总面积1991km²，福田中心区位于特区[③]的几何中心，北枕神圣的莲花山，南临秀丽的深圳湾，由彩田路、滨河大道、新洲路、红荔路四围构成，中心区位置如图2所示。

中心区建设用地面积约为4km²，包括莲花山公园

---

① 1995 年以前，深圳市中心区一直被官方称为“福田中心区”，但 1992 年 CBD 控制性详细规划中将其功能正式定位为深圳 CBD，1995 年经市政府同意正式改名为“深圳市中心区”。现今，“市中心区”、“深圳 CBD”和“福田中心区”三个名称同时使用。
② （法）亨利·勒菲弗．李春译．空间与政治（第二版）[M]. 上海：上海人民出版社，2008:10-11,49.
③ 这里指深圳原特区范围 327.5km²，2010 年 8 月，深圳特区范围扩大到全市域。

总占地面积为6km^2，原规划定位为全市金融贸易商务中心、行政文化中心，规划总建筑面积800-1200万m^2，规划就业岗位26万个，居住人口7.7万人。截止2012年底，福田中心区已竣工建筑面积达814万m^2，其中商务办公建筑面积376万m^2，占总面积的46%；商业和旅馆建筑面积50万m^2，占总面积的6%；政府社团134万m^2，占总面积的16%；市政公用19万m^2，占总面积的3%；住宅建筑面积234万m^2，占总面积的29%，中心区已基本建成CBD，竣工的商业办公类建筑超过总量的一半。此外，中心区在建金融办公建筑面积约100万m^2，岗厦村更新工程建筑面积约100万m^2。未来五年中心区建成商务办公面积将超过500万m^2，总竣工建筑面积将超过1000万m^2。鉴于2007年以后深圳轨道交通规划线路的大规模增加，经过中心区并设站的地铁线增加到7条，高铁线（京广深港高铁）1条，迄今已通车的地铁线4条。因此，中心区未来的城市功能定位应更新为三个中心：金融商务中心、交通枢纽中心、行政文化中心。

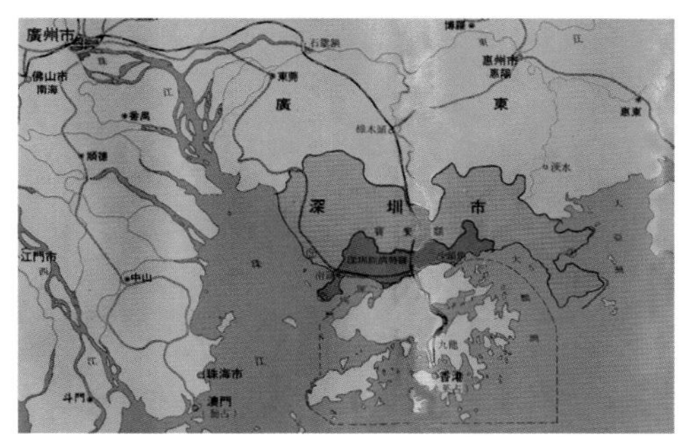

图1 深圳地理位置图（图片来源：1982年《深圳经济特区总体规划简图》）

以史为鉴，可以知兴替，若要知道福田中心区为什么是现在这样，必须知道中心区过去的历程。只有了解中心区的历史，才能客观评价中心区以及对于中心区今后如何去决策。根据黑格尔《历史哲学》[1]对历史研究的三个层次及其功能的划分：第一层次是白描型历史，主要回答“过去是什么”；第二层次是反思型历史，主要回答“现在为什么”；第三层次是哲学型历史，主要回答“将来干什么”。本文属于历史研究的第一层次，白描中心区“过去是什么”。在考证史料的基础上力求接近客观真相。关于福田中心区城市规划与实践的系统资料比较匮乏，仅有深圳市规划与国土资源局主编的《深圳市中心区城市设计与建筑设计1996－2004》系列丛书12本[2]汇集了中心区1996－2004年的八年间所经历的规划设计、专项规划以及建筑设计的全部方案、

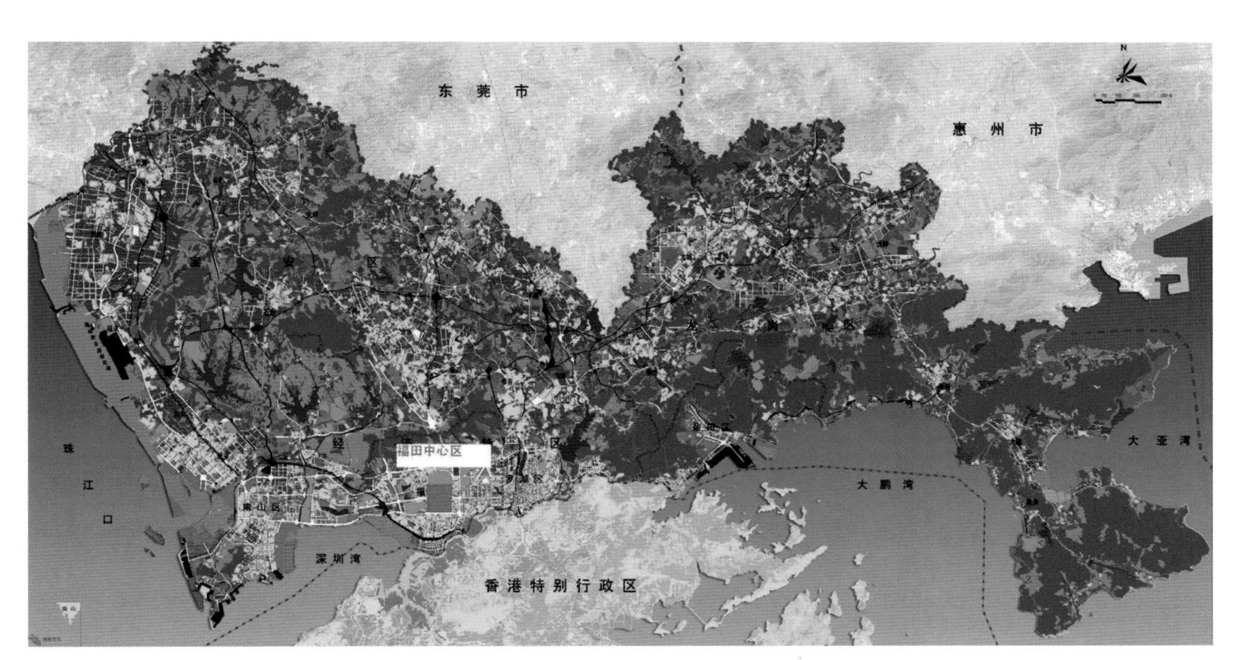

图2 福田中心区位置（红色，底图来源：深圳总规）

① 李开元．史学理论的层次模式和史学多元化 [C]. 见：历史研究，1986:2-3.

②《深圳市中心区城市设计与建筑设计 1996-2004》系列丛书 12 本，深圳市规划与国土资源局编，中国建筑工业出版社，2002 年 12 月出版。

评审纪要、修改过程等档案资料，笔者在《中央商务区（CBD）城市规划设计与实践》[1]第五章第六节简要概括了中心区八年间城市规划与实践的过程。2004年至今是中心区开发建设形成规模和金融产业集聚的关键八年，记载或研究福田中心区的论文或资料寥寥无几。本文将沿着中心区城市规划设计、土地开发利用、规划实施效果等主线收集到的历史资料系统整理后采用连载形式刊登福田中心区过去32年的历程，供同行参考并共享资源。初定以下五篇连载题目。

第一篇 构思酝酿福田中心区：概念规划及土地征收（1980–1988年）

第二篇 市政建设福田中心区：确定详规后构建路网（1989–1995年）

第三篇 公建集聚福田中心区：投资公建并带动市场（1996–2004年）

第四篇 金融集聚福田中心区：形成规模和金融功能（2005–2012年）

第五篇 试论福田中心区城市规划与实施的经验教训

第一篇

构思酝酿福田中心区：概念规划及土地征收（1980–1988 年）

1980–1988年是深圳特区第一次创业的起步阶段，市政府规划建设的重点在罗湖区、上步区，福田区尚未成立，福田中心区还在福田公社一片希望的田野上萌芽。早期深圳特区总体规划构思酝酿了福田中心区，1986年完成了福田中心区道路网规划，1987年首次进行福田中心区城市设计，1988年福田分区规划对其进行概念规划框架定位。这个阶段的概念规划、收地、征地储备等工作都为福田中心区后来的开发建设奠定了良好的基础。

20世纪80年代是深圳产业发展第一次转型的时期，深圳以接受香港制造业的转移为契机，大力发展以“三来一补”为主的劳动密集型加工制造业及其相配套的商贸服务业，迅速完成了从一次产业向二次产业和三次产业的转型。深圳三次产业比例从1979年的37.0:20.5:42.5发展到1990年的4.1:44.8:51.1。因此，深圳经济社会形态由前工业社会迈入了工业社会初期阶段[2]。但这个时期深圳市场对商务办公建筑面积的需求量十分有限。

一、规划萌芽福田中心区（1980–1982年）

1979年以前的宝安县（土地面积2020km^2）以农业、渔业经济为主，土地的利用结构方式属于单一化的“自给型”农业经济，仅少量的县办企业工厂，机械化程度很低，工业基础十分薄弱。宝安县的县城深圳镇在现人民路一带。1978年全镇城区面积约3km^2，人口2.3万人，房屋建筑面积109万m^2，住宅建筑面积29万m^2，大都是平房。基本没有下水道，甚至没有路灯。旧城区没有正规的市政道路，仅有解放路、人民路、和平路、建设路等6条普通马路，路宽均不足10m，高低不平[3]。深圳镇是九广铁路的过境交通站，除了一条九广铁路承担着香港至广州的来往客货运输外，陆上运输和水上运输都很落后，交通很不发达。

1979年3月设立深圳市，深圳的起步是从东西两端与香港交通联系最方便的口岸——罗湖（陆路）和蛇口（水

① 陈一新 著《中央商务区（CBD）城市规划设计与实践》，中国建筑工业出版社，2006 年 9 月。

② 全球生产方式演变下的产业发展转型研究 [R]. 深圳城市总体规划修编（2006–2020）专题研究报告之九，深圳市发展与改革局，深圳规划局，清华大学中国发展规划研究中心深圳分部，2007:23.

③ 深圳市城市建设志 [G]. 深圳市城市建设志编纂委员会，1989:8, 56.

路）开始的。1980年之前曾两次编制深圳总规[①]：第一次在1978年，规划到2000年发展为10.6km^{2}建成区，人口10万人的小城市；第二次在1979年，深圳市建立后，由广东省建委组织编制《深圳市总体规划》，规划到2000年发展为建成区35km^2，30万人口的中等城市。这两次规划范围主要在九广铁路两侧的老城区周围，来料加工业规划布局在上步、红岭片区，居住区规划在红围、木头龙等地。

1980年8月从宝安县划出一块面积为327.5km^{2}的土地成立深圳经济特区，特区规划几乎从"一张白纸"开始，特区建设几乎从荒野地上开发。早在1980年，深圳率先对土地制度实行改革，变无偿无期用地制度为有偿有期用地制度，为特区城市基础设施建设和开发筹措了基建资金，在一定程度上强化了国家作为土地所有者权益，拉开了房地产改革的帷幕。

（一）特区发展纲要规划福田中心区为金贸区（1980年）

1980年5月，党中央和国务院发出（1980）41号文件，明确规定深圳要建成一个兼营工业、商业、农牧业、住宅、旅游业等多种行业的综合性经济特区[②]。1980年末深圳全市GDP达2.7亿元，常住人口约33万人，其中特区内人口为8.4万人（含农业人口3.5万人）。另外有临时户口大约2万人，建成区面积仅3km^2。特区内仅有绿化面积为2.38hm^2，环境卫生条件较差，污水横流，河水污染。但特区海面广阔，鱼塘遍布。深圳特区建立后，通过实行优惠的经济政策，有效地吸引了港资、侨资和外国资本到这里投资兴业，特别是港资成为特区早期开发建设的重要支柱。

1. 深南路最早的建设进度记载

由于深圳市基建"资金不足，材料缺乏，使城建工作，特别是市政建设开展工作困难，工作较为被动。如上步新区深南路，即由蔡屋围至车公庙一段路，市委原计划预算投资519万元，1979年8月至1980年6月底完成工作量363.6万元，完成蔡屋围至车公庙路长11.8km，路基宽：蔡屋围至福田路宽45m，福田至车公庙路宽15m。仍有部分工程没有完成[③]"。这是至今查阅到的关于深南路建设进度最早的文字记载，表明了1980年通过福田中心区范围内深南路只修通了15米宽的简易路。

2. "80特区发展纲要"关于福田区的最早记载

1980年深圳没有福田区，只有福田公社。福田公社的范围很大，包括罗湖的一部分，上步、福田、香蜜湖、车公庙等用地片区，至1980年底福田公社的人口达1.1万人，已经是一个较大的生产组织机构。1980年深圳特区成立后，由于社会经济发展的需要，城市用地和人口迅速增长，市政府对原有总规进行了第一次修订。1980年6月，深圳市经济特区规划工作组编制完成的《深圳市经济特区城市发展纲要（讨论稿）》[④]（简称"80特区发展纲要"），明确特区规划建设按照城市标准，宝安县仍然是农村。"80特区发展纲要"规划的市区范围仅49km^2，设想在深圳特区建一个50万人口的新型城市，从罗湖旧城向西发展成为一个带状城市，分为罗湖区、上步区、皇岗区（现名：福田区）。此纲要为下一步制订总规及各小区的详细规划奠定基础。

"80特区发展纲要"中关于福田区的位置及规划功能定位是迄今查阅到的最早的文字记载："皇岗区设在莲花山下，为吸引外资为主的工商业中心，安排对外的金融、商业、贸易机构，为繁荣的商业区，为照顾该区居民生活方便，在适当地方也布置一些商业网点，用地165hm^2。"在当时一片农田、鱼塘位置上规划定位未来的福田区是以第三产业为主导的金融、贸易、商业服务区，这是一份极富睿智的城市发展纲要。

3. 1980年编制《深圳城市建设总体规划》

1980年下半年深圳市政府根据深圳特区的形势要求，由广东省建委组织了一百多名[⑤]相关专业的省内外专家和技术人员组成的规划队伍，编制了《深圳城市建

---

① 深圳市规划和国土资源委员会 编著．深圳经济特区改革开放十五年的城市规划与实践 1980–1995 年 [M]．深圳：海天出版社，2010:5–6.

② 深圳市城市建设志 [G]．深圳市城市建设志编纂委员会，1989:8.

③ 深圳市城主管部门 1980 年上半年城建工作报告 [R].1980:4–7.

④ 深圳市经济特区城市发展纲要（讨论稿）[R]．深圳市经济特区规划工作组，1980:4–5.

⑤ 参加单位有省测绘局、地质局、环保办、广州铁路局、省建筑设计院、航运规划设计院、公路设计院、电力设计院、石化设计院、广州市园林局、自来水公司、排水公司等，省外有西南建筑设计院、上海建筑设计院、湖北建筑设计院、六机部九院、冶金部武汉钢铁设计院等也前来支援，深圳市规划、城建、环保、公路、房管、自来水公司、水电局、邮电局、煤气公司、供电公司、园林处等单位也派人参加，共 90 余人，共同组成规划办公室及各专业规划设计组，1980 年 5 月到深圳现场进行工作，分工协作，齐头并进开展工作；6 月向特区委员会负责同志汇报城市总体规划初步方案，听取了意见，会后修改补充了总图。根据总图进行道路、桥梁、给水、排水、防洪、园林、电力、电讯、煤气、口岸各专业规划。同时对近期建设地区、罗湖、上步、深圳水库、文锦渡口岸等均进行小区详细规划；8 月市委常委会听取了城市总体规划及各项专业规划汇报，会上通过了总体规划。

设总体规划》，提出把城区总用地面积扩大到60km^2，规划人口近期至1985年为30万人，远期至2000年为60万人[①]。确定深圳城市性质为中国南方主要的外贸和旅客进出口岸，毗邻香港，可以充分利用外资，引进先进的技术设备，建设没有污染的轻纺、电子等工业，相应建立商业、行政、科学文化区；兴建大片住宅区，发展旅游事业，吸引华侨居住和游客游览；大力发展农、牧、养殖业。将其建设成为以工业为主，工农相结合的经济特区，建设成为新型的边境城市。这是深圳特区的第一次总规，虽然只找到部分的文字记载，而没有对应的规划图，但已足以让后人钦佩特区第一次总规参与者极富远见的规划定位。

（二）港商协议合作开发福田新市区30km^2（1981年）

1981年广东省人大通过了《深圳经济特区土地管理暂行规定》，规定特区内兴办的所有企业、事业用地都必须缴纳土地使用费，奠定了建立特区房地产市场的基础。深圳市政府根据城市规划和基础项目的要求，将由政府组织开发的土地成片划给市政府属下的国有房地产公司，由这些房地产公司与国内外投资者合作开发建设和经营房屋，采取“滚雪球”的方式，边建房边出售（出租），积累了大量资金，由此改变了城市建设完全依靠国家财政投资的传统供给模式，促进了特区城市的迅速形成[②]。这种土地开发模式吸引了许多外商投资。

1. 港商协议合作开发福田区30km^2

深圳特区成立时百业待兴，土地利用的结构发生了很大的变化，农业用地方式逐步向为特区和出口服务的多种经营转化，非农业用地迅速增加，土地商品化、土地使用价值日益提高。但当时市政府无钱进行土地开发，只好出租土地给外商合作开发。1981年明确了深圳特区的城市定位，前来深圳投资开发的外商开始踊跃签订意向书。截至1981年9月底，已签约批准的外资项目约900多项，投资总额约80亿港元[③]，其中主要的房地产投资有37亿港元，工业交通10亿港元，旅游8亿港元等。故而，原城市规划的大部分内容已经不能适应新的发展要求，最突出的是港商中的一些大财团与特区签订了意向书和协议书，准备承包大面积土地进行整片的项目开发。

1981年11月深圳市政府下属的深圳特区发展公司与香港合和中国发展（深圳）有限公司签订了合作建设福田新市区的协议，政府提供30km^{2}土地，合和公司投资100亿元，合作年限30年，当时设想将福田新市区建设为以工业为主体，兼有商业、住宅、各种文化福利设施以及连接铁路、公路和海运的城市综合区[④]。合和公司对福田新市区充满信心，设想开发建设新火车站，签订意向书拟引进电气化铁路开往落马洲。市政府要求合和公司在两年内投资建设。这是最早提出的开发福田区的设想。

此外，80年代初期还有几个港资财团以类似方式与市政府签订了车公庙区用地，面积为6km^2，后海联城新区、文锦城、东方明珠科学城、华城等开发的协议书或意向书，要求在特区划出50km^{2}土地进行整片承包开发，彻底改革传统上由国家投资统建的模式。但由于用地以无偿划拨为主，以至于市政府划地越多负担越沉重。随着后来土地改革的深化，港商的租地协议被相继撤销。

2. “81总规说明”确定深圳组团式城市结构

根据深圳特区以工业为主，兼营商、农、牧、住宅、旅游等多功能的综合性经济特区的性质，在广东省和全国有关部门的帮助下，深圳市委政策研究室、市规划部门会同有关单位对特区人口、社会、自然情况等进行全面调查和预测后，于1981年10月开始组织编写与城市总规关系密切的《深圳经济特区社会经济发展规划大纲》。

1981年11月成立深圳市城市规划设计管理局，再次组织各方面专家，进行特区现状调查，对特区经济和人口发展作出预测，并协调同年编制的社会经济发展大纲，编制完成了《深圳经济特区总体规划说明书（讨论稿）》[⑤]（简称“81总规说明”），规划范围327.5km^2，可供规划和城市建设用地仅98km^2。城市定位为工业为主的综合性经济特区，规划到1990年特区人口规模达40万人，2000年达100万人口。“81总规说明”根据特区狭长地形的特点，对以往总规进行了必要的修改和

① 深圳市志·城市规划志（送审稿）[Z]. 深圳市规划与国土资源局，2002:21.
② 刘佳胜. 令人瞩目的业绩 [G]. 深圳房地产十年，深圳市建设局，中国市容报社，1990:15-16.
③ 广州地理研究所主编，深圳自然资源与经济开发 [G]. 广州：广东科技出版社，1986:108.
④ 陈铠. 新世纪神话 [C]. 见：刘佳胜主编. 花园城市背后的故事，广州：花城出版社，2001:354-357.
⑤ 深圳经济特区总体规划说明书（讨论稿）[Z]. 深圳市规划局，1981:7-8.

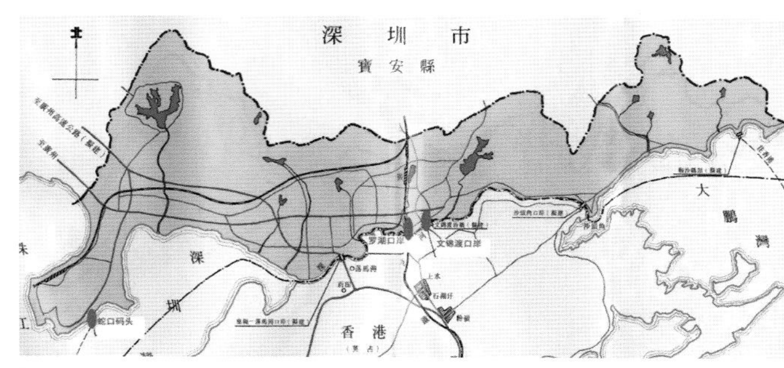

图3 深港1982年已开通口岸（红色）位置图（图片来源：1982年《深圳经济特区总体规划简图》）

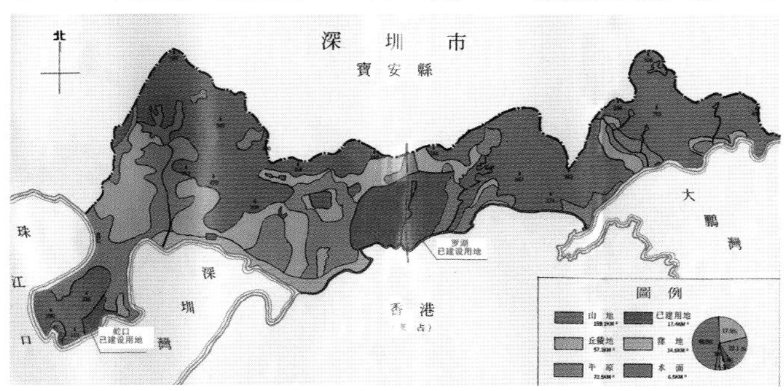

图4 深圳特区1982年已建设用地（桃红色）位置图（图片来源：1982年《深圳经济特区总体规划简图》）

补充，调整了特区总体规划布局，确定了组团式城市结构作为深圳总规的基本布局[①]，将特区带状城市分成7–8个组团，组团与组团之间按自然地形用绿化带隔离，每个组团各有一套完整的工业、商住及行政文教设施，工作与居住就地平衡。各组团间有方便的道路连接，这样布局既可减少城市交通压力，又有利于特区集中开发。

3. “81总规说明”提出深圳特区的市中心在福田区

“81总规说明”首次提出“全特区的市中心在福田市区”， 按照自然地形将特区分为东中西三片。例如，中片东起梧桐山，西至沙头村，面积约140km^2，为东段（九广铁路以东）、中段（九广铁路以西，福田路以东）、西段（福田路以西至农艺园），其中段、西段当时都属于福田公社的范围。规划的福田新市区是中片西段的一部分，可用地面积达52.1km^2。“81总规说明”规划福田新市区可用土地面积30km^2，规划功能为工业、居住、科研等，规划人口到1990年4.7万人，远期到2000年30万人口。“计划与外商合作整片开发建成以新市政中心为主体，包括工业、住宅、商业并配合生活居住、文化设施、科学研究的综合发展区。”

（三）发展大纲明确福田中心区为商业金融和行政中心 (1982年)

深圳大规模的城市道路建设从1982年开始，工程之大当时全国罕见。深圳早期建设集中在特区与香港边界已开通的口岸周围，至1982年10月，深港边境已开通的口岸有（图3）罗湖口岸（铁路、客运）、文锦渡口岸（陆路、汽车通道）和蛇口码头（水路、客运），而且，深港正在谈判拟开辟通道为皇岗—落马洲口岸、沙头角口岸、梅沙旅游码头等[②]。因此，当时深圳主要开发九广铁路东西两侧、罗湖上步、蛇口工业区、沙头角镇。范围集中在罗湖上步和蛇口两片区。1982年初对正在建设的罗湖上步22km^{2}进行了详细规划，指导思想是要适应深圳总体规划所确定的带状城市定向扩展的组团结构布局，把城市向心活动的交通方式分散为多中心南北向垂直交通方式，缩短服务距离，疏散交通和人流，改善城市机能[③]（图4）。

1. “82特区发展大纲”明确福田中心区为特区的商业、金融、行政中心

1981年组织编制的《深圳经济特区社会经济发展规划大纲》，于1982年3月完成了该大纲讨论稿（简称

---

① 周鼎. 深圳城市规划和建设的回顾，深圳经济特区总体规划论评集 [G]. 深圳：海天出版社，1987:12-13.

② 深圳经济特区总体规划简图，深圳市城市规划局，1982,10.

③ 深圳经济特区已开发土地（20km^2）详细规划说明书（暂定稿）[Z]. 深圳市城市规划局，1983:1-2.

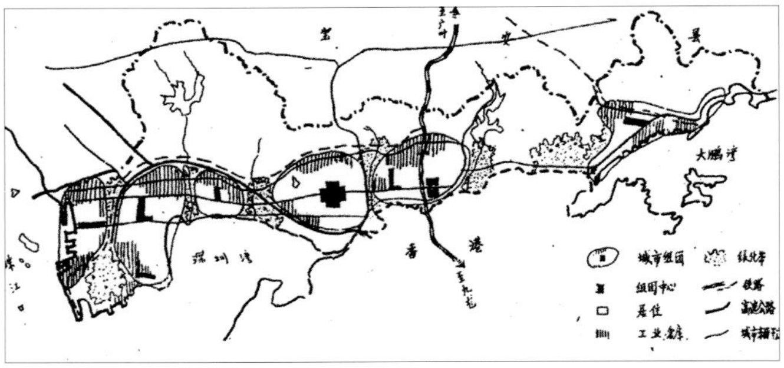

图5 1982年3月《深圳特区社会经济规划发展大纲》中选定的组团结构图（图片来源：深圳市城市建设志，1989年）

“82特区发展大纲”），进一步调整城市规划布局，选定城市组团式结构作为本市城市建设总体规划的基本布局[①]（图5），指导思想是一切均要立足于现代化，按照现代化要求进行引进和建设，包括城市建设、工业、农业、商业、交通、文教、科技、体育等。充分利用深圳毗邻香港，交通便利，风景优美，土地充足的条件，积极吸收外资，引进先进技术和科学管理方法，把特区办成以工业为重点，兼营商、农、牧、住宅、旅游等多种行业的综合性特区[②]，而人口规划、区域划分等与“81总规说明”保持一致。为了使“82特区发展大纲”更具科学性，1982年4月召开了由国内70多名专家学者[③] 参加的深圳“82特区发展大纲”评审会，同年9月又邀请香港专家学者对“82特区发展大纲”的科学性和可行性进行了评议。专家们对城市道路交通、对外交通、高速公路、公园设置、城市绿化、降低高层密度、环保等方面提出了宝贵意见。据此进一步修改 “82特区发展大纲”，经过数易其稿，终于1982年11月全部完成，正式上报广东省政府和国务院审批。

“82特区发展大纲”[④] 明确福田新市区的主要功能为市中心、综合功能。“福田新市区中心地段为特区的商业、金融、行政中心。在新市、罗湖、南头、上步四处中心地段，集中安排商业、金融、贸易机构，建立繁荣的商业闹市区。吸引国内外顾客，沟通国内外商品贸易渠道，使之成为在东南亚地区蓬勃兴起的国际商业购物中心之一”；该大纲提高了福田新市区规划人口，到1990年由原来的4.7万人提高到7.7万人，远期到2000年由原来的30万人提高到40.5万人；规划将轻型精密的工业分布在福田新市区，规划福田新市仓库区，面积约1.4km^2，为中片地区服务；规划福田“新市区码头——结合新市区开发，建货运浅水码头，规模待定。”并“将香港新建的电气化铁路直接引入新市区，逐步发展到蛇口和赤湾，并新建车站和相应的设施，为便捷沟通深圳香港之间的交通联系。” 如图5所示，1982年深圳特区内仅有罗湖（大片）、蛇口（小片）两片已建设用地，福田新市区仍在一片农田上。

2. 1982年深圳特区总规简图

深圳特区刚起步就预计了土地资源的紧缺，根据“82特区发展大纲”数据，特区 327.5km^{2}的土地范围内，已经建设用地17.4km^2，可用平地仅72.6km^2，一半的丘陵地28.6km^{2}可用，其余均为山地、水面、低洼地等[⑤]。即深圳特区可供开发建设的土地仅110km^2，由于1981年外商涌入深圳谈判投资意向，几个港资财团便要求在特区划出约50km^{2}大片土地进行整片承包开发，因而让总体规划的编制者感到城市规模偏小，不能适应外商整片承包开发土地的需要。于是，“82特区发展大纲”比较完整地提出了总体规划的雏形，其规划范围是深圳特区，把城市建设用地规模从原规划的60km^{2}扩大到1990年建设总用地98km^2，规划40万人；2000年建设总用地110km^2，规划80万人口[⑥]。城市性质定位为以工业为主，兼营商业、农牧、住宅、旅游等多功能综合性经济特区。1982年根据深圳地形图按组团式结构布局绘制总体规划示意图（图6），并调整居住、办公、商业、饮食服务、文教

① 深圳市城市建设志 [G]. 深圳市城市建设志编纂委员会，1989:18-19.
② 深圳经济特区社会经济发展规划大纲（讨论稿）[Z]. 深圳市城市规划局，1982:1-2.
③ 参会专家：同济大学董鉴泓，广州主管部门吴威亮，华南工学院林克明、杜汝俭，北京城建主管部门曹连群，广东省城建局邓伟元，还有规划专家赵元浩、龚德顺、刘鸿亮等。
④ 深圳经济特区社会经济发展规划大纲（讨论稿）[Z]. 深圳市城市规划局，1982:17-20.
⑤ 深圳经济特区社会经济发展规划大纲（讨论稿）[Z]. 深圳市城市规划局，1982:6.
⑥ 深圳自然资源与经济开发 [G]. 广州地理研究所主编. 广州：广东科技出版社，1986:314.

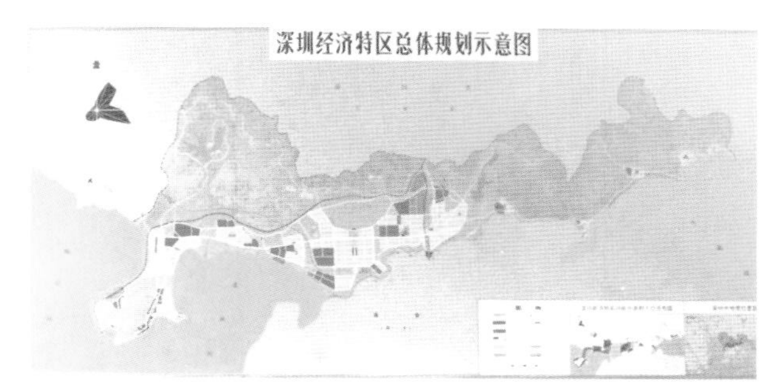

图6 深圳特区总体规划示意图（1982年，孙俊先生提供照片）

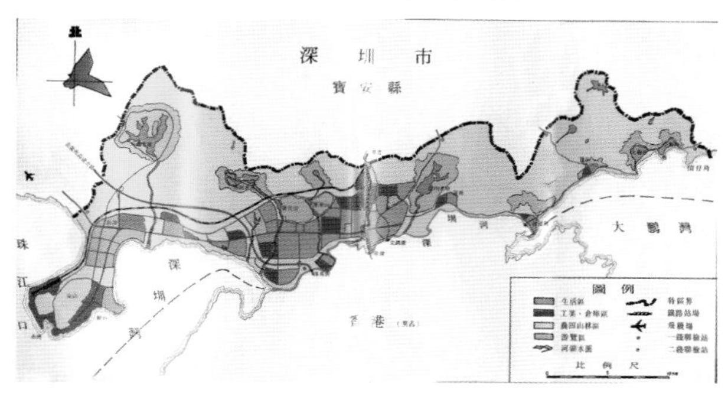

图7 深圳经济特区总体规划简图（1982年，图片来源：1982年《深圳经济特区总体规划简图》）

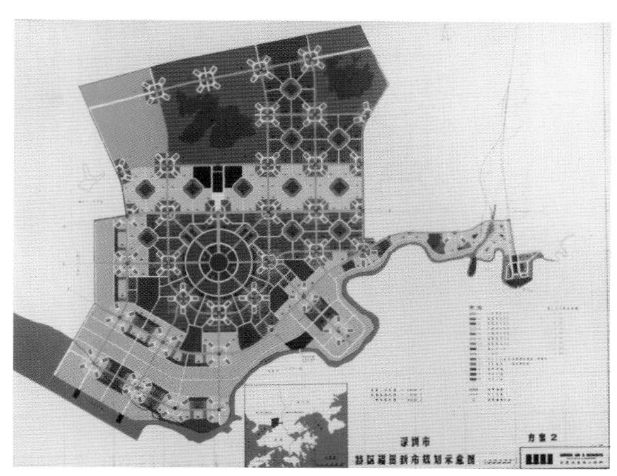

图8 福田新市区规划示意图（1982年，图片来源：合和公司1982年《福田新市发展规划纲要》）

卫生、市政公共设施、邮电、绿化等规划布局，采取带状组团式和网状道路的构架，把整个狭长的特区划分为东中西三大片和罗湖城、旧城区、上步区、福田新市区、车公庙区、香蜜湖区、沙河区、蛇口工业区、后海区等18个功能区，组团之间用绿化带分隔。详见1982年深圳经济特区总体规划简图（图7），福田新市区是中片的一个区，图中显示，福田新市区的主干道形成大方网格规划方案，从莲花山下向南规划的一条中轴线也有所表示。

3. 港商提出福田新市区以轻轨交通为主的放射型道路规划[①]

由于1981年深圳市政府与香港合和公司签订了福田新市区30km^{2}的合作开发协议，所以该公司在1982年前后曾做过多个福田新市区的规划方案，并坚持三项基本原则：福田新市区主要干道全部采用轻轨和放射型同心圆道路规划；从罗湖站引出轻轨交通干线直插福田新市区中心后接入南头地区；福田新市区规划人口为100万以上。

1982年8月合和公司《福田新市发展规划纲要》（简称："福田新市规划"）是笔者找到的一个方案（图8）。该规划方案由潘衍寿建筑事务所提供，规划目标为发展工业、商业、住宅、旅游，吸引一部分香港人口来深圳定居。不仅可以提供市内消费力量及增强深圳市各行业的服务能力，同时可大量提供深圳亟需的资金及先进的科技等，形成了福田30km^{2}的开发计划。构想在福田区采用"蜘蛛网"交通线路方案建立较密的轻轨交通网，为港九新界来深圳的人士提供通达福田区的便捷交通。主要内容包括：

（1）交通体系规划。认识到若没有快速交通工具到福田，福田新市区开发的潜力有限。故而计划首期先兴建罗湖现代化火车站，使之与1983年通行的香港电气化火车系统连接，同时规划建造一条长7km宽6车道的主干道连接福田轻轨铁路，西通落马洲以接驳香港汽车桥，另外将兴建主干道路与深南大道衔接，使罗湖火车站至落马洲之间的交通极为便利。在福田新市内30km^{2}范围内的交通体系以轻轨为主，敷设长达70km的轻轨铁路网，车站旁边发展工商业及住宅区，使各区居民步行不超过8分钟即可到达车站。此交通体系的特色是沿马路中央以半沉管方式通行，到十字路口时，轻轨铁路则下降至道路以下穿过，从而不影响各类路面交通运行。

（2）规划布局。新市中央设商业活动中心；沿后海湾及深圳河畔设立工业区，以便于浅水驳船装卸货物；

① 福田新市发展规划纲要 [Z]. 合和中国发展（深圳）有限公司，1982.

依照规划设计，各车站附近将集中发展高密度住宅，因此，各车站将自成一分区，区内设市场、学校等，尽量减少居民对外交通的需求。

（3）规划强中心方案。即推行集中人流的繁华商业中心，才有吸引力，以便可以提高地价；如果福田区开发30km²内无法安排100万人口时，福田区的开发因前期成本费用偏高，没有盈利便无法收回成本。

4. 三次专家会议讨论“福田新市规划”

1982年5月第一次专家讨论会，主管部门邀请了部分国内专家[①] 对城市组团划分、福田新市区的规划及整个城市的道路交通问题进行了专题研究讨论。专家们针对福田新市区规划草图提出以下意见[②]：

（1）同心圆放射型道路系统突出了以商业中心为核心，不利于交通的疏散，是一种陈旧落后的规划手法。

（2）规划方案要求引进轻轨铁路，作为区内客运交通工具。经慎重研究若采用此方案，则设想轻轨铁路可采用半埋式穿过新市区进入商业中心，然后在新市区内形成一个“中”字形环城交通。

（3）在功能分区上，北部莲花山和笔架山自然风景秀丽，新市区的西南部濒临深圳湾，可规划为海滨公园绿地，或规划为居住区，而把工业区布置在西部或南部地区。

（4）建议市行政中心将来不一定搬入福田新市区，但是不论搬与不搬，在福田新市区规划中，可以在福田区中央保留一块用地由市里掌握。

（5）若该规划方案的用地全部商品化，专家们不能接受。建议双方交流意图，及早协调，以免日后处理困难。

1982年8月第二次专家研究，同济大学徐循初教授与研究生陈燕萍、俞培钥、宗霖到深圳对深圳交通发展进行了预测，同时研究了合和公司提出从深圳火车站到福田区中心建造轻轨交通的规划方案，提出了反对意见[③]。否定福田轻轨交通网的理由是：从深圳火车站到福田之间建造一条轻轨干线至少需要6km长，而且从整个特区的交通体系看，轻轨交通无法承担福田区以外各区的所有客流，客流量有局限，投资过大，运营成本较大，投资回收期过长，因此，认为从深圳火车站到福田区中心建造轻轨交通是不可行的。

1982年9月第三次专家讨论会，邀请港澳地区专家座谈会[④]，专家们对城市建设的各个方面，包括总体规划、道路交通规划、福田新市区规划等都提出了许多宝贵的意见。

二、框架构思福田中心区规划（1983—1985年）

1983－1985年深圳城市规划重点是在前几年深圳社会经济发展大纲、总规说明、总规简图等的研究基础上，编制一套全面系统的深圳特区总体规划。福田中心区的功能定位、空间框架构想等在这版总规中得到了充分重视。

（一）福田新市轻轨及放射路网规划方案被专家否定（1983年）

深圳特区初期的建设速度非常快，在“七通一平”（指供水、供电、供气、排水、排污、电信、道路和土地平整）工程建设中，1983年实行“五统一”（规划、设计、征地、安排施工、使用资金）城市建设办法，成立了专门机构统一指挥协调各有关部门组织建设，保证了地下、地上各种工程的同步配套建设。至1983年，罗湖上步区22km²范围内的城市道路系统已基本形成，城市干道总长度73.9km（图9）。

1983年9月成立上步管理区，全区面积68.8km²，已经开发14.4km²，上步区范围东起红岭路，西至车公庙甜水坑，北至笔架山、莲花山，南至深圳河[⑤]。当时的深圳特区共分为四个区：南头区、上步区、罗湖区、沙头角区，福田中心区属于上步管理区的范围。

1. 1983年特区总规草图

深圳特区总规在前几年工作的基础上，于1983年进一步做了调查和了解，广泛听取各方面意见，编制了特区总体规划图（图10）。这次总规考虑将来特区开发发展到相当规模时，市政府部分机构迁址于莲花山下，罗

---

① 参会专家：清华大学郑广中，华南工学院罗宝钿，南京主管部门陈福瑛、陆紫薇，广东省城建局邓赏等。
② 规划讨论会简要汇报 [Z]. 深圳市规划局，孙俊工作笔记，1982.
③ 徐循初. 关于福田区建造轻轨交通问题 [Z]. 孙俊工作笔记，1982.
④ 规划局 1982 年工作总结及 1983 年工作任务（草稿）[Z].1982.
⑤ 深圳经济特区年鉴（创刊号）[Z]. 深圳经济特区年鉴编辑委员会，香港经济导报社出版，1985:110.

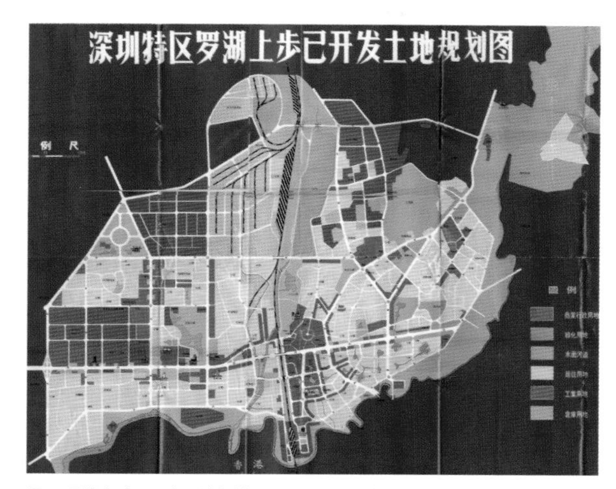

图9　罗湖上步已开发土地规划图（1983年，孙俊先生提供）

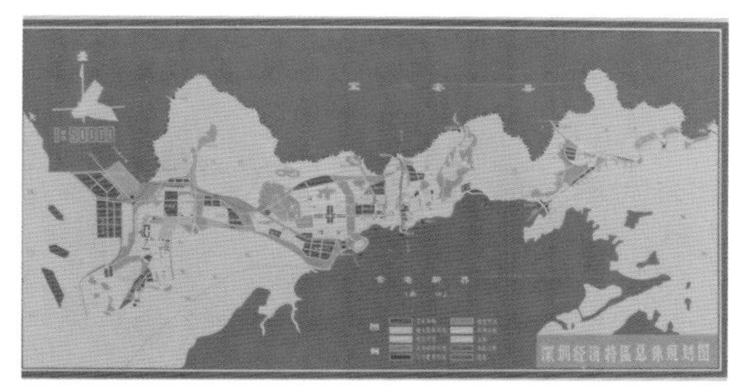

图10　深圳经济特区总体规划图（1983年，孙俊先生提供照片）

湖区政府区委仍在罗湖区原址不动。上步区政府建议在福田公社进行安排[①]。事实证明，这次规划布局极富远见并得以实现。2004年深圳市政府及其下属21个政府职能单位、市人大整体搬入莲花山下福田中心区中轴线上的“市民中心”办公，市委仍留在原址办公。

1983年深圳经济特区总体规划图（图10）显示，从莲花山往南的福田中心区规划了一条以商业办公建筑围合而成的景观中轴线，与深南路轴线（两侧也是商业办公建筑围合）形成“十”字轴的雏形。这是迄今为止第一次出现福田中心区“十”字轴的规划图。1983-1984年间，市政府主管部门曾经对福田区进行了地质勘探，每平方公里布局了1-2个勘探点，勘探的结果是福田中心区的地质条件较好，可以规划布置高层建筑、超高层建筑[②]。

2. 福田新市区轻轨及“圆”形放射路网规划方案历次被专家否定

1983年合和公司又分别两次提出福田新市区规划方案，城市规划局分别于3月和10月两次召开专家会议研究该方案。1983年3月邀请了国内十几位专家[③]召开了深圳特区城市道路系统规划研讨会，与会专家到福田区范围内查看了地形和建筑现状，就深圳市区路网系统、高速公路和轻轨交通以及合和公司的福田新市区开发方案进行了讨论。本次会议有关福田新市区规划方案的专家意见[④]如下：

（1）合和公司方案是从地产商的观点出发，将铁路引入中心区，这样把城市分隔成多块，对交通及布局都是不利的。但对轻轨交通也不应轻易否定，在规划中应考虑预留用地，在沿深圳河地带布置为宜。先从火车站至福田西端一段，依交通发展需要，可延伸至南头。若交通发展暂不需要设轻轨，也不影响全局。

（2）专家们认为道路是城市的骨架和血管，福田区的路网布局应该与总体规划相结合。这次会议又重新推敲了合和公司1982年10月提供的福田新市区规划方案，专家们认为“圆”模式放射型道路方案是一个较为陈旧落后的规划手法，不利于交通疏散，用地也不经济，与深圳总规不相适应，建议采用方格网道路形式。期间专家们亲自动手，勾绘了福田新区的路网草图。

（3）兼顾考虑合和公司的投资及经营商业地产的需要，可以在特区总规布局的基础上留出四块方格，局部采用八角放射环状交通也是可行的，这也有利于福田商业中心的形成及步行交通的便利。建议在新的商业中心区周围一定要留出足够的交通停车场（库）用地。

合和公司对福田新市规划花了大量时间，共组织做了27个规划方案，耗资600万元[⑤]。对于合和公司的规划方案，政府极为重视，先后多次邀请国内外各方面的专家，研究讨论这些方案。但福田新市区在主要道路上采用轻轨及同心圆放射型道路系统等内容历次被专家会议否定。笔者在史料中没有找到官方对福田新市规划方案

① 深圳经济特区已开发土地（20km^2）详细规划说明书（暂定稿）[Z]. 深圳市城市规划局，1983:8-9.
② 孙俊（1982-1989年在深圳市城市规划局工作，1989年后历任南山区建设局副局长、局长）2010年1月29日对深圳初期城市规划管理工作时的回忆谈话。
③ 参会专家：上海交通大学黄洁纲、天津大学胡德瑞、北京建筑工程学院刘孝廉、武汉城市建设学院李泽民、交通部第一公路设计院王立勋、重庆建筑工程学院张九师、广东省建筑设计院何冠钦、武汉钢铁设计研究院彭学诗、何志超，六机部九院张跃辉、深圳特区建设公司张人鹤、王励成、深圳市基础工作组陈文哲、深圳市工程质量监督检查站叶奕郅等单位的工程技术人员。
④ 关于福田新市区路网规划座谈会纪要[Z]. 深圳市城市规划局，1983.
⑤ 郭秉豪. 1982-1987年任深圳市城市规划局副局长，2009年6月参加深圳市规划局座谈会上的回忆讲话。

图11　1984年总规示意图（资料来源：《深圳市自然资源与经济开发图集》）

的详细评价，只见到一句简单的评语：合和公司的方案与深圳的整体规划不协调，故未予通过①。

3. 福田新市开发有限公司成立

1983年以前，深圳市政府没有组织专业开发公司，城市开发建设主要由特区发展公司、市建设公司、市工业服务公司等单位承担。1983年市政府决定组织开发公司，先后授予深圳城建开发（集团）、深圳东部开发（集团）等8家公司具有综合性开发权。此后，市政府又相继批准组织6家外资内资联营的专业开发公司，其中包括福田新市开发有限公司，由特区发展公司与香港合和中国发展（深圳）有限公司合营。负责原福田市区综合性开发与建设②。关于福田新市开发有限公司的详细情况，笔者未能找到其他的相关资料。

（二）"市民广场"的最早构思（1984年）

深圳特区成立之初，每年都在不断地研究讨论和修改总体规划，1984年的总规图如图11所示。至1984年底，深圳特区共分为五个行政区：沙头角区、罗湖区、上步区、南头区、蛇口区。上步区西起小沙河，东至红岭路，面积68.8km^2，规划人口36.5万人。上步区内又分五个综合区：上步综合区、福田新市区、车公庙工业区、农艺院科研园、香蜜湖游览区。福田中心区仍位于上步区范围内。当时福田新市区的开发权还掌握在香港合和公司，该公司前后做了多轮福田新市区规划方案，一直未获得深圳市政府同意③。

1. 委托中规院协助完成总规编制任务

"80特区发展纲要"和"82特区发展大纲"对深圳城市建设发挥了重要的指导作用。由于特区建设飞速进展，1984年底已远远超过"82特区发展大纲"预定的1985年指标，因此急需编制新的规划以适应新形势发展。1984－1985年期间，深圳市政府为继续完善总体规划进行了很多具体工作，以加强城市规划的宏观决策。由于规划深圳经济特区的意义和重要性已超出省市范围，它关系到全国发展战略问题，因此市政府邀请中国城市规划设计研究院（简称：中规院）的专家协助深圳规划部门，共同对深圳总体规划进行全面系统的编制工作，按照每1km^{2}1万人的平均密度，确定深圳到2000年的人口规模和城区面积④。

1984年10月深圳市城市规划局委托中规院来深圳进行特区总体规划设计的咨询工作（包括城市交通、道路网、给排水、城市结构与人口密度等），并协助完成总体规划设计编制任务，同时承担南头区规划设计的具体编制任务⑤。这次委托工作之前，深圳总规都是由深圳市和广东省的规划部门制定的。因此，中规院专门委派一个规划设计部门常驻深圳，1984年11月全面铺开《深圳经济特区总体规划》编制工作。该规划以"82特区发展大纲"为基础，以具有中国特色的现代化特区城市为目标，以经济效益、社会效益和环境效益三者辩证统一为标准，既采用新的技术手段，吸收国内外城市规划的先进经验，坚持高标准、高起点，又要从实际出发，力求

① 刘佳胜主编．花园城市背后的故事 [M]. 花城出版社，2001:356.
② 深圳市城市建设志 [G]. 深圳市城市建设志编纂委员会，1989:29-30.
③ 宋启林．铺深圳摊子的前前后后 [C]. 见：中国城市规划设计研究院深圳分院二十周年文集，2004:27-30.
④ 周鼎．深圳城市规划和建设的回顾，深圳经济特区总体规划论评集 [G]. 深圳：海天出版社，1987.
⑤ 关于委托中规院协助规划有关工作的报告 [Z]. 深规字（1984）217 号，深圳市城市规划局，1984.

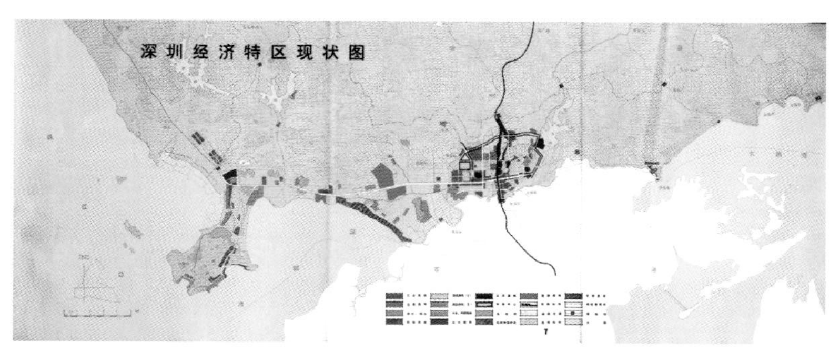

图12 1985年特区建成现状（图片来源："86总规"）

适应深圳的特点和今后的发展趋势。经过一年的努力，到1985年底，新的总体规划编制工作终于完成。同时还绘制出专业图纸64张，专题规划23个，约19万字[①]。

2. 特区总规关于福田中心区规划设想

1984年特区总规在城市设计篇章提出了福田中心区规划设想，具体包括福田中心区的道路网规划方案及空间形态城市设计模型图。总规定位福田新市区将建成未来新的行政、商业、金融、贸易、技术密集工业中心，相应配套建立生活、文化、服务设施。当时规划在特区内建10个工业区，总占地15km²，规划的福田工业区位于福田新市区，为高精尖产品的综合工业区。根据深圳城市组团式布局，全特区建立14个中心商业网点，其中于罗湖、上步、南头建设大型商业中心，相应地建立金融中心和外贸中心。商业中心地段的人流、车流尽可能采用立体交叉布置[②]。这些都是非常富有前瞻性的思想。在特区刚刚起步的前几年，就能较为准确地预测商业中心地段要实行人车分流的交通组织形式，这是非常领先的规划思想。至今基本建成的福田中心区，除了工业以外，其他的功能定位和交通组织模式完全吻合1984年规划思路。这并非历史的巧合，而是规划的远见。

3. "市民广场"的最早构思

1984年1月深圳市城市规划局和深圳经济特区建设公司曾经为全市绿化规划拟文，高瞻远瞩地提出了深圳绿化规划的原则，要充分利用现有的树木、绿地和自然环境；城市绿化和公园要统一规划、统一设计，形成整体；城市主干道两侧要作为绿化重点，美化街景，减少城市噪声等。关于城市公园的规划，提出"在市政府对面及福田中央干道北面尽端建设广场公园，广场中央设置大型大鹏城徽。"[③]这个绿化规划思路成为现在福田中心区中轴线上市民广场构思的最早提议，其他绿化规划思想，后来也都基本实现了。这是早期城市规划思想成功实施的一个实例。

（三）完成特区总规和道路交通规划咨询报告（1985年）

1985年深圳市城市基本建设达到高潮。全市建安企业达192家，从业职工总数13.6万人。据统计，1982年2月至1985年6月，罗湖、上步34km²范围的道路基础工程设施全部建成，竣工交付使用的市政道路总长度达108km，面积270万m²，形成了一个四通八达的方格状道路网[④]，配套设施也比较先进。如图12所示，1985年之前的特区建设大部分集中在罗湖火车站周围，小部分在蛇口工业区，其余分散建设了一些公共建筑和商业建筑。

1. 完成《深圳特区道路交通规划咨询报告》

中规院在深圳市城市规划局、深圳特区城市建设住宅开发公司、深圳市公安局交通自动化工程研究所等单位的协助和支持下，于1985年7月完成了《深圳特区道路交通规划咨询报告》[⑤]。该报告的编制背景为，当时深圳特区已经形成罗湖、上步市中心和西部的蛇口、南头区，构成东西两个交通重心，呈"哑铃式"交通模式。深南大道已经建成从福田路口往东进入市区这一段，已

---

① 中国经济特区的建立与发展（深圳卷）[G]. 深圳市史志办公室编，中共党史出版社，1997:172.
② 孙俊 . 深圳经济特区总体规划简述 [C]. 深圳自然资源与经济开发，广州地理研究所主编. 广州：广东科技出版社，1986.
③ 孙俊 . 深圳市城市绿化规划和实施方案 [Z]. 深圳市城市规划局，深圳经济特区建设公司，1984.
④ 深圳建设管理体制改革的实践 [G]. 八十年代深圳建设，1990:14.
⑤ 深圳特区道路交通规划咨询报告 [R]. 深圳特区道路交通规划咨询报告之一，中规院，1985.

经通车长度达6km，并作为特区初期建设成就的“展示走廊”；从福田路口往西长20km（这一段深南大道经过福田中心区）是临时路面，仅10多米宽，实际上单向只有一个车道。因此，按照城市总体布局和土地利用规划，深圳的道路系统应力求做到组团内外分流、客货分流、机非分流、人车分流。该报告主张建立以公共交通为主的交通结构。组团内的道路格局在福田新区等地区应做到快、慢车分流，建成机动车和自行车两个系统，已建的罗湖、上步等老区也要因地制宜地逐步实现机非分流制。在罗湖商业中心、华侨城、福田新中心等人流集中的地区建立步行街区和步行系统，组织好步行区外围的汽车交通和停车场。这是极具远见的交通规划原则。特别是公共交通为主、人车分流的规划原则一直贯穿到福田中心区规划及实施的始终。

1985年8月，全国城市交通规划讨论会在深圳召开，周干峙、郑祖武、王凡、叶维均等来自全国20个大城市的城市交通规划专家、教授及城乡建设环境保护部主管部门、城建局和国家科委等单位的37位专家参加了会议①，会议对《深圳特区道路交通规划咨询报告》给予了充分肯定和高度评价。认为该规划方案科学合理，方法先进，具有较高的水平，为未来特区城市道路交通基础理论的建设提供了可靠的依据。

2. 完成《深圳经济特区总体规划》（“86总规”）

1985年底，深圳市城市规划局会同中规院完成了《深圳经济特区总体规划》的编制工作②，该规划的主要特点：充分利用深圳优越的地理条件，采用组团式的整体布局结构以适应特区东西长49km，南北平均宽7km的带状地形，从东到西划分了五个组团（图13），每个组团内部形成了大体配套、相对完善的综合功能，适当安排组团之间的相互分工，既分隔又联系，共同组成各具特点而又协调统一的特区整体。例如，福田组团的功能定位以国际性的金融、商业、贸易、会议中心和旅游设施为主，同时综合发展工业、住宅和旅游。另外，该规划采用适应特区特点的现代化标准；保持弹性，留有适当余地；重视综合平衡；建设具有特色的城市风格。

1990年6月“86总规”获得广东省政府的同意批复，

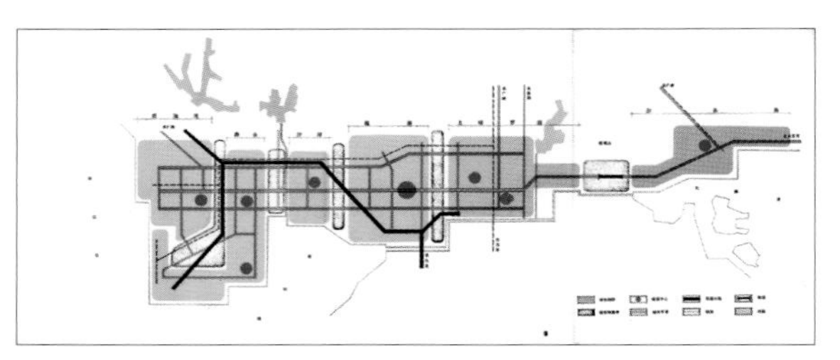

图13 1986年组团结构分析（图片来源：“86总规”）

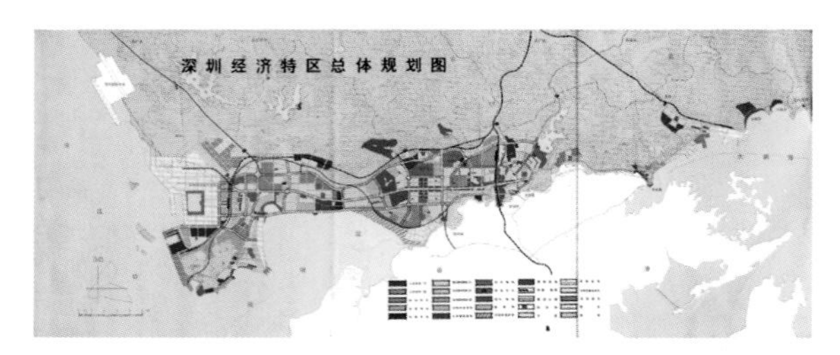

图14 1986年总体规划图（图片来源：“86总规”）

明确了深圳城市性质、规模、布局、功能分区和干道网的骨架（图14），以及主要基础设施的安排等重大原则性问题③，规划人口规模到2000年达到110万人（包括80万常住人口和30万暂住人口）。“86总规”把城市交通问题作为重点，对罗湖上步已开发地区的城市道路交通进行人车分流、机动车与非机动车分流规划，并提出实施步骤。在罗湖区内远期实行单向交通；在福田区内将全部采用机动车与非机动车分流制。遗憾的是，这些极具远见的人车分流、机非分流的交通规划至20年后仍未在一个片区完整实现。“86总规”是典型的集体创作与积累的成果，它凝聚着深圳市、广东省、国内其他省市和中规院等一大批城市规划工作者的心血汗水和聪明智慧④。1987年8月，“86总规”荣获全国优秀规划一等奖。

3. 准备开展福田中心区详规

“86总规”沿用以往的规划思想，继续定位福田中心区是未来新的行政、商业、金融、贸易、技术密集工业中心，相应配套建立生活、文化、服务设施。至1985年底，深圳特区罗湖、上步已经开发的地区面积为38.7km^2，下一步准备开展福田区道路坐标和竖向设计、福田区详细规划、福田中心区（5km^2）详细规划、罗湖区详细规划、上步区详细规划、沙河区（除华侨城、工

① 深圳市城市建设志 [G]. 深圳市城市建设志编纂委员会，1989:25.
② 由于该特区总规 1986 年 2 月正式印刷成册，后来习惯称之为深圳特区“86 版总规”.
③ 深圳经济特区年鉴 1987[G]. 深圳经济特区年鉴编辑委员会编辑，红旗出版社出版 ,1987:171.
④ 中国经济特区的建立与发展（深圳卷）[G]. 深圳市史志办公室编，中共党史出版社，1997:170-171.

业园）详细规划等多项规划工作[1]。1985年编制深圳特区总规时，市政府已着手开发福田新区，迫切要求提供新区的几条主干道路网的控制点坐标标高[2]。深圳市城市规划局根据特区总规全面展开了各分区规划、专项规划和详细规划，先后组织了十多个规划设计单位完成了交通规划、分区规划、各开发区的建设规划以及中心市区、一批工业区和居住区车站、旧城、皇岗口岸等局部地段的规划设计，并制定了一批设计标准、管理条例[3]。这是特区成立以来集中编制的第一批专项规划和详细规划，其中包含了福田中心区道路网规划。

三、统征中心区土地，预留发展空间（1986-1988年）

1986-1988年深圳发展形势较好，城市工作重点已经从前几年的搞基建、打基础转移到抓生产、求效益上来。这种变化要求金融业加快发展和大力调整。四年间，深圳金融机构及网点迅速增加，已初步形成以中央银行为核心，国有商业银行、股份制商业银行和保险公司为主体，外资金融机构、农村信用社为补充，证券、信托等非银行金融机构并存的多种类、多层次、多功能、开放型的深圳金融体系[4]。

齐康先生说："留出空间、组织空间、创造空间"。[5] 这是城市规划从编制到实施的必然过程，"留出空间"看似平常简单，但实质操作很不容易，往往需要城市领导者高度的前瞻性眼光和对历史负责的使命感。深圳特区在早期城市规划和开发建设中做到了这一点。1986-1988年福田中心区工作的亮点是废止福田新市区整片合作开发协议，成为中心区建设史上的一段佳话，它为后来福田区的规划建设储备了土地，留出了空间。反之，没有现在的福田区，没有今天的福田中心区。

（一）废止福田新市区合作开发协议（1986年）

深圳特区创建6年来，城区人口由3万增加到50万人，各种市政工程、工业区、居住区、道路绿化等建设成就令世人瞩目。1986年深圳经济建设处于低谷，但萧条时间不长。据统计，1979－1986年深圳市完成基建投资82.7亿元，竣工面积1222万m^2。其中城建系统完成投资24.8亿元，占总投资的30%。

1986年2月，《深圳特区福田中心区道路网规划》是现有资料中最早记载福田中心区当时地形状况的规划文本，描述如下：福田中心区用地面积5.4km^2，范围由滨河路、新洲路、红荔路、皇岗路四条主干道路围合而成。中心区以东是福田与上步两个区之间的800m绿化分隔带，以南是鱼塘，以西是高尔夫球场，近临香蜜湖度假村，以北是莲花山风景区。横贯特区的主干道——深南路由中心区的中部穿过。地形：深南路以北至莲花山为小丘陵，地势较高；深南路以南地形平坦，鱼塘区地势低洼。另外，当时的深南路仅建设了深南东路，上海宾馆以西仍为土路，尚未按规划实施建设。

1986年5月正式成立深圳市城市规划委员会，以后的十几年每一两年召开一次规划委员会全体会议，对深圳城市规划起到了引领和把关的作用。1986年规划委员会通过国内外专家顾问的咨询，进一步完善了城市总体规划方案，并建议进行城市设计，特别需要对三维公共空间等城市空间结构进行研究。

1. 收回香港合和公司对于福田新市区的土地开发协议

1985年全国加强国民经济的宏观经济调控，银行贷款收紧，深圳迅速放缓开发速度，收缩开发规模。这一时期，深圳市领导高瞻远瞩，制定了统一开发城市，不整片出让土地的政策。后来合和公司在福田新市区租用的土地由于没有项目，没有资金投入，福田口岸没有开通，没有人流，没有市场。福田新市区与外商签订协议已经三年，投资者并未进行任何开发性建设[6]，除了建设混凝土厂并生产混凝土电线杆外，终未能动工实施建设。1986年深圳市政府收回了与合和公司合作开发福田新市区的30km^2土地使用权的协议，这项行动在深圳城市

① 关于解决城市规划局经费问题的请示[Z]. 深规字（1985）138号，深圳市城市规划局，1985.
② 周干峙. 在努力攀登先进水平的城市规划道路上前进，深圳城市规划——纪念深圳经济特区成立十周年特辑[G]. 深圳市城市规划委员会，深圳市建设局主编，深圳：海天出版社，1990:11-12.
③ 孙克刚. 深圳城市规划和规划管理，深圳城市规划——纪念深圳经济特区成立十周年特辑[G]. 深圳市城市规划委员会，深圳市建设局主编，深圳：海天出版社，1990:69.
④ 全球生产方式演变下的产业发展转型研究[R]. 深圳城市总体规划修编（2006-2020）专题研究报告之九，深圳市发展与改革局，深圳市规划局，清华大学中国发展规划研究中心深圳分部，2007:95-96.
⑤ 齐康. 建筑课[M]. 北京：中国建筑工业出版社，2008:123.
⑥ 深圳自然资源与经济开发[G]. 广州地理研究所主编. 广州：广东科技出版社，1986:318.

规划建设史上具有十分重要的历史意义，为城市中心由罗湖向福田的延伸扩展储备了土地，为深圳城市的组团式结构逐步建设和健康发展起到了至关重要的作用。实践证明当时市领导已经预见到了福田区位置的重要性及其发展潜力，也说明了社会各界对深圳城市的未来充满信心。

2. “86总规”关于福田中心区规划内容

重点安排福田新市区中心地段，逐步建成国际金融、贸易、商业、信息交换和会议的中心，设立各种商品展销中心，经销各种名牌产品，形成新的商业区。明确福田区是特区主要中心，将逐步形成以金融、贸易、商业、信息交换和文化为主的中心区。[①] 福田中心区处于整个特区城市的中心位置，路网布置不仅考虑交通功能，也考虑了城市风格。为此，适应带状城市以东西向交通为主的特点，以及建设逐步进行的条件，采用了我国传统的棋盘式布局。以一条正对莲花山峰顶的100m宽的南北向林荫道作为空间布局的轴线，与深南路正交，形成东西、南北两条主轴（图15）。在中心区南北和东西各2km多的范围内，实行比较彻底的人车分流、机非分流、快慢分流体系，形成比较完整的行人、非机动车专用道路系统，并在深南路两侧各设辅助车道及四个导向环岛，在深南路进入福田中心区的东西两端，将出入中心区活动的车流从干道上分流出来，实行较为全面的单向行驶以渠化车流，形成一个不需信号灯控制的渠化道路交通体系。“86总规”规划在福田建一座水厂，解决福田新市区用水，水源由深圳水库供给。规划整治福田河、皇岗河两条排洪渠道，将皇岗河中下游改道至高尔夫球场东侧直接入海，为开发福田新市区中心创造有利条件。

3. “86中心区路网”——福田中心区道路机非分流规划

“86总规”确定后开始编制各分区规划。如果说1985年以前关于福田中心区的规划仅是畅想宏伟蓝图的话，那么，1986年2月由中规院深圳咨询中心编制完成的《深圳特区福田中心区道路网规划》[②]（简称“86中心区路网”），规划福田中心区道路采取人车分流、机非分流（图16）的原则，即汽车行驶路线与自行车行驶路线完全分离的交通组织方法，采用方格形道路网，中心区的道路分格间距为350－500m。中心区的布局带有中国传统特点，在正对莲花山的中轴线上设计了一条宽100m，长1700m由绿地、广场和散步道组成的林荫大道。

图15 “86总规”福田中心区构想（图片来源：“86总规”）

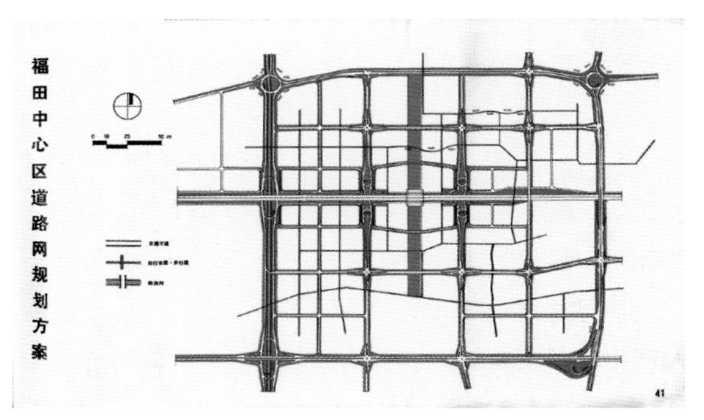

图16 福田中心区道路网机非分流规划（图片来源：“86总规”）

深圳全市自行车由1980年的2.1万辆增至1985年的30万辆，所以“考虑到自行车还有一定的作用，1986年正在建设的罗湖、上步地区和规划中的福田，实行机动车道与自行车道分离，各成系统，待今后自行车逐渐取消后，自行车道就成为慢车道系统。”[③] 尽管1987年开始了特区第二次建设热潮，但市政府按照先外围后中心的规划实施原则，基本未出让中心区的土地，预留了这块“宝地”。尽管汽车行驶路线与自行车行驶路线完全分离的交通组织方式非常具有超前意识和环保思想，但这项内容在施工刚开头就戛然停止，实际上仅建设了金田路、

① 深圳经济特区总体规划 [Z]. 深圳市规划局，中规院，1986:13, 16, 18.
② 深圳特区福田中心区道路网规划 [Z]. 中国城市规划设计研究院深圳咨询中心，1986.
③ 周鼎. 深圳城市规划和建设的回顾，深圳经济特区总体规划论评集 [G]. 深圳：海天出版社，1987:15.

益田路与深南路交叉口的上跨路段的自行车专用道这两个节点，再没有继续实施中心区道路机非分流规则。

（二）首次描绘福田中心区城市设计(1987年)

1987年深圳特区建成区土地面积已达47.6km^2，早期开发的上步、八卦岭、水贝等几个工业区已经完成，罗湖、上步38.7km^{2}建成区内，除少量零星土地外，已无成片土地提供工业及居住需求；正在开发的车公庙、莲塘、彩田和沙头角保税区也难以适应工业及经济发展的需要。由于1987年深圳特区经济出现了持续发展的良好势头，城市总体规划安排了15个工业小区，已经建设了上步工业区、八卦岭工业区、南油工业区等5个工业区，还有蛇口工业区、车公庙工业区等7个工业区在建。这时期厂房建设量虽然很大，但1987年将过去积压的20多万平方米工业厂房抢购一空，工业发展势头迅猛。因此，政府提出抓紧大好时机，加快正在开发的土地和迅速开发新的土地，是特区经济发展的迫切需要。

1. 建立土地有偿有期使用制度，使基础设施投入产出良性循环

1980－1986年深圳土地使用制度改革初期，对土地实行有偿有限年期使用，收取土地使用费，改变了长期以来土地无偿无期限使用的做法，但仍然用行政划拨方法分配土地，并禁止转让、抵押和出租。这时期，深圳市政府采取利用外资合作开发、租赁土地给外商独资开发、整片委托开发等三种灵活用地政策，初步体现了土地的独立价值。例如，市政府将整片土地委托给国有房地产开发公司，由公司根据特区总体规划和经济发展的需要，在银行的支持下依靠土地、房屋的商品化经营对土地实行开发建设。因此，划拨了大片土地给国有房地产开发公司经营，这个时期深圳特区的土地管理制度是以“多头管理、分散经营、行政划拨、收取土地使用费”为特征，这种方法对于特区城市的迅速形成起到了积极作用，对于无偿使用土地是一大改进。但土地资源的配置由行政决定，排斥了市场机制的作用，不能发挥最大的经济效益；没有理顺土地经营者与土地所有者的收益分配关系，由此形成的土地级差收益为开发公司所得，房地产公司却凭借对土地的垄断经营获取了巨额利润，导致新的社会的不公平现象。这样的土地管理模式让政府负担过重，市政府靠银行贷款在土地上投入了大量资金搞城市基础设施建设，而同期收取的土地使用费小于银行贷款的年利息，使政府对基础设施投资无法回收，城市建设缺乏稳定的资金来源，难以持续运行。因此，1987年深圳特区再次改革土地使用制度，变分散、多头管理为集中统一管理；推行土地使用权商品化，全面开放土地市场，采用协议、招标、拍卖三种办法有偿有期限地出让土地使用权。1987年试点出让五幅地金额达3500万元，相当于同年特区收取土地使用费总和的2.5倍[①]，标志着深圳正式建立起土地有偿使用制度，在国内外影响巨大，为城市基础设施投入产出的良性循环打开了新局面。

深圳早期开发不向国家要投资，而是依靠银行贷款，采用“滚雪球”的方法逐步积累建设资金，独立经营，自负盈亏。1979－1987年，全市共完成基建投资104亿元，竣工面积1462万m^2。1980－1987年，特区开发共向银行贷款约25亿元，占完成基建总投资的28.7%（大部分来源于自筹资金、外商投资[②]），有效地解决了城市开发中资金不足的困难[③]。

2. 英国规划师首次描绘福田中心区城市设计

1987年当深圳特区已经历了第一次开发建设高潮后，已经暴露出城市的视觉空间缺乏秩序等问题，需要制定城市设计政策来指导深圳城市建设的有序开发。因此，深圳1987年编制城市设计成为中国大陆城市中最早开展城市设计的城市之一。1987年由英国海外开发署资助，当时的深圳城市规划局与英国著名的规划师瓦特·鲍尔（Walter Bor）带领的英国伦敦陆爱林戴维斯规划公司（British Llewelyn-Davies Planning Co., London England，简称LDP公司）合作进行深圳城市设计和国际机场地区土地使用规划研究。1987年初，LDP公司对深圳的城市规划实施状况（包括住宅、工业、道路和交通系统）进行了两个月的调研，同年4月与主管部门联合撰写编制了《深圳城市设计研究》[④]报告（简称“87城市设计”），是深圳第一个关于城市设计的规划研究报告。

---

① 刘佳胜．令人瞩目的业绩，深圳房地产十年[G]．深圳市建设局，中国市容报社，香港有利印务公司印制，1990.
② 深圳市规划和国土资源委员会编著．深圳经济特区改革开放十五年的城市规划与实践（1980-1995年）[M]．深圳：海天出版社，2010:22-23.
③ 深圳市城市建设志[G]．深圳市城市建设志编纂委员会，1989:8,13.
④ 报告原文：Urban Design Study[R].Llewelyn-Davies Planning, Shenzhen Urban Planning Bureau, April, 1987.

该报告共分7章，从深圳特区建设的现状出发，承接了深圳1986年以前的规划成果，首先从宏观层面全面制定了深圳城市结构、道路交通、人口密度、高层建筑、工业开发、旅游开发、绿化环境等战略性政策及城市设计指导方针；其次从中观层面专门编制了福田中心、罗湖商业中心的开发建设及旧城改造等城市设计建议；最后提出了实施城市设计的先后次序和土地开发管理等建议。此报告是深圳城市设计的启蒙“教材”，使当时的规划管理者较早地认识到城市设计的重要性，并开始酝酿深圳城市设计管理工作的思路。

3. “87城市设计”[①] 关于福田中心区的主要内容

“87城市设计”第三章“深圳福田中心区开发建议”，在“86总规”和“86中心区路网”基础上进一步提出了福田中心区的总体构思、土地利用、交通规划、城市详细设计指导方针、详细的风景规划以及实施意见六个部分，内容齐全，提出了富有远见卓识的城市设计指引，具有可操作性。该报告提出尽快开始福田中心区的建设，既为福田区也为整个深圳特区提供了唯一的建设新城区中心的机会。

“87城市设计”关于福田中心区城市设计的主要内容如下：

（1）中轴线是开阔的南北向带状绿地，有秀美的山峰远景。建议在深南路北侧的中轴线上建一个由大型的方形拱廊围合成的步行中央广场（图17），它不仅是福田区的中心，且是整个深圳城市的中心。

（2）继承了方格网道路结构，建议深南路及所有其他主要街道作为城市道路设计，在道路交叉口均设置交通信号，与东西环路在南部及中部交叉路口设置立体交叉。[②]

（3）中轴线两侧主要用作城市公建用地和中心公园，大部分作为主要公共建筑用地，且呈南北向排列（图18），从此往北可见高大的山体，南面则是低缓的山地。[③]

（4）拟建两条南北向商业街，设有骑楼的商业街将是福田中心区的一大特色。深南路及外围的南北干道两侧可建办公大楼，其余地带拟作居住用地。

（5）在中央广场旁边拟建两栋高层办公大楼，这是深圳最高最好的高层建筑，控制城市天际线，成为醒目的标志性建筑。此外，在福田中心区的东边和西边入口处拟建两栋塔式高层建筑，以作入口标志。上述城市设计的大部分思想都已经在后续规划中采纳和实施。

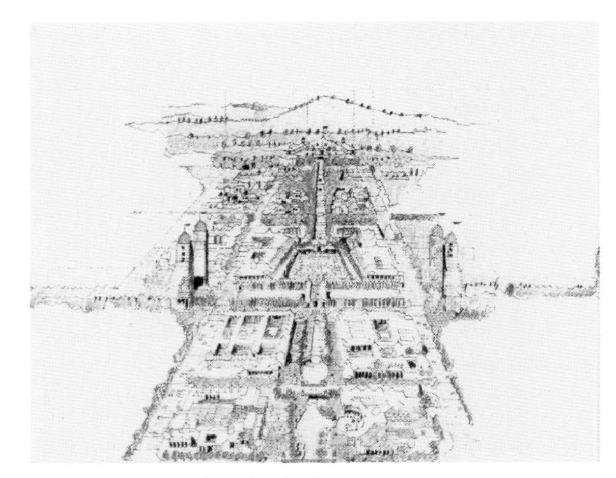

图17　“87城市设计”建议的中央步行广场

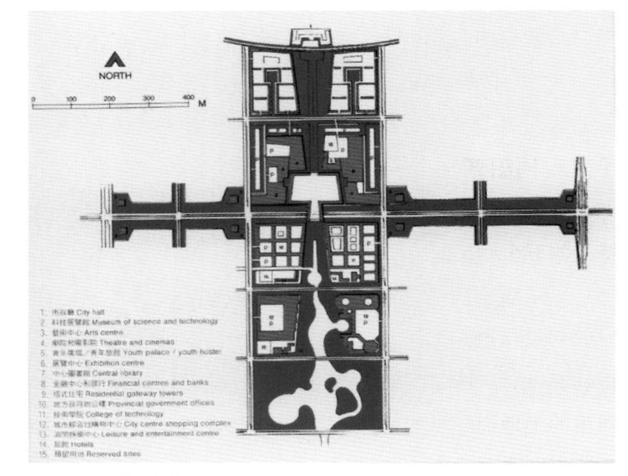

图18　1987城市设计

4. “87城市设计”具有划时代意义

“87城市设计”对深圳城市设计提出了宏观到中观

① 深圳城市规划研究报告 [R]. 陆爱林戴维斯规划公司，深圳城市规划局，王红译，王凤武校，中规院情报所印，1987:61-66.

② 这种交通规划思想在深圳早期得到了普遍接受，但随城市规模扩大，规划师们认识到中心区的主干道与周围快速路的立交越少越好，应避免占用太多土地，避免影响景观。中心区现状情况是1996年之前修建了一部分立交，后来调整交通规划中取消了其他立交，尽量改用平交及交通信号灯控制的方式。

③ 福田中心区中轴线南端原有一座小山，高约30m，由于2000年会展中心的建设需要而推平。

层面的指导方针，但遗憾的是，后来的规划师对该规划研究得不深，许多要点没有得到连续贯彻。例如，"87城市设计"针对深圳特区的建设现状提出了对高层建筑的选址和外形加以控制和指导的政策；针对深圳的气候条件，提出沿街建筑物采用骑楼形式将首层、二层立面收进去以形成拱廊等城市设计要素等城市设计导则没能贯彻下去。这是深圳规划实施的遗憾。

如果说福田中心区中轴线规划在1985年前是理念构思、二维平面规划，那么，86版总规提出了概念规划空间模型，"87城市设计"中首次提出了中轴线三维效果图，提出中轴线是开阔的南北向带状绿地，在其深南大道北侧建步行中央广场，两条人行天桥连接中央广场并跨越深南大道，中轴线两侧主要用作城市公建用地和中心公园等内容。所以"87城市设计"在深圳具有开创性，也是全国最早编制的城市设计之一。

（三）福田新市区统征土地及开发策略（1988年）

1988年以前采用过的"福田新市区"名称，指深圳特区的五个组团之一，包括了现在福田区内的大部分土地。福田新市区范围指福田河绿化带以西，华侨城小沙河以东，南至深圳河、深圳湾，北连梅林山，总用地面积44.5km^2，1987年前已使用土地近20km^2，剩余可供利用的土地面积[①]约25km^2。1988年12月召开了深圳市城市规划委员会第三次全体委员会议，会议审议了《深圳经济特区总体规划》修改意见、《深圳经济特区福田分区规划》、深圳市城市规划工作要点、福田新市区规划方案以及罗湖口岸火车站地区规划设计方案。

1. 福田新市区统征土地

征用土地是城市开发的前提，是一项政策性强、实施难度大的复杂工作。深圳市大规模征地工作从1980年2月开始，首先征用罗湖区0.8km^2，深南大道以北4100亩土地。据深圳市城市建设志记载：1979–1987年，深圳市共征用各种用地8463万m^2，基本满足了城市建设及工商业发展需要[②]。

1988年深圳市政府决定开发建设福田新市区，深圳市国土局依照《深圳经济特区土地管理条例》和市政府相关文件规定，对福田新市区范围内农村集体所有土地依法进行统征。这一行动标志着深圳城市建设将进入一个新的发展阶段，也拉开了福田新市区的开发序幕。1988年3月，广东省人大颁布了《深圳经济特区土地管理条例》，明确规定土地所有权与使用权分离的原则和各种土地权益的内涵，规定了土地使用权按协议、招标、拍卖三种方式有偿有期出让，以及土地使用权可以转让、抵押，明确了产权关系，为特区房地产市场的健康发展提供了良好的条件和契机。特区范围内所有土地均由深圳市政府统一管理，全面实行有偿出让和有偿转让。市政府可以根据公共利益的需要征用农村集体所有的土地，并统一组织城市基础设施的建设与土地开发，并根据经济发展的需要，采取公开拍卖、招标和协议三种方式将国有土地的使用权有偿转让给投资者，允许土地使用权的再转让或抵押。至1988年底各项配套改革措施落实，土地有偿使用制度进一步完善，深圳建立了统一征地、统一地价、统一出让的土地市场。1988年4月，全国人大通过了《中华人民共和国宪法修正案》（第二条），在法律上确认了土地转让的合法地位。由此，开放的深圳房地产市场迅速形成，各项法规、条例相继颁布，房地产开发步入正轨。1988年，深圳特区房地产业获得了44亿元产值[③]，占当年全市GDP的50.6%，标志着房地产业已经成为深圳经济的支柱之一。

2. 福田新市区开发策略报告

1988年8月，深圳国土局向市政府提交了《关于开发福田新市区的报告》[④]这是一份新区开发策略报告的范本，它包括了深圳特区的开发建设现状、福田新市区概况、土地使用情况、开发设想、开发策略、投资估算、福田新区土地开发基金投入产出估算、征地贷款方案、近期（1988–1991年）开发安排以及项目资金安排等内容。为了加强领导，便于协调，建议市政府成立福田新市区开发指挥部。这是一份可操作性较强的开发报告，主要内容概括为：①开发指导思想以开发工业区为主，带动居住、商业和其他用地的开发。由政府统一组织开发，统一出让土地，以便形成地产市场，积累土地开发资金，使房地产业逐步发展为特区经济的支柱行业。②两种开发方式：政府将生地变成熟地后再以拍卖、招

---

① 闵凤奎．深圳市城市规划委员会第三次会议工作汇报 [Z]. 深圳市城市规划委员会材料之一，1988.
② 深圳市城市建设志 [G]. 深圳市城市建设志编纂委员会，1989,31.
③ 刘佳胜．令人瞩目的业绩——深圳房地产十年 [G]. 深圳市建设局，中国市容报社合编 ,1990.
④ 关于开发福田新市区的报告 [Z]. 深国土字（1988）41 号，深圳市国土局，1988.

图19 1988年福田分区规划

标、协议方式出让土地使用权；政府出让生地，企业组织开发变成熟地后转让，政府收取转让费或进行利润分成，或者给政府交还一定比例的熟地。③开发策略确定为先外围后中心的原则，先开发北环路开发带（彩电、梅林、猫颈田工业区及配套生活区），以及深圳湾开发带（车公庙、沙咀、福田工业区、皇岗口岸区及配套生活区）约19km²，后开发福田中心区，形成"两带一块"的开发格局。④投资估算及资金筹措，开发福田新市区的总费用估算为42.84亿元（不包括电力、通信、立交、排海工程）。由土地开发基金采用"滚雪球"的方法筹措所需费用。开始时，须向银行贷一部分资金，进行征地及起步工程建设，开发的25km²土地中，按照规划的土地性质分别出售工业、居住、商业用地，可得地价收入总计约42亿元，与福田新市区的总投资大致相等。⑤征地工作，由于当时特区内土地征用费比较便宜，但1988年比1987年上涨近三成，因此提议向银行借贷2.5亿元，将福田新市区内属于农民集体所有的土地一次性全部征用。⑥为了加强领导，建议市政府成立福田新市区城市规划管理统一协调机构，有关部门主要领导参加，便于协调管理。

该策略采用"先外围后中心"的开发原则，使福田中心区周边基本建成后再开发中心区，政府将福田中心区的生地变成熟地后再以拍卖、招标、协议方式出让土地使用权，这是极具远见的英明决策。

3. "88福田分区规划"关于福田中心区的规划内容

1988年福田新市区基本完成了概念规划阶段，开始进入分区规划阶段。在"86总规"、"87城市设计"基础上，1988年11月完成了《深圳经济特区福田分区规划》①（简称"88福田分区规划"），规划范围56km²（图19）。明确定位福田分区是深圳市中心区，是城市今后重点开发区，"88福田分区规划"中关于福田中心区规划内容如下：

（1）周围环境，福田中心区用地面积528.76hm²，范围包括皇岗路至新洲路，红荔路至滨河路。东面是与上步接壤的绿化带；南面为村庄、鱼塘、农田和低缓山地；西面有高尔夫球场，邻近香蜜湖度假村；北面是莲花山。中心区当时的村庄占地9.10hm²，荔枝园2.53hm²，中小学各一所，并有上步区委办公楼、邮电局等公共建筑，以及市建工业、村办工业用地等。

（2）用地功能规划，具体制订了中心区用地规划平衡表，并形成中心区土地利用规划布局示意图。中心区用地528.76hm²，其中居住用地163.07hm²，公共建筑 167.38hm²，绿地广场100.96hm²，道路90.10hm²，

① 深圳经济特区福田分区规划 [R]. 深圳市城市规划局，中规院深圳咨询中心合编，1988.

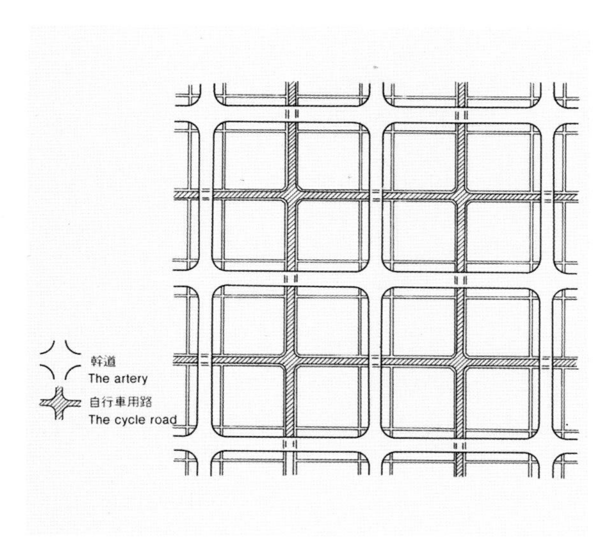

图20 1988年福田分区规划中机非分流示意图

交通设施4.11hm^2，市政公用设施1.20hm^2，特殊用地1.73hm^2。从用地规划中可以看出，当时规划住宅、公建用地各占30%以上，是由于当时的社会经济条件决定的。

（3）道路交通规划，根据路网将中心区划分为20个地块，基本沿用“86规划”的棋盘式方格网道路结构，明确提出中心区的道路交通进行机非分流设计，即采取人车分离、机非分流的交通组织方法（图20），创新点是在中心区两端入口处设社会停车场和公交总站，为外来车辆和中心区公共汽车提供必要的停车站场，各大型公建处分别要安排停车空间。

（4）为了充分利用中心区的土地级差效益和满足环境要求，规划将岗厦村和工业区迁到梅林北面安排，保留原公共建筑和荔枝林。这是一条非常具有战略意义的政策性规划，但未能实施。

此次分区规划保留了道路交通的规划思想，特别是继续采用自行车道与汽车道分离，各成体系的规划设计方法。保留了中轴线，并有创新式前进。提出了城市设计的主要控制导则。这在当时的年代是非常超前的规划设计。由此可见，“88福田分区规划”虽为分区规划深度，但对于中心区的规划部分如此具体详细，这是20年前城市规划务实的例证，这样的分区规划才能作为详细规划的前提条件。

本篇小结

1980–1988年在深圳特区总体规划和福田分区规划基础上构思酝酿福田中心区，是中心区概念规划的形成时期。

早期深圳特区城市发展纲要和总体规划对福田新市区和福田中心区功能的准确定位，是中心区规划成功实施的基石。1980年特区发展纲要定位福田区是未来以第三产业为主导的金融、贸易、商业服务区。1981年总规说明书确定深圳城市组团式结构，首次提出深圳特区的市中心在福田区；同年港商与政府签订开发福田新市区30km^{2}的合作协议。1982年特区发展大纲规划在特区四个组团（福田新市区、罗湖、上步、南头）中心集中安排商业、金融、贸易机构，建立繁荣的商业闹市区，并规划定位福田中心区是特区的商业、金融、行政中心。1983年总规图上，莲花山以南的福田中心区出现了中轴线的雏形。1984年出现了“市民广场”的最早构思。1985年完成了特区总规和道路交通规划咨询报告。总之，1980–1985年期间深圳政府多次组织专业人员规划编制城市发展纲要和特区总规，福田中心区的概念规划与深圳特区总体规划同步进行。随着1986年初《深圳经济特区总体规划》定稿上报，福田中心区的概念规划也获得了法定地位，为后续详规和市政规划工程等实施工作奠定了基础。1986年市政府果断收回了福田新市区的合作开发协议，并完成了福田中心区道路网规划。1987年深圳首次城市设计的高水平成果为福田中心区公共空间设计提出了远见卓识的城市设计指引（事实证明，十年后的1996年中心区核心地段城市设计的成果与1987城市设计的规划理念及空间形态设计有异曲同工之妙）。1988年统征福田新市区土地，完成了福田分区规划，再次从法定规划层面确定了福田中心区的概念规划内容。

深圳特区带状多中心组团式城市结构为福田中心区的低成本开发创造了天然优势条件，特区最早从罗湖和蛇口东西两端（“哑铃式”）开始建设，城市中心从20世纪80年代的罗湖区向西扩展发展90年代的福田区，位于深南大道公交走廊上的福田中心区不但具有交通便捷的优势，而且消除了新区建设难聚人气的劣势，这是福田中心区开发的天时、地利优势条件。

东门商业步行街北片区城市更新规划策略研究

陈子阳　孟洁　李晓芳
深圳市建筑设计研究总院有限公司

罗湖区是深圳经济特区最早开发的城区，经过30多年的发展，已经明显受到土地和空间、能源和水资源、人口和劳动力以及环境承载力这“四个难以为继”的制约，深圳市委市政府及罗湖区政府提出一系列战略举措积极推动罗湖区发展模式的战略转型，为罗湖的发展提供了新的机遇。《罗湖先行建设国际消费中心行动计划》提出以罗湖“金三角”金融商业核心区等重点产业片区和重点项目建设作为依托，打造国际消费中心，再造一个新罗湖。

规划区位于罗湖区“金三角”的核心地区，亟待通过旧城更新改造，完善城区功能，优化产业结构、提升空间品质，促使罗湖打造国际消费中心目标的逐步实现。本次策略研究结合深圳市相关城市更新政策，针对不同权利主体的矛盾与诉求，从平衡政府、业主和改造单位三者之间的利益关系入手，明确规划区的更新方向、更新方式及空间布局，并结合政府工作计划和研究结论给出《行动纲领规划》，逐次推进逐步实施。

（一）现状概况

规划区用地面积约40公顷，现状土地利用以居住用地、商业服务业设施用地、政府社团用地为主，用地功能混杂，布局结构不合理。现状的地籍房屋产权极为复杂，地块分割零碎，主要权属单位为工人文化宫、深圳市迎宾馆。

规划区毗邻东门商业步行街，具备区位条件优越、外部交通便捷、大东门品牌优势等多方面有利的条件。但由于建设年代较早，规划区现状土地利用结构不合理，土地利用效率低，建筑物质量差、空间形象杂乱，道路交通设施不足等问题。商业业态缺乏有效引导、呈现“泛东门化”状态（图1）。

（二）战略构思

1. 发展目标

规划区将以工人文化宫、迎宾馆整体改造为核心，与东门商业步行街共同打造“大东门商圈”，建设成以休闲文化体育产业为主导、集时尚购物、娱乐、餐饮、酒店、办公等多种业态于一体国际休闲时尚圣地，是一个能够承载多样化功能、具有魅力和充满活力的公共活动场所，一个独具特色的城市形象展示窗口。

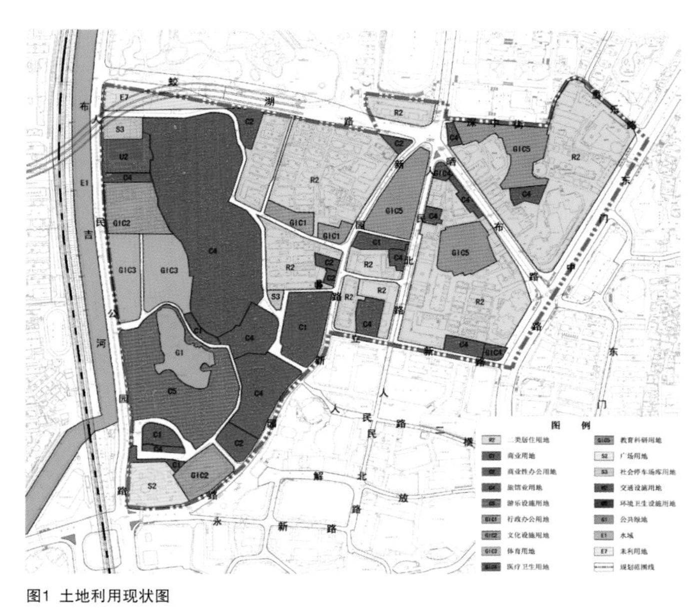

图1 土地利用现状图

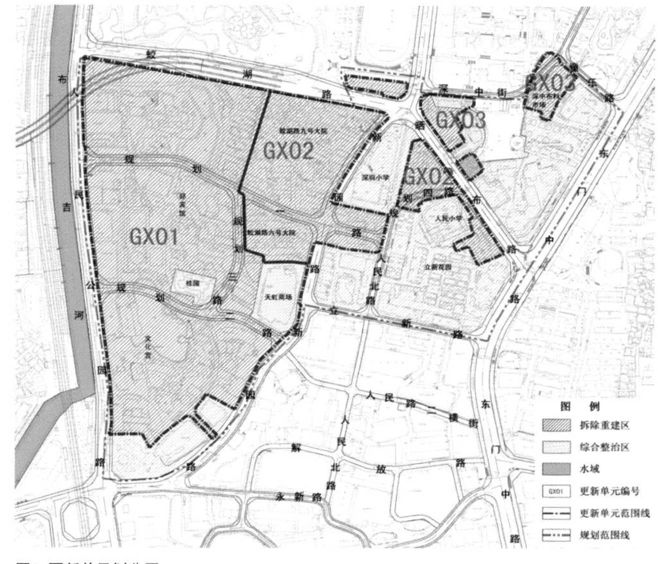

图2 更新单元划分图

2. 发展策略

规划区地处深圳最重要的商业中心区，在东门这个寸土寸金的土地方，蕴含着很大的商业开发价值。如何延续和强化规划区原有的空间特征，保护生态环境，对规划区进行合理的开发，提高土地的综合利用率？一种新的行之有效的简单办法——“覆土建筑”。我们旨在打造一个以覆土建筑、立体交通、绿地系统等为支撑的“低碳”城市综合区。

策略一：天人合一、建筑覆土

覆土建筑隐于土壤表层之下可以有效保持当地的环境，不破坏原有地区的生态完整性，使建筑和生态和谐共生“天人合一”。

策略二：大疏大密、有机集中

大疏大密的城市空间组织对于高效集约的使用城市土地具有积极重要的意义。通过自然环境与城市功能的有机渗透与结合，实现城市功能与开敞空间的共生、共荣。

策略三：上天入地、立体化发展

以“上天入地”的思想为指导，构建立体化的商业中心区，即在空间层次、业态层次、功能层次等多维层面上对商业中心区进行复合设计和规划，发挥其寸土寸金的效益，促进传统商业区升级和再发展。

（三）规划设计

1. 商业业态研究

“大东门商圈”的发展应该依托悠久的历史文化。以“休闲经济”的发展为契机，引导休闲文化、休闲体育及休闲娱乐业的发展。 本次规划以六mall为特点打造超级游乐中心：音乐mall、 餐饮mall、电影mall、购物mall、文化mall、运动mall。

2. 更新单元划定

本次规划将片区划分为3个大更新单元。

更新单元GX01：以工人文化宫、迎宾馆整体改造为核心，以音乐mall、 餐饮mall、电影mall、文化mall、运动mall的建设为核心，建设国际休闲游乐中心及国际接待中心。

更新单元GX02：以高档居住、商业服务为主的时尚活力都市核心区。

更新单元GX03：以商业、居住为主的都市复合功能区（图2）。

3. 规划方案

方案延续人民公园——洪湖公园城市绿带，在规划区内部打造一条南北走向的生态廊道。城市功能区布置于景观绿地周边，与公共绿地空间

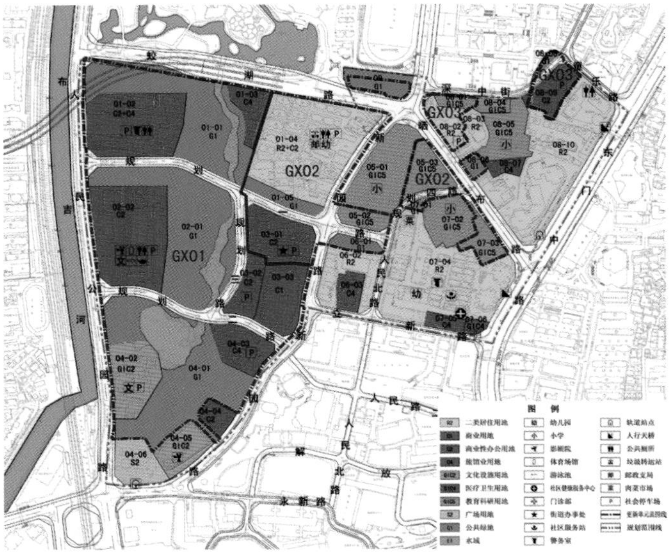

图3 土地利用规划图

图4 总平面布局示意图

有机交融，使公共绿地功能化、活力化。同时，通过与广场开敞节点以及公共绿带的渗透，将城市生态廊道引入东门商圈（图3、图4）。

4. 建筑设计指引

（1）建筑造型

1）建筑部分分别通过裙房层面与塔楼层面的绿色生态处理，充分体现“绿色低碳”、“上天入地”、“立体化发展”等目标思想。

2）建筑裙楼部分通过设置室内生态空间、建筑屋面与边坡覆土、底层架空绿地广场等立体绿化方式来实现人工与自然的和谐共生，既能改善规划区内部的微气候，又增大了片区绿地层面，使人们的活动空间得到最大的优化（图5、图6）。

3）建筑塔楼部分通过设置空中花园、局部立面采用种植幕墙等方式改善建筑内部小气候。此外，方案中采用中水循环利用、垃圾分类、自然通风保温处理以及充分利用太阳能资源等绿色循环系统，实现建筑节能最大化（图7、图8）。

（2）建筑高度

1）规划区北部靠近人民公园处设置了一栋250m 高的塔楼作为整个规划区的制高点；随后沿

图5 空间效果示意图

图6 公共空间示意图

图7 文化宫及迎宾馆改造示意图

图8 夜景效果示意图

图9 建筑高度控制图

人民公园路往南，建筑高度依次降低，形成错落有致的天际轮廓线（图9）。

2）本次方案从城市形象的角度出发，同时考虑区域周边建成情况及罗湖区城市设计形象，在规划区重点控制沿深南东路和人民公园路的城市天际轮廓线（图10、图11）。

5. 业态布局

结合生态游乐休闲带形成六大功能片区、一条活力环。

生态游乐休闲带：结合生态休闲游乐绿带设置文化广场、水景乐园、儿童游乐场、生态休闲区等。

运动 mall +电影 mall：以室内滑雪场、室内卡丁车、儿童反斗城等运动项目引领深圳全新的休闲购物模式，这里能为游客提供一个全新的多

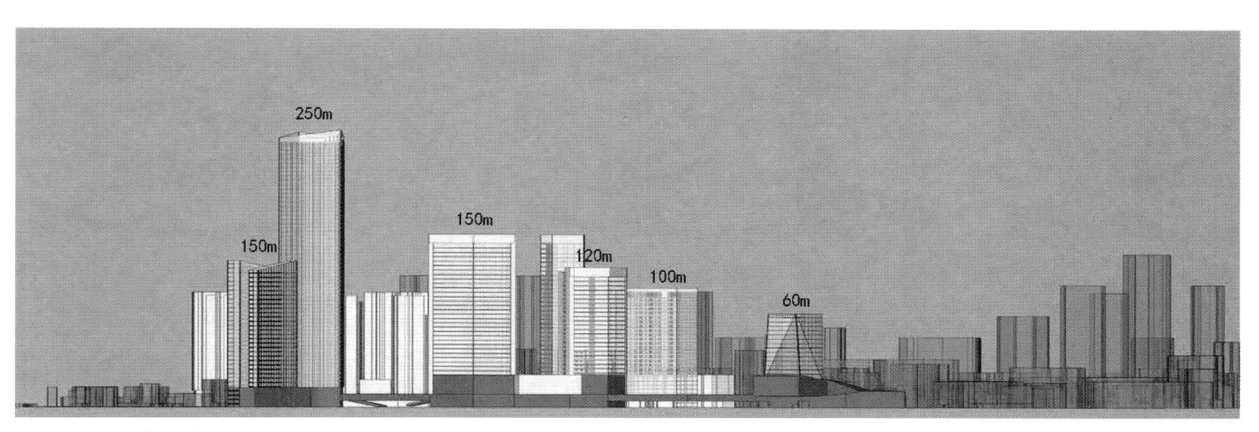

图10 沿人民公园路天际线

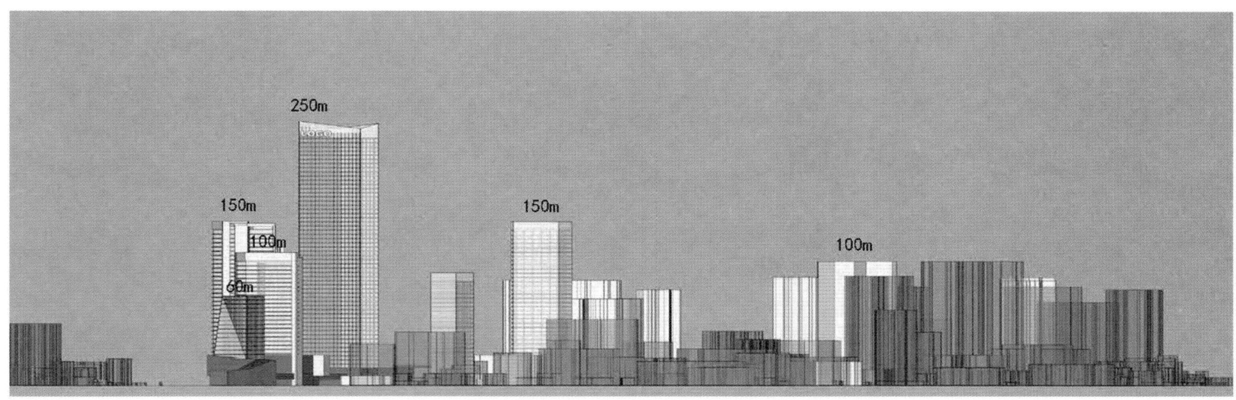

图11 沿深南东路天际线

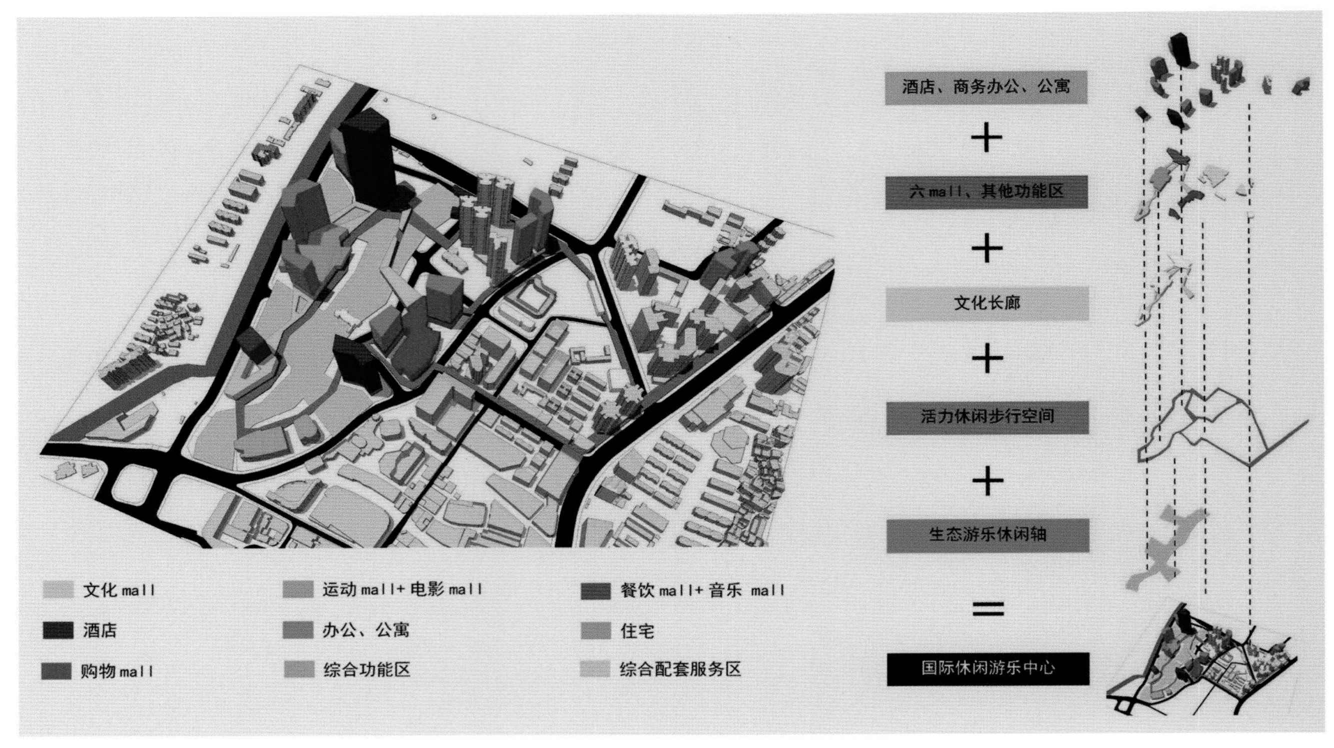

图12 商业业态布局规划图

功能体育运动区。引进环幕影院、穹幕影院、巨幕影院等，打造深圳最豪华的影视中心，带来全新的视听感受。

餐饮 mall +音乐 mall：各国美食汇聚于此，各种类型的主题餐厅，创造出全新的饮食天地。星工厂、音乐现场、明星街等音乐活动场场所将成为每个深圳人的舞台。

文化 mall：主要以邓小平南行下榻的迎宾馆桂园别墅保护为立足点，讲述东门历史文化特色，融合邓小平纪念馆、数字书城、书画主题馆等多种文化功能的超级mall。

综合配套服务区：世界500强超市百货、SPA水疗馆、高档会所等设施为东门提供综合配套服务。

购物 mall：打造深圳最有特色的超级购物游乐中心，让游客不经意间实现轻松购物。

综合功能区：包括深圳戏院在内，以现状保留、综合整治为主的综合功能区。

串联各个功能区的活力环：由特色步行街和文化走廊组成，引导人流在各功能片区之间穿行（图12）。

（四）行动计划

围绕总体目标，本次规划提出“三步走”实施目标：近期明显提升，中期基本建成，远期进一步完善。

1. 近期计划

通过文化宫、新园大酒店、蛟湖路九号大院及六号大院的更新改造，以文化 mall的建设为关键点，带动片区功能结构完善及城市形象的大幅提升。

2. 中期计划

通过迎宾馆、文化宫的更新改造，以音乐mall、餐饮 mall、电影 mall、运动 mall及国际接待中心的建设为亮点，推进国际休闲时尚圣地的建成。

3. 远期计划

通过GX03的更新改造及晒布路沿线、东门中路沿线片区等的综合整治，改善片区现状空间混杂的局面，提升社会、环境效益（图13）。

结束语

《深圳市城市更新办法》（2009年）和《深圳市城市更新办法实施细则》（2012年）等相关城市更新政策和规范的相继出台，从申报条件、申报程序、地价及相关政策等方面都有了明确的规定，有力地引导着深圳市城市更新的有序实施。

项目组在本项目的研究中，结合深圳市相关的更新政策，研究相关利益主体的发展诉求，综合考虑政府、业主和改造单位三者之间的利益关系，提出合理的发展目标及规划方案，并立足于深圳的历史文化底蕴，糅合现代商业模式，构建生态化、立体化的新型商业中心区。

规划编制单位：深圳市建筑设计研究总院有限公司

项目组成员：陈子阳、孟洁、李丹麟、李晓芳、陈萍、李志鹏、邱海兵、蔡海岳、赵强、凌飞

图13 分期实施规划图

编者按

由香港建筑师学会主办，深圳市注册建筑师协会、台北市建筑师公会、澳门建筑师协会协办的“2013年海峡两岸和香港、澳门建筑设计大奖”评选活动，于2013年3月16日在香港JW万豪酒店公布得奖名单。

在大奖方面，海峡两岸和香港、澳门建筑师获邀提名于十年内建于中国内地、香港、台湾及澳门等地区的建筑，竞逐8个建筑类别奖项。每个参赛作品质量都极高，竞争激烈，经过多位国际著名建筑师，包括论坛讲者的严谨评审后，从来自四十多个不同城市、接近三百份提名作品中择优选出44个获奖项目，其中深圳在六个参赛类别中荣获13个奖项，占获奖总数的30%，成绩喜人。奖项如下：

2013年海峡两岸和香港、澳门建筑设计大奖评选深圳获奖项目

深圳

一、高层住宅类：

1. 深圳大学建筑设计研究院的“深圳大学南校区学生公寓”获银奖；
2. 筑博设计股份有限公司的“武汉泰然玫瑰湾”获卓越奖。

二、低层住宅类：无。

三、商场步行街类：

筑博设计股份有限公司的“上海大宁中心广场”获卓越奖。

四、酒店类：无。

五、商业办公大楼类：

1. 筑博设计股份有限公司的“中粮集团亚龙湾行政中心”获优异奖；
2. 深圳市清华苑建筑设计有限公司的“深圳创意产业园二期3号厂房改造（招商地产总部）”获优异奖；
3. 艾奕康建筑设计（深圳）有限公司的“深圳福年广场-花样年总部”获卓越奖。

六、运输及基础建设项目类：

1. 悉地国际设计顾问有限公司的“天津国际邮轮母港客运大厦”获优异奖；
2. 深圳市北林苑景观及建筑规划设计院有限公司的“珠三角绿道（深圳段）规划设计”获卓越奖。

七、社区文化及康乐设施类：

1. 深圳汤桦建筑设计事务所有限公司的“四川美术学院虎溪校区图书馆”获卓越奖；
2. 深圳汤桦建筑设计事务所有限公司的“云阳市民活动中心”获卓越奖。

八、未兴建项目：建筑方案设计类：

1. 深圳市汇宇建筑工程设计有限公司的“深圳观澜版画基地美术馆及交易中心”获卓越奖；
2. 悉地国际设计顾问有限公司的“观澜版画艺术博物馆”获卓越奖；
3. 深圳华森建筑与工程设计顾问有限公司的“香颂湖国际社区H-01地块艺术中心”获卓越奖。

2013 年海峡两岸、香港和澳门建筑设计大奖评委名单

Doctor

Liane LEFAIVRE

Professor and Chair of Arichitectural History and Theory at the University of Applied Arts in Vienna, Austria

Professor

Alan J.PLATTUS

Professor of Architecture and Urbanism at the YALE University School of Architecture

Professor

Alexander TZONIS

Professor Emeritus at the University of Technology of Delft, Netherland

Professor

Sarah M. WHITING

Dean of the School of Architecture and Partner William Ward Watkin, Professor and Dean of the Rice School of Architecture

2013年海峡两岸、香港和澳门建筑设计大奖获奖名单

本次评选是从300余份提名作品中，择优评出44个获奖项目，奖项如下：

序号	类别	奖项	得奖公司	作品名称
1	低层住宅(八单层或以下)	金奖	张雷联合建筑事务所	混凝土缝之宅
2	商业办公楼	金奖	同济大学建筑设计研究院（集团）有限公司	巴士-汽停车库改造-同济大学建筑设计院新大楼
3	社区、文化及康乐设施	金奖	东南大学建筑设计研究院有限公司	浙江长兴广播电视台
4	高层住宅	银奖	深圳大学建筑设计研究院	深圳大学南校区学生公寓
5	商场／步行街	银奖	凯达环球有限公司	南丰汇
6	商业办公楼	银奖	广州珠江外资建筑设计院有限公司	广州气象监测预警中心专案
7	运输及基础建设项目	银奖	广州瀚华建筑设计有限公司	郑州市107国道临时指挥部
8	社区、文化及康乐设施	银奖	嘉柏建筑师事务所	万科水晶城运动会所
9	酒店	优异奖	RAD Ltd	杭州曦轩酒店
10	低层住宅(八单层或以下)	优异奖	汇创国际建筑设计有限公司	香港新界丁屋
11	低层住宅(八单层或以下)	优异奖	北京市建筑设计研究院有限公司	上海万科第五园
12	商业办公楼	优异奖	筑博设计股份有限公司	中粮集团亚龙湾行政中心
13	商业办公楼	优异奖	深圳市清华苑建筑设计有限公司	深圳创意产业园二期3号厂房改造（招商地产总部）
14	运输及基础建设项目	优异奖	悉地国际	天津国际邮轮母港客运大厦
15	未兴建项目：建筑方案设计	优异奖	拾稼设计	福建光电职业技术学院
16	未兴建项目：建筑方案设计	优异奖	嘉柏建筑师事务所	重庆万科沙坪坝铁路枢纽综合改造工程
17	社区、文化及康乐设施	优异奖	张雷联合建筑事务所	扬州三间院
18	社区、文化及康乐设施	优异奖	同济大学建筑设计研究院（集团）有限公司	中国2010上海世博会主题馆
19	社区、文化及康乐设施	优异奖	广东省建筑设计研究院	广州亚运馆
20	高层住宅	卓越奖	筑博设计股份有限公司	武汉泰然玫瑰湾
21	高层住宅	卓越奖	亚设具佳国际（香港）有限公司	形品 Lime Habitat
22	酒店	卓越奖	何周礼建设计事务所	尚圜
23	酒店	卓越奖	浙江绿城东方建筑设计有限公司	杭州西子湖四季酒店
24	商场／步行街	卓越奖	四川省建筑设计院	成都高新区铁像水街项目特色街区
25	商场／步行街	卓越奖	筑博设计股份有限公司；上海广万东建筑设计咨询有限公司（HMA）	上海大宁中心广场
26	商场／步行街	卓越奖	刘荣广伍振民建筑师事务所（香港）有限公司	香港希慎广场
27	低层住宅(八单层或以下)	卓越奖	四川省建筑设计院	青城山上善栖
28	低层住宅(八单层或以下)	卓越奖	巴马丹拿建筑及工程师有限公司	佛山岭南天地东华轩
29	商业办公楼	卓越奖	艾奕康建筑设计（深圳）有限公司	深圳福年广场-花样年总部
30	商业办公楼	卓越奖	利安顾问有限公司	香港科学园二期
31	商业办公楼	卓越奖	天津市建筑设计院	中新天津生态城公屋展示中心
32	运输及基础建设项目	卓越奖	香港铁路有限公司(港铁公司)	港铁大学站新出入口
33	运输及基础建设项目	卓越奖	深圳市北林苑景观及建筑规划设计院有限公司	珠三角绿道（深圳段）规划设计
34	运输及基础建设项目	卓越奖	利安建筑顾问集团	深圳福田区步行天桥改造工程项目
35	运输及基础建设项目	卓越奖	TFP Farrells Limited	广州南站
36	运输及基础建设项目	卓越奖	现代设计集团华东建筑设计研究院有限公司	浦东T2航站楼
37	未兴建项目：建筑方案设计	卓越奖	广州瀚华建筑设计有限公司	广州博物馆新馆
38	未兴建项目：建筑方案设计	卓越奖	深圳市汇宇建筑工程设计有限公司	深圳观澜版画基地美术馆及交易中心
39	未兴建项目：建筑方案设计	卓越奖	上海现代建筑设计(集团)有限公司现代都市院	三峡珍稀鱼类保育中心
40	未兴建项目：建筑方案设计	卓越奖	悉地国际	观澜版画艺术博物馆
41	未兴建项目：建筑方案设计	卓越奖	深圳华森建筑与工程设计顾问有限公司	香颂湖国际社区H-01地块艺术中心
42	社区、文化及康乐设施	卓越奖	深圳汤桦建筑设计事务所有限公司	四川美术学院虎溪校区图书馆
43	社区、文化及康乐设施	卓越奖	深圳汤桦建筑设计事务所有限公司	云阳市民活动中心
44	社区、文化及康乐设施	卓越奖	广州珠江外资建筑设计院有限公司	广州大剧院

2013 年海峡两岸和香港、澳门建筑设计大奖颁奖大会照片

深圳大学南校区学生公寓（银奖）

龚维敏
深圳大学建筑设计研究院

项目名称：深圳大学南校区学生公寓
地　点：深圳市南山区深圳大学南校区
设计年份：2009年3月–2010年4月
竣工时间：2011年6月
用地面积：28000 m^2
总建筑面积：105000 m^2
建筑层数：地上17层，地下0层
主创建筑师：龚维敏
设计团队：卢暘（建筑）、杨钧（建筑）、刘畅（结构）、谢蓉（给排水）、肖冬开（强电）、李海峰（弱电）、战恩来（暖通）
建设单位：深圳市住宅工程管理站

获奖情况：
2012年获深圳市第十五届优秀工程勘察设计（公共建筑）二等奖
——深圳市勘察设计行业协会
2013年香港建筑师协会海峡两岸和香港、澳门建筑设计大奖——银奖

1. 总体规划

深圳大学南校区位于主校区南侧的新校区。深圳大学南校区学生公寓（以下简称学生公寓）位于南校区东端，西侧为南校区教学区，东、南侧为深圳科技园，周边均为教学、科研建筑。总平面布局以南校区的整体空间为系统概念，采用围合式+板式的建筑群体组合形成校园空间构成和完善总体的肌理关系，强化南校区主轴空间的延伸和连续，建立清晰的空间层级结构，实现南校区整体的校园形态整合和规划空间的完整。

2. 建筑语言

本项目周边皆为教学、科研建筑，为了避免宿舍建筑通常的无序景象，本设计采用了方框组合的立面语言，并在框缝处设穿孔铝板墙面，以遮蔽室外空调机并有效地将阳台晾衣物加以整合，为立面建立了秩序，创造出具有公共建筑品质的建筑造型，从而更好地融入周边环境。东西侧的垂直格栅墙，突出刻画了建筑体形特点。西向四片弧面格栅墙，为校区中轴空间提供了纯粹而强烈的背景图像。

3. 平面布置

南北向建筑采用内走道双排房间平面。东西向建筑为单廊式平面，其走廊设在西向，房间朝东，有效减少了西晒对居房的不利影响，内走道被看成是学生的交往空间。A栋居室房门不开向走道，在走廊两侧形成了有节奏感的墙体界面；沿B栋建筑的内走道间歇布置二层高开放空间，将光线与空气引入内部空间。

4. 居住单元

本设计创造了二种典型居住单元。单元I：两居室合用一个卫生间，单元II：五个房间合用一个卫生间以及一个公共客厅空间，B栋建筑还创造了三层越层式组合单位；中间层为主要走道层，与主要电梯厅相通，采用I型

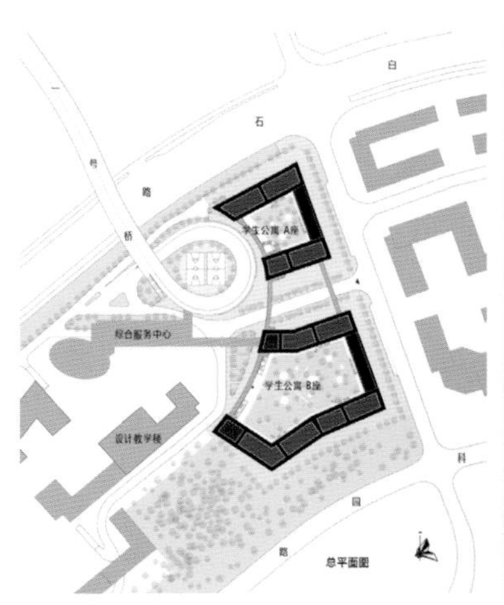

居住单元。上层及下层则采用II型居住单元，这两层均以两层高的开敞空间布置于其中的专用楼梯与中间层连接。所有卫生间均有对外采光通风条件，这种局部公用卫生间可以由专人打扫、清洁，而非由学生自理。这样的做法可有效地改善居室、卫生间及走道的空间品质。

5. 公共空间

本设计营造了多层次的公共空间系统，提供了充足的空间以容纳丰富的校园生活内容。建筑首层、二层设有大面积架空层，可用作各类半室外活动，二层设有连廊将A、B栋架空层联通并与南校区二层步行平台系统联为一体。A、B两组建筑群均有中心绿化庭院，其中设有地景式圆形座椅，可用作户外集会。塔楼上部营造了多种可以停留、交流的小尺度空间，B栋三层越层式居住单元，包含了多种半开敞空间，其中间层与半开敞平台相通，上、下层的每组单元共用一个开放式客厅，可以进行小规模的聚会等活动。

6. 垂直交通系统

大学校园生活的特点决定了高层学生宿舍建筑在每个上课日中都会有三段垂直交通的高峰时间，据对现有宿舍的调查，高峰时段上部楼层的学生需花半个多小时的时间等候电梯。高效的垂直交通方式对高层学生公寓具有重要意义，在本设计中，B栋建筑运用了新的垂直交通组织策略，结合三层越层居住单位，电梯厅隔三层设置，中间走道层与电梯厅平层，上、下层每个单元的学生可通过专用越层楼梯行至走道层及电梯厅。这种方式减少了三分之二的电梯停靠站，使其停靠时间大为减少，从而有效地减少了等候时间，提高了垂直交通的效率。

武汉泰然玫瑰湾（卓越奖）

陈天泳
筑博设计股份有限公司深圳分公司

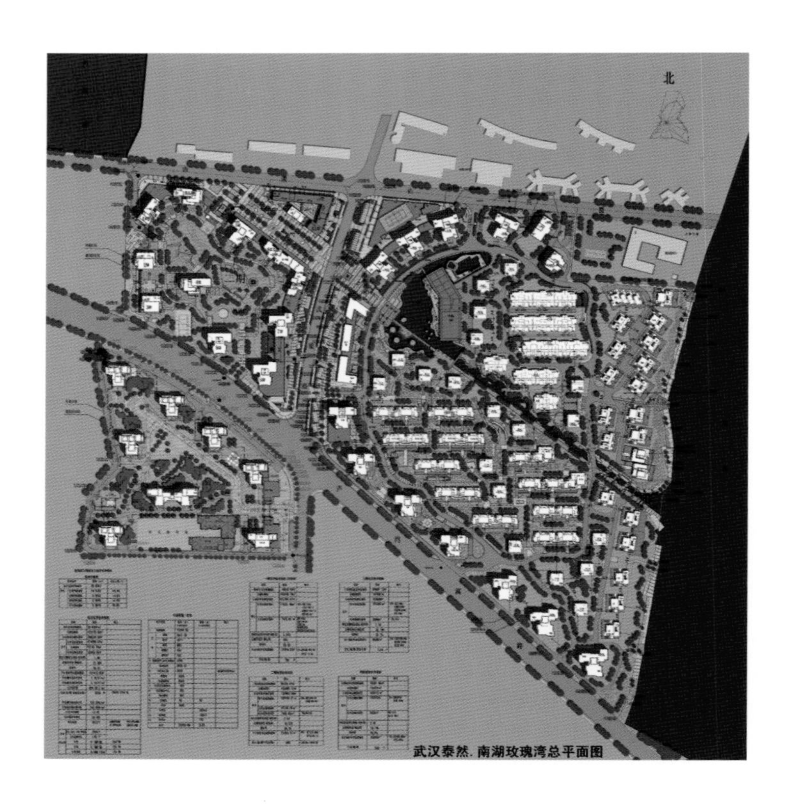

主创设计师：俞伟、陈天泳、丁玲
设计团队：刘瑞嫜、荣洋、雷善霖、范瑜、高峰、许丰、边志虎、马艳龙、王延枝
设计时间：2006–2012年
施工时间：2006年至今
工程地点：湖北省武汉市

指标：
居住区总用地面积：26.84万m^2
总建筑面积：63.14万m^2
计容积率总建筑面积：50.95万m^2
容积率：1.90
建筑密度：21.88%
绿地率：35.2%

用地背景

地块位于秀丽的南湖西岸，东与烟波浩渺的6000亩南湖相连接，长达500多米的湖岸线蜿蜒曲折，东南隔南湖及南湖南岸边的1000多米长的水杉林公园与郁郁葱葱的狮子山相望。

地块原为省农科院和农业厅用地，地形较为平坦，用地内池塘密布，植被繁茂，有不少景观价值较高的树种，丰富的水体资源及原生态的绿化植被为项目提供了良好的内部景观资源。

设计说明

规划设计概念——连续、均好的景观资源

由于地块处于南湖山庄半岛上，除南湖山庄多层、小高层对地块北侧景观存在一定高度范围的遮挡外，地块沿西北、北侧、东侧及东南侧均具有良好的湖景，尤其以东及东南方向景观最佳。景观资源的优势除了反映在上述水平视域的宽阔外，还反映在景观层次和景深等方面。由于南湖湖面纵横6000多亩，水域辽阔，景观深远，

加上横亘在南岸起伏的狮子山及水杉公园，使得湖景层次十分丰富。

规划设计概念 —— 开放空间与南湖的关系

我们的设计目标是将城市化的建筑空间与自然环境有机结合起来，打造东方现代的人文居住模式，回归自然闲逸的滨水都市生活。在规划中，我们顺应地块形状，形成一条约45°的斜向轴线，从小区内通向南湖，引入南湖的水景，成为一条水轴。轴线上空间收放有致，在用地中心形成放大的景观节点。水轴结合小区人行系统设置，渗入人的生活。

规划设计概念 —— 规划与原有景观结合

在规划时，要求业主提供了现场景观树木的坐标，并在规划中尽量避让，保留原有的植被。而原有的树木稍加修整，即为小区带来了难得的郁郁葱葱的原生态景观。

单体设计

建筑单体 —— 会所

会所的设计概念来自于漂浮的折板，在朝向景观的立面上尽可能地采用大玻璃面以使其与自然融合。

建筑单体 —— 洋房

洋房在采用体量咬合设计的同时，强调自然材料与玻璃、钢的运用，在简洁之中凸显人性化。

建筑单体 —— 小高层

为保护植被，本项目特意设计了占地面积较小，有360° 景观的一梯一户小高层。

建筑单体 —— 高层

高层住宅的设计顺应四周的景观条件，造型采用体量构成的方式，并从尊重湖景的角度出发，合理设计群体高层的天际线，以形成良好的城市轮廓。

上海大宁中心广场（卓越奖）

陆健
筑博设计股份有限公司

主创设计师：孙立军、陆健、友寄隆仁、赵宗阳
设计团队：姜博、沈燕燕、朱明理、坂井真纪子、赖川雄司
设计时间：2010年6月
施工时间：2010—2011年
工程地点：中国上海闸北区万荣路700号
合作单位：HMA

主要经济技术指标
建设用地面积：7.8万m^2
改造前建筑面积：4.9万m^2
改造后建筑面积：9.8万m^2
建筑容积率：1.25
建筑层数：地上4层（最高）
建筑高度：30m（最高）
绿化率：20%

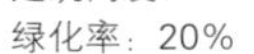

一、工程概况

项目位于上海九大中心城区之一的闸北区中部，万荣路700号；厂区东至万荣路，南至宝华国际广场，西至先锋电子厂(现状)，北至灵石路。本项目属于多媒体谷的一部分，周边主要是办公用地及住宅用地，原状为一些待改造的老厂房。本项目将旧厂房改造成为“创意产业园”。

二、设计创新

项目基地周边逐渐成长为一个以现代办公和高科技开发的板块。由于是改造项目，在对整个地块完成现场调查与分析后，根据功能定位和开发目标，本地块项目以办公为主题，附以商业配套、产品展示的“创意办公区”。

整个地块规划充分考虑了各功能区的相互联系与相对独立的特点，保留了绝大部分构造及形态完整的建筑单体，通过人车分流，上下错落的动线方式，以连廊、平台、挑台的形式将各栋建筑有机串联起来，丰富了空间形式，扩大了各功能区间的互动联系。充分考虑不同使用者交往和活动的可能性，以此作为景观系统组织、建筑物和公共设施配置的基础，营造安全、舒适的步行系统。塑造优美的地块景观，突出设置公共性建筑和标志性特色建筑。将现代的建筑元素融入老厂房的建筑中，结构清晰，外观简洁明了，突出办公功能的同时，不失历史沉淀的背景。

原有城市边缘的大型厂房成为城市的机体，融合新旧建筑，重塑空间形态，给厂房建筑注入城市的活力， 建筑重生。设计过程中，采用新老建筑结构分设、建筑统一的原则，有效地融合原有建筑空间和结构体系，形成一个特色的“创意办公区”。

三、设计思想

(一)总体布置

本项目主要分为商业区和办公区，商业业态基本集中于基地东北角，部分商业分布在沿灵石路的基地周边。商业的配套设施位置在基地的最

南侧。基地中部为创意办公区域，该区域由北向南为别墅型办公、创意办公，面积有小的办公空间由北向南递增，满足了企业成长发展所需的空间拓展需求。

创意办公区：在其保留原有大空间建筑的基础上，为了满足不同企业对于工作空间的不同需求，在保证空间协调的基础上，在竖向或横向划分了不同面积的空间结构。每一层都设有不同的挑空空间和室内、室外休息平台，底部的大挑空空间可以作为企业展示或其他各种商务、商业活动的场所，最大限度地将内部空间精心打造为可以产生经济效益的资产。

别墅型办公：根据不同形态的独立单体组合，由外部连廊和室外平台形成一个整体的区域，在保证单体私密性的同时还可以相互交流和沟通。

多功能厅：利用厂房高度的空间，顶部设置了室内屋顶花园，可以供人休息交流，白天采用自然光，在夜晚灯光的作用下，可以作为整个园区对外的标志性展示建筑。

商业：原有密集小厂房板块，通过立面改造及局部贴建建筑，创造一个丰富的商业长廊和人流动线，结合连廊布置引入二层人流，给商业注入活力。

（二）设计特色

创意：通过园区特有的木质连廊把不同功能业态空间联合在一起，形成环流动线，在保证空间私密性的同时把整个园区中的不同建筑贯通起来，又在其不同建筑的空间内部形成不同的休息交流空间，使外部空间和内部空间有机地结合在一起。

生态：除了基地在道路周边或建筑周边设置水景、绿化景观外，保留特色香樟大道，同时也将绿化渗透进创意办公内部，在室内连廊不同的平台休息空间布置景观绿化形成循环的再利用系统，使人们在室内可以充分享受到充分绿化的自然环境。

环保：设置开放式木平台以及屋顶绿化，起到环保节能的作用。建筑立面材料选用，尽量回收拆除建筑的墙体砌块及结构构件，处理后以修补保留建筑及作为装饰构件。在保留原有建筑的外立面材料的同时，采用木材等环保建筑材料。

三亚亚龙湾行政中心（优异奖）

钟乔
筑博设计股份有限公司

主创设计师：钟乔
设计团队：张甜甜、冯茜、张碧勤、黎靖
设计时间：2009年
施工时间：2010－2012年
工程地点：海南省三亚市亚龙湾亚龙大道入口处
图片摄影师：苏圣亮

主要经济技术指标：
用地面积：35049m^2
总占地面积：7086m^2
总建筑面积：29777m^2
地上建筑面积（计容积率）：20997m^2
地下建筑面积（不计容积率）：8780m^2
建筑容积率：0.6
建筑覆盖率：20%
建筑层数：地上5层，地下2层
建筑高度：18m
绿化率：55%
停车位：133

项目概况

本项目是建筑师放下浪漫的主观意识，尝试用一种从纯理性的角度对各种限制因素进行分析的方法而导致的综合性结论。

（一）社会性。（从建筑的城市角色和社会性出发，引导开发商自愿还地于民，以开放的心态接纳“人民的入侵”，通过分析周边城市环境，判断以何种公共空间的模式反馈给城市生活。）由于用地南面是规划的酒店度假用地，而亚龙大道又是进入亚龙湾的主要交通要道，同时建设用地周边又都是完全封闭的政府设施。接通将来的酒店用地和亚龙大道之间的公共捷径就显

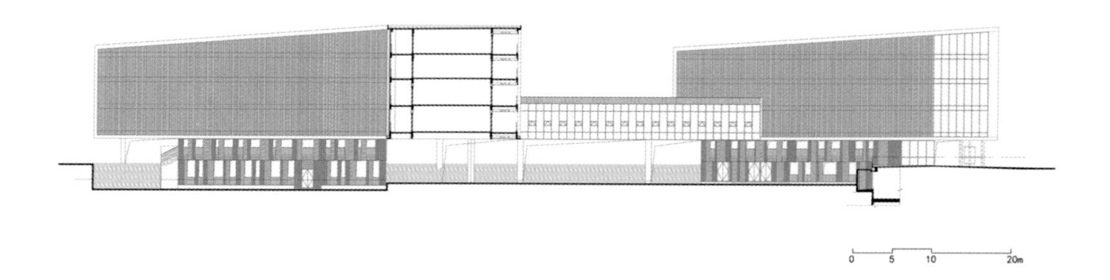

得异常重要。

（二）商业性。从开发商利益的角度出发，打造一个既能满足开发商功能使用的需求，又能提升其品牌竞争价值和展现其企业文化的总部办公基地。挖掘企业核心价值观与建筑设计的内在联系。

（三）地域性。以特殊的热带气候为出发点，创造出真正适合热带气候的现代办公环境。让所谓的公共交流空间在炎热的气候下，成为真正能留得住人的场所。

（四）绿色性。提倡低碳建设，用最基本的建筑方法达到节能、节地、节约的目的。利用场地本身的地貌进行建设，减少土方开挖；把建筑集中建设，集约土地资源；利用底层架空、外遮阳、院落天井等传统热带建筑的手段创造舒适的办公、居住小环境。

（五）适应性。以舒展连续的折线型厚板建筑和连续的流动空间来适应建筑将来可能的功能置换和增强内部人员的交流机会。灵感源自热带水果表皮肌理的遮阳体系最大限度地述说着热带建筑的形式语言。

实践创新

打破国有企业一贯的“大中轴，大台阶”的官式空间格局。成功引导商业地产商拿出土地，使之成为提供给城市的公共开放资源而被再利用的可能。

同时，成功地让建筑真正适应当地热带的炎热气候，配合亚龙湾旅游胜地，成为进入亚龙湾的第一景。

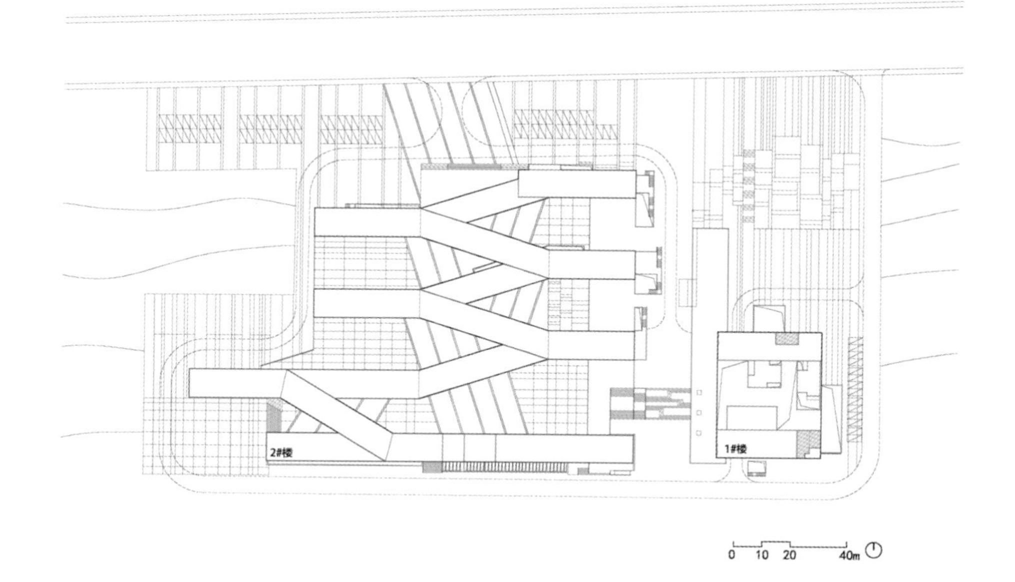

深圳创意产业园二期3号厂房改造（优异奖）（招商地产总部）

江卫文
深圳市清华苑建筑设计有限公司

主要设计人：梁鸿文、李念中、江卫文、冯嘉宁、曹珂、潘北川、贾文文、左振渊、胡明红
设计顾问：江亿（清华大学建筑技术科学系） 栗德祥（清华大学建筑学院）
设计时间：2006年11月-2007年8月
完工时间：2008年6月7日
工程地点：深圳市蛇口工业三路与太子路交汇处
图片摄影师：陶向阳

主要经济技术指标

	原建筑（三洋3号厂房）	（改造后）招商地产总部办公楼
总建筑面积	16356.00m^2	25023.90m^2
平均每层建筑面积	4050.3 m^2	4850 m^2
层数	4	5
建筑高度	16m	21.5m
停车面积	–	5636 m^2
结构形式	钢筋混凝土框架结构	钢筋混凝土框架结构+钢结构

一、项目简介

旧建筑的改造与活化是个迫切的问题。

深圳创意产业园二期3号厂房改造(招商地产总部）是深圳市第一个既有建筑改造再生能源示范项目，被国家建设部和发改委评为全国35个节能示范项目之一。

首先，我们对旧厂房先进行结构的加固，再根据深圳气候的特点，以建筑设计为龙头，集成运用了60多项结构、通风空调、给水排水及电气专业的措施，使建筑的综合节能达65%以上。

改造后，项目取得国家绿色生态建筑“三星”级认证，废旧厂房焕发出新的生命力。

二、项目分析

（一）项目背景

经过多年的经营，深圳市蛇口已逐步由一个工业园区发展为特区内经济发达、居住条件优越的一个副城市中心。在区域内保留有大量的闲置旧工业厂房中，大部分都还未到建筑的最大服务年限。这些旧工业建筑，一是可以通过适当的结构改造，使其功能转变以适应城市和区域发展的需要；二是在功能改造的同时，进行节能及建筑生态的技术革新创造，使建筑以低耗、节能的状态重新投入使用，并继续发挥良好的社会和经济效益。本项目即是一个通过对旧厂房建筑的生态

图1　原建筑外观

图2　改造后建筑外观

图3 创意产业园二期3号厂房

节能改造，将旧厂房发展成一个现代化信息化的4A级办公楼，实现提高建筑舒适度、降低建筑能耗、减少环境污染三大目标的案例。

（二）项目区位

项目基地位于深圳市蛇口工业三路与太子路交汇处原三洋工业园内。三洋3号厂房是位于工业园西北角，北临面太子路和一个小型的市政公园，是整个旧工业园区启动的首个改造项目。

（三）项目原状

项目原有工程结构选型合理，结构平、立面布置规则，地基基础处于稳定状态，混凝土的强度等级满足规范要求，梁和大部分框架柱的承载能力满足按原设计功能继续使用的要求，但尚存在部分底层柱及二至四层楼板的承载能力不足，框架柱的上、下端加密区箍筋的配置不满足现行建筑抗震设计规范的要求等影响结构安全的问题，需要采取适当的加固措施进行处理。

（四）项目地域气候特征及对应设计策略

深圳是一种由高温、潮湿、多雨的热带——亚热带季风气候所造成的热量丰富、夏长冬暖、暴雨常见、台风频繁的气候，“湿、热、风、雨”四字概括了深圳的主要气候特征。加强建筑外围护结构的设计，重点做好防太阳热辐射的设计；加强建筑室内外自然通风的设计，重点做好热压通风的设计，才是符合深圳气候条件的最有效的节能设计策略。如果把此两项策略通过计算机模拟加以整合，达致两种技术之有机集成，则不但符合节能设计中优先采用被动式的原则，且节省了投资，取得事半功倍的效果。

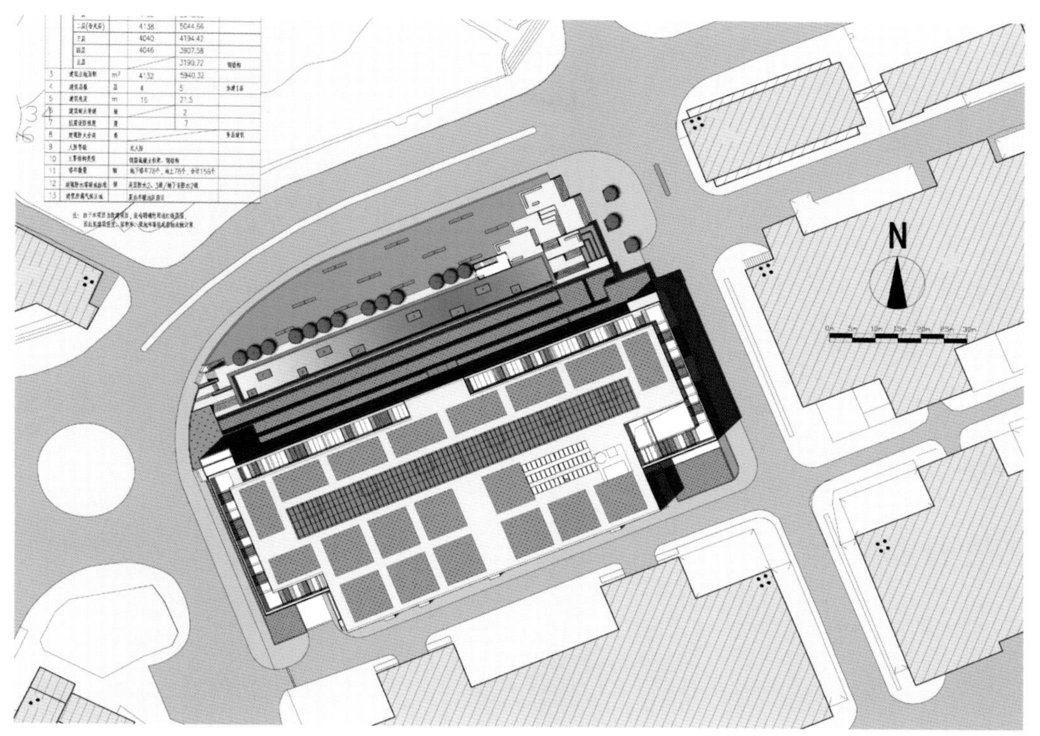

图4 总平面图

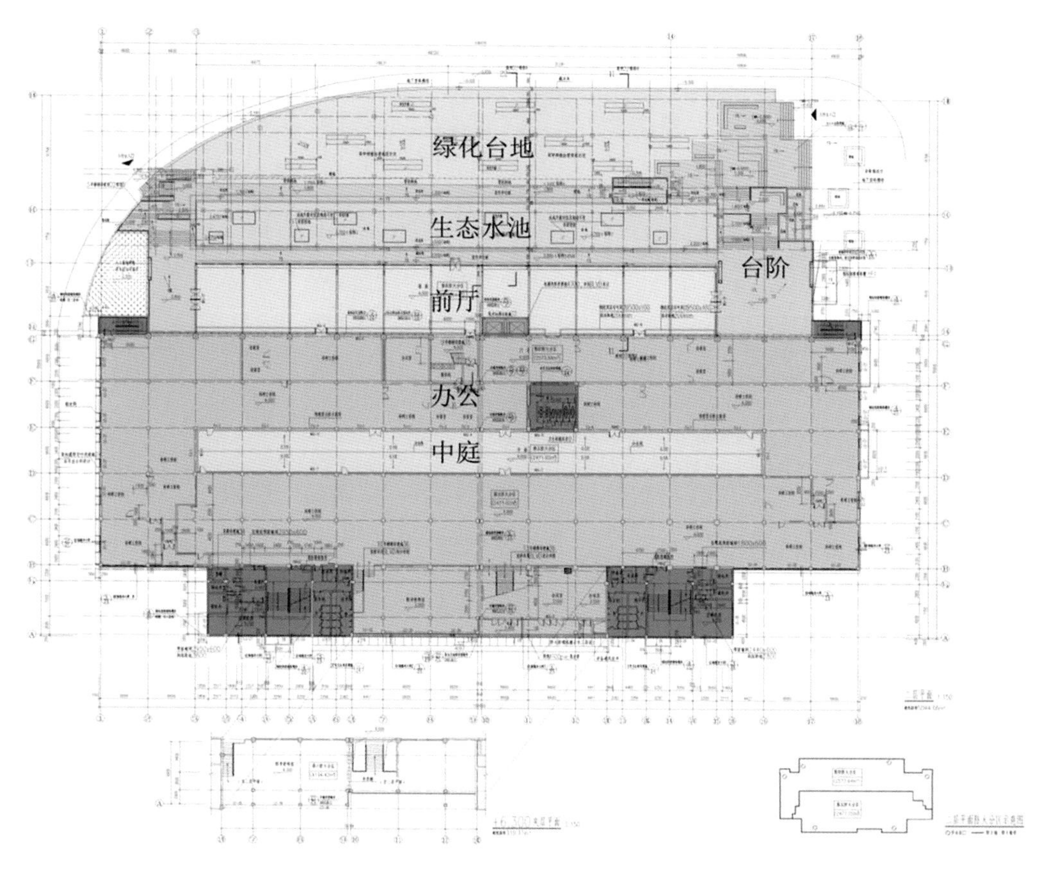

图5 二层平面

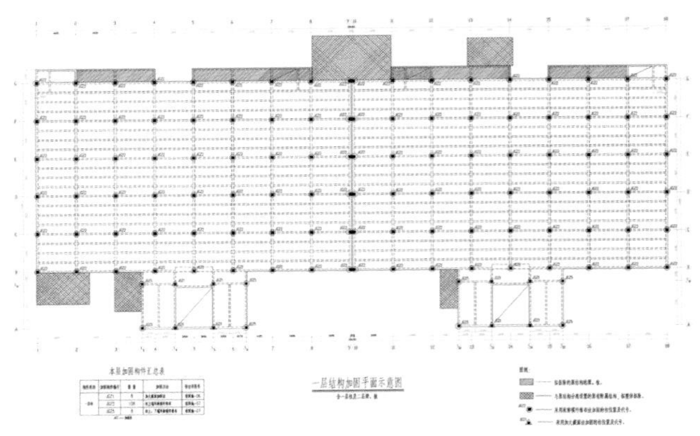

图6 楼板拆除平面图

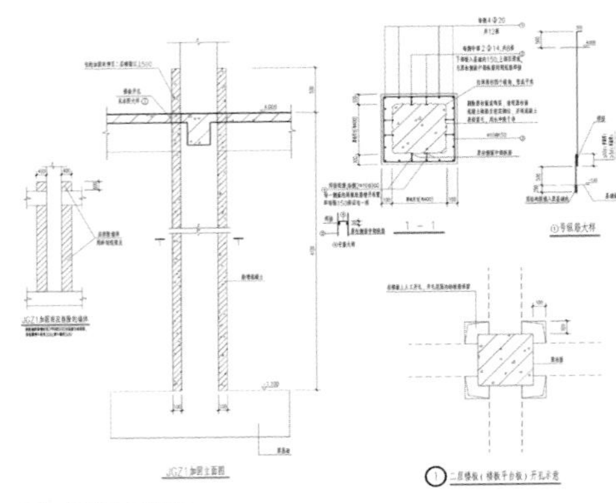

图7 结构加固节点

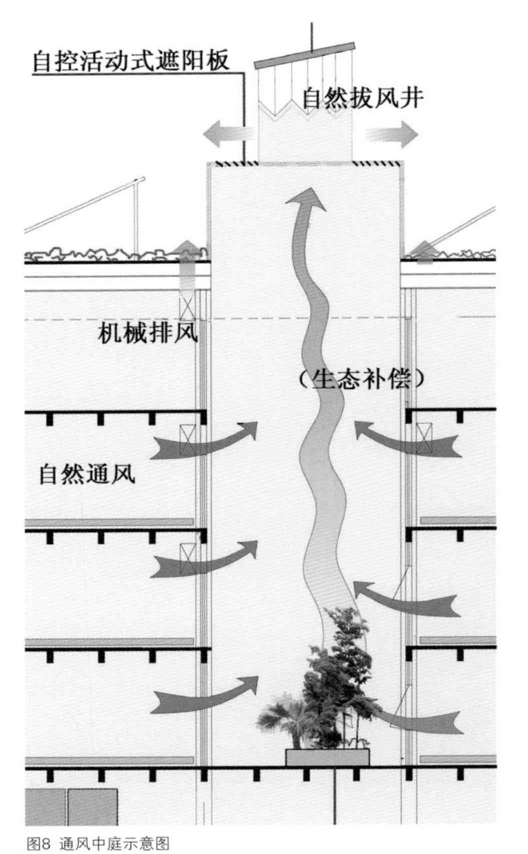

图8 通风中庭示意图

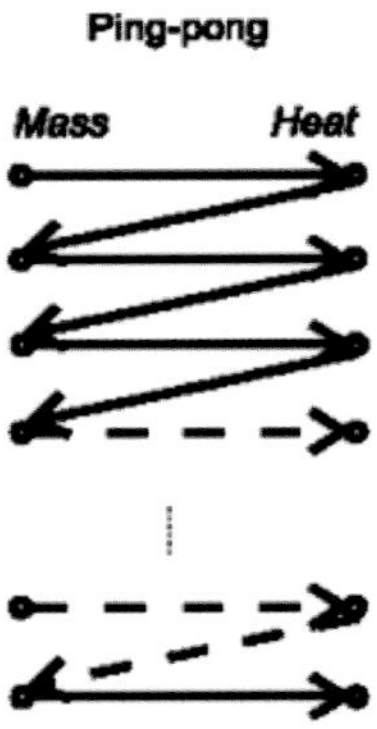

Ping-pong
Mass Heat

图9 计算简图

图10 通风中庭实景

三、 建筑设计

（一）旧建筑更新改造

1. 旧建筑检测及加固

保留主体结构，进行承载及抗震加固，延长建筑使用寿命。

2. 建筑中部新增通风中庭

在楼层中部2-4层开凿楼板形成通风中庭，同时改善室内自然采光。

3. 加建半地下车库，第5层及入口大堂

增加项目实用面积，半地下车库为自然采光。加建地面建筑为轻钢结构体系。

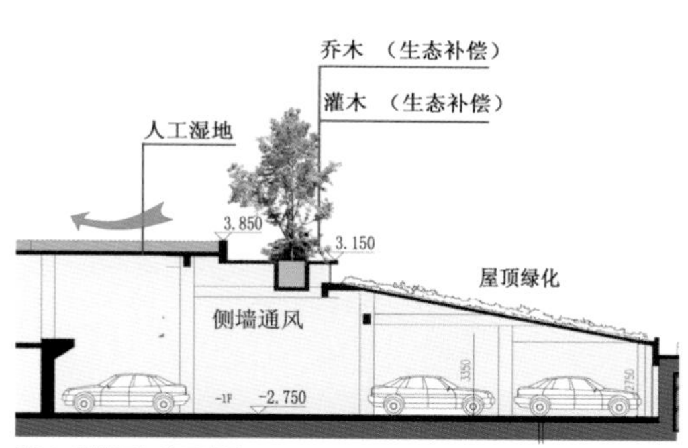

图11 半地下车库示意图

图12 半地下车库实景

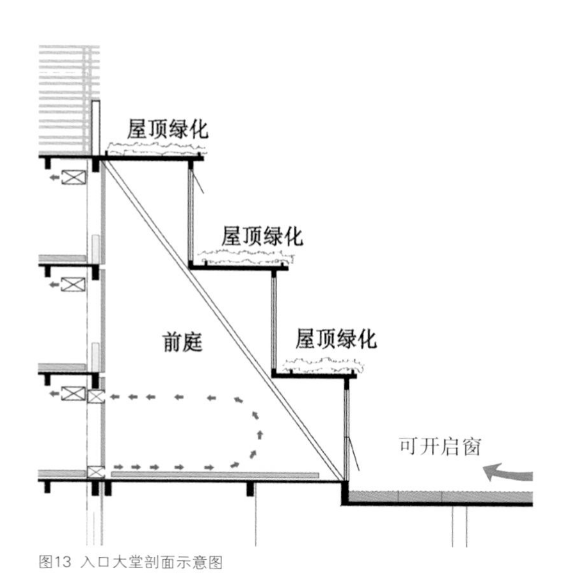

图13 入口大堂剖面示意图

图14 大堂实景

4. 选择保留原建筑机电设备

保留部分高低压配电及地下水箱等设备构造。

5. 选择保留部分原建筑构造及建材

保留部分外墙，减少拆除量。

6. 采用多项改善室内舒适度的措施

采用温湿度独立控制系统空调；使用冷辐射地板、分区温控、C-BUS集成系统等。

（二）生态节能设计

1. 加建自然通风中庭。

2. 经综合遮阳系统模拟计算，建筑在采用固定百叶遮阳为主，局部采用自控活动百叶。固定百叶可通过精确计算算出百叶的截面尺寸和水平夹角。

3. 补充隔热外墙材料，加强建筑外围护结构。

4. 采用Low-E玻璃门窗，增强建筑外围护结构的隔热性能。

5. 建筑立体绿化，改善室内外环境，增加绿视率。

6. 针对深圳潮湿的气候，采用溶液除湿空调系统。

7. 采用高温冷媒冷却机组，减低空调能耗。

8. 采用人工湿地（生态污水处理系统），以达到节水的目的。

9. 采用地源热泵。

10. 充分利用深圳日照资源，采用太阳能集热及发电系统。

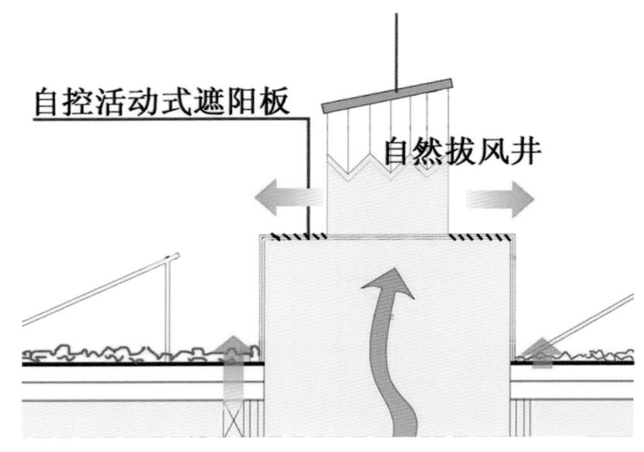

图15 热拔风井示意

图16 热拔风井实景

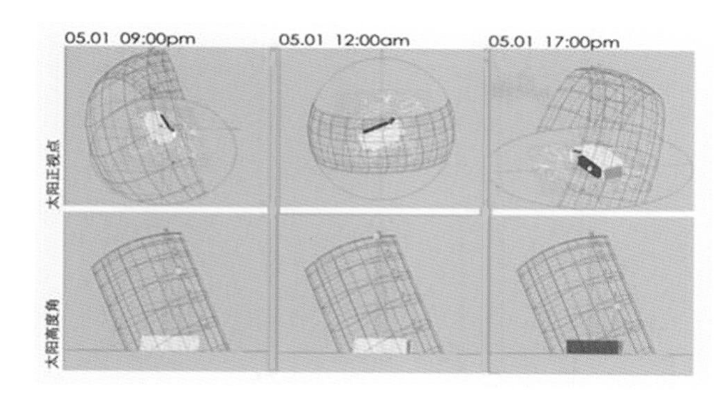

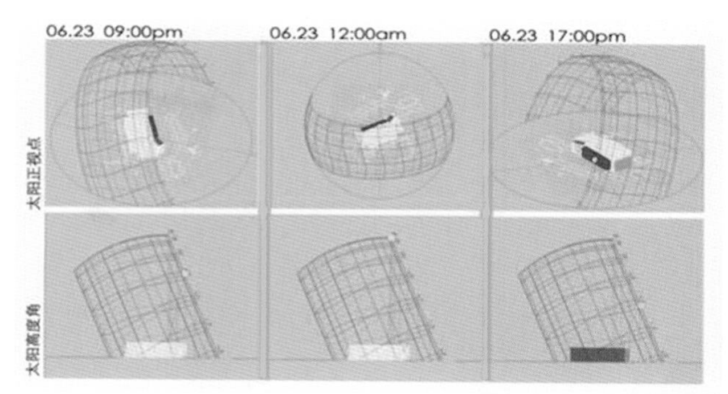

图17 日照遮阳模拟计算简图

图18 综合遮阳系统

图19 建筑立体绿化

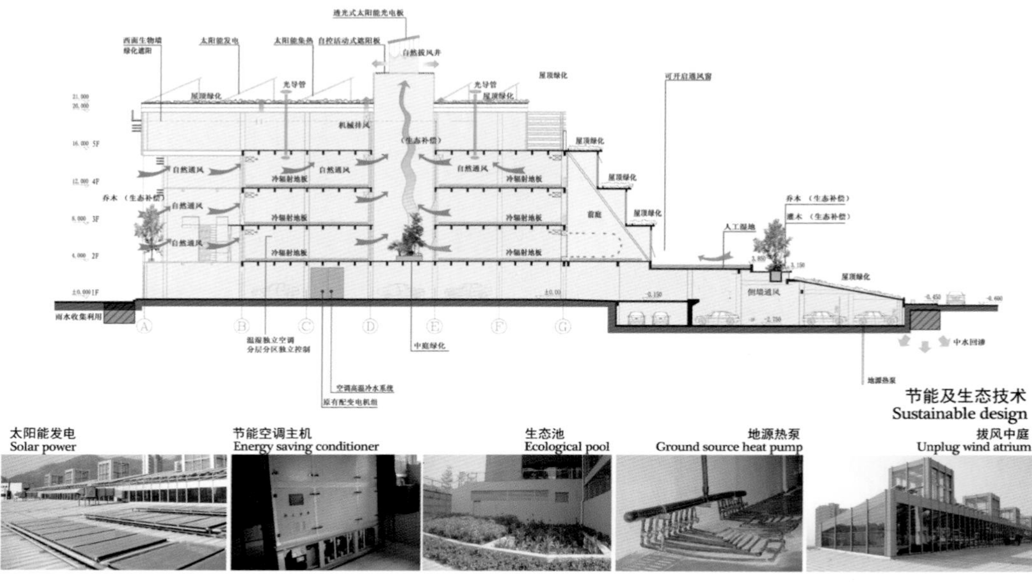

图20 节能及生态技术

（三）生态节能设计汇总（图20、图21）

四、 综合效益

通过集成运用了60多项建筑、结构、通风空调、给排水、电气措施，使本项目建筑节能系数达66%。本项目所采用的温湿度独立控制空调系统在国际上处于领先的水平，能更好地满足舒适性要求，与常规空调相比，理论上可以节能30%左右或以上。通过雨水收集和人工湿地等节水措施，节水率已经达到50%，实现了生活污水零排放，中水全回收的目的，非传统水源利用率达到60%。在改造中，利用已有的变压器、高压开关盒和部分电力电缆，实现了改造建筑材料再利用和减排的双重目的。

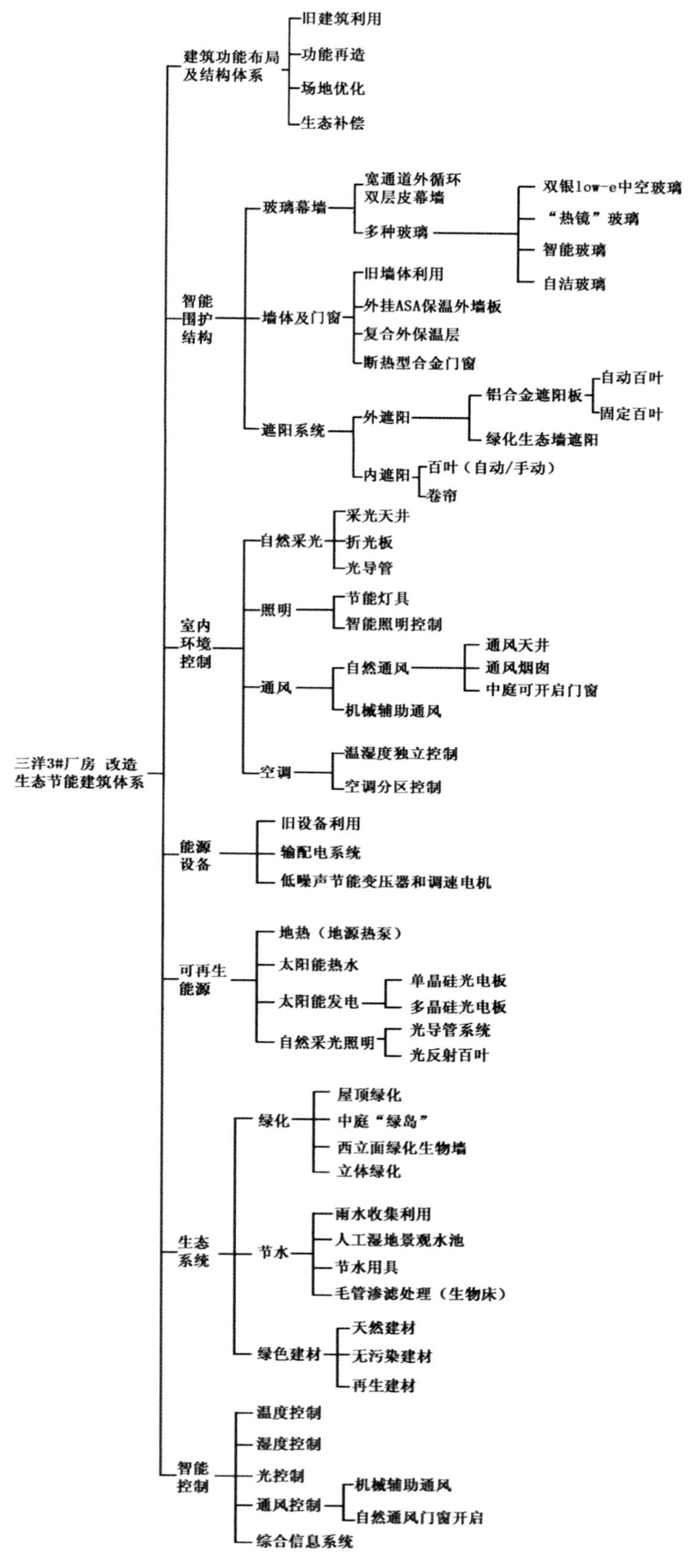
三洋3#厂房 改造
生态节能建筑体系
建筑功能布局
及结构体系
旧建筑利用
功能再造
场地优化
生态补偿
智能
围护
结构
玻璃幕墙
宽通道外循环
双层皮幕墙
多种玻璃
双银low-e中空玻璃
“热镜”玻璃
智能玻璃
自洁玻璃
墙体及门窗
旧墙体利用
外挂ASA保温外墙板
复合外保温层
断热型合金门窗
遮阳系统
外遮阳
铝合金遮阳板
自动百叶
固定百叶
绿化生态墙遮阳
内遮阳
百叶（自动/手动）
卷帘
室内
环境
控制
自然采光
采光天井
折光板
光导管
照明
节能灯具
智能照明控制
通风
自然通风
通风天井
通风烟囱
中庭可开启门窗
机械辅助通风
空调
温湿度独立控制
空调分区控制
能源
设备
旧设备利用
输配电系统
低噪声节能变压器和调速电机
可再生
能源
地热（地源热泵）
太阳能热水
太阳能发电
单晶硅光电板
多晶硅光电板
自然采光照明
光导管系统
光反射百叶
生态
系统
绿化
屋顶绿化
中庭“绿岛”
西立面绿化生物墙
立体绿化
节水
雨水收集利用
人工湿地景观水池
节水用具
毛管渗滤处理（生物床）
绿色建材
天然建材
无污染建材
再生建材
智能
控制
温度控制
湿度控制
光控制
通风控制
机械辅助通风
自然通风门窗开启
综合信息系统

图21 生态节能体系

深圳福年广场——花样年总部（卓越奖）

艾奕康建筑设计（深圳）有限公司（AECOM）

花样年集团总部位于福田保税区，既非显要位置，也不是一个独立的项目，而是与一栋U形商业写字楼并置咬合着安排在福田保税区一块方形基地内。

设计不仅在有限的用地安排了功能，避免相互间的干扰，同时在形象上将庞大的写字楼处理为背景，鲜明地突出了总部。更重要的是着意于体现花样年特有的精神内涵。深圳大多数地产企业的总部都设在市中心区林立的超高层写字楼里，只有万科总部独立设于东部郊区依山面海，体现“横着”的摩天楼的概念。面对比比皆是展示实力与张扬做法。花样年总部选择了“平静”，那种面对喧嚣都市的平静，面对未来的平静，更是面对成功的自信与平静。

平静的同时，却内含着东方哲学的底蕴与灵动，“楼台侧畔杨花过，帘幕中间燕子飞。”体现了晏殊词中的意境。

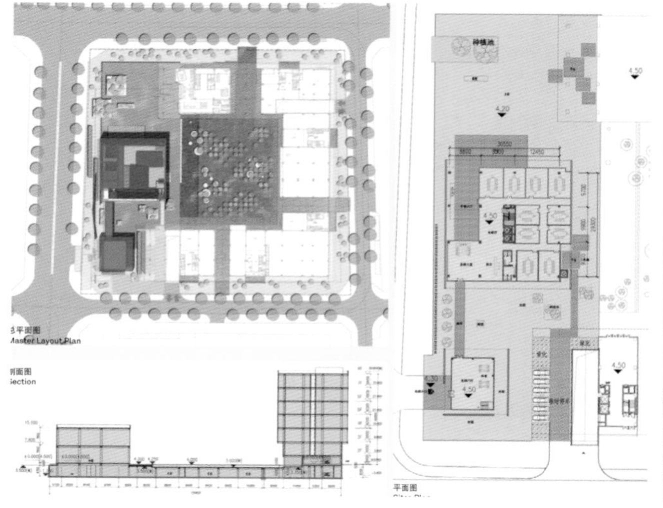

天津国际邮轮母港客运中心（优异奖）

禹庆 单庆
悉地国际公共建筑事业部

主创设计师：禹庆、单庆
设计团队：王欣、王佳、代理、戴曦玲、叶郁、许驰、朱勇军、刘春华、沈锡骞、汪嘉懿、刘文捷、王彦龙、武永宝、宋晓蓉、刘子渝
设计时间：2008年5月–2010年6月
施工时间：2008年12月–2010年6月
工程地点：天津东疆港南端
图片摄影师：傅兴

主要经济技术指标
用地面积：111134.30m²
建设用地面积：111134.30 m²
总占地面积：21388.00 m²
总建筑面积： 59955.90 m²
地上建筑面积（计容积率）：57953.70 m²
地下建筑面积（不计容积率）：2002.2 m²
建筑容积率：0.52
建筑覆盖率：19.2% 建筑层数：地上局部5层，地下1层
建筑高度： 38.39m 绿化率：40.39% 停车位：506辆（室外停车）

建筑与结构共舞出凝固的海上丝绸，以其流畅的自然构形为滨海新区带来灵动的一笔。

滨海新区的新门户

天津市地处环渤海经济圈的中心，地理位置优越。随着近年来邮轮旅游的兴起，将会有越来越多的国内外旅客选择以天津作为出入口。邮轮母港位于天津港东疆港区的最南端，建设规模被要求具有停靠目前世界上最大邮轮的能力。作为其标志建筑的客运中心，是这条“新海上丝绸之路”的起点——届时，作为滨海新区的新门户将具有同时处理两艘豪华邮轮的4000名旅客在3小时内通关的能力。

凝固的丝绸 Concretionary Silk

提到“邮轮”，大部分人都会不由自主地想起诸如“浪漫”、“休闲”、“轻松”等形容词。当飞机、火车以它们越来越快的速度提升着现代社会的节奏时，邮轮却以自己的“慢速”赢得了无数旅行者的青睐。它能带领人们远离城市生活的种种压力，远离横平竖直的拥挤道路，远离“方盒子”式的建筑集群，这是属于“邮轮”的特殊气质。

这种特殊气质坚定了设计师的想法——为这片处女地打造一个具有邮轮气质的标志性建筑物。设计师试图寻找到一种更加轻盈，更加自然化，并异质于当前场地气质的状态，“新海上丝绸之路”这个词为设计师带来了灵感，“海”与“丝绸”形态上所拥有的一种共同点非常让人着迷——连绵无尽的起伏，光影于其上的变幻莫测都使它们显得幽雅而柔美，这种形态里找不到横平竖直，找不到标准化的构型单元，这是一种属于自然的构型逻辑，并且具有良好的象征意义，于是整个建筑被设计成如丝缎般漂浮于海边的感觉，不管是从这里出发或是到达的人们都能站在高高的邮轮上远远地看到从地平线上消失或升起的柔缓起伏的曲面屋顶以及水平流动的楼板，它们与笔直的岸线和那些大型机械化设备形成鲜明的对比，产生一种带点意外的视觉感受，同时又与海浪的形状高度同构，以此营造一种亲于自然，而异质于人工机械化的“气质”。

平行与交织 Parallel & Interweaved

本案有意为之的“平行”源于交通建筑的功能特点，即以某个界面划分出空间性质的差异。对于邮轮客运中心，这个界面就是联检区。它一侧是路，另一侧是海，这是两个无法产生交集的空间。而平行空间正好反映了这种内在逻辑的不可逾越性。临海侧建筑形体设计长度达380m，以实现能同时与两艘大型邮轮进行接驳，并最多能布置5座登船桥，在其一、二层集中布置了通关联检区，行李处理区，以及专门为邮轮提供补给的库房区等直接与邮轮发生关系的功能区。

本案局部的“交织”，则打破了平行空间所带来的功能上的隔离感。建筑形体由西往东逐渐升高，并在升高的过程中往南打了个弯，在与临海侧体量产生交织后又向北延展，这里是建筑物的最高点，视线可以穿越临海侧体量欣赏到海侧的风景，我们利用建筑物的悬挑设置了2700m^{2}的公共观景平台，形成了海景办公和海景餐饮区，公众也可以被大厅内的扶梯引导到这里，于此送别亲友，或欣赏大海的美景。这样也同时形成了连续流动的有活力的商业空间，客运中心内的商业面积达到22000m^2，由于邮轮每年都能带来大量高端消费人群，因此将商业设施“交织”于客运中心的基本功能之中，将使客运码头具有可持续性发展的活力。

工程概况

天津国际邮轮母港客运大厦位于天津港东疆港区南端。天津市正加快东疆港区的建设，将其打造为一条新的连接世界的海上丝绸之路。国际邮轮母港客运大厦将成为这条海上丝绸之路的起点。客运楼造型源于一组在海边起舞的丝绸。舞动、旋转、向上，充满了力量，展现出港区蓬勃激昂的生命力。

天津国际邮轮母港可同时停靠两艘大型国际邮轮，设计年旅客通过能力为50万人次，建筑总面积约6万m^2，局部5层，最高38.39m。

实践创新（设计说明或技术难点）

为了实现凝固的丝绸，整个设计方案决定以直纹曲面与流动性作为基本的构型逻辑来模拟这种让人着迷的浪漫形态。

而这种形体的流动性与不确定性为建筑设计工作带来了巨大的挑战，如何将如此的浪漫构想“凝固”成准确的具有可实施性的建筑图纸?

设计师引入了大量的三维化设计手段（参数化设计，BIM）对传统的建筑设计过程进行补充与改善，将这“丝绸”凝固在了图纸之中，凝固在了海风吹拂着的海岸上，凝固在城市向未来张望的视野里……

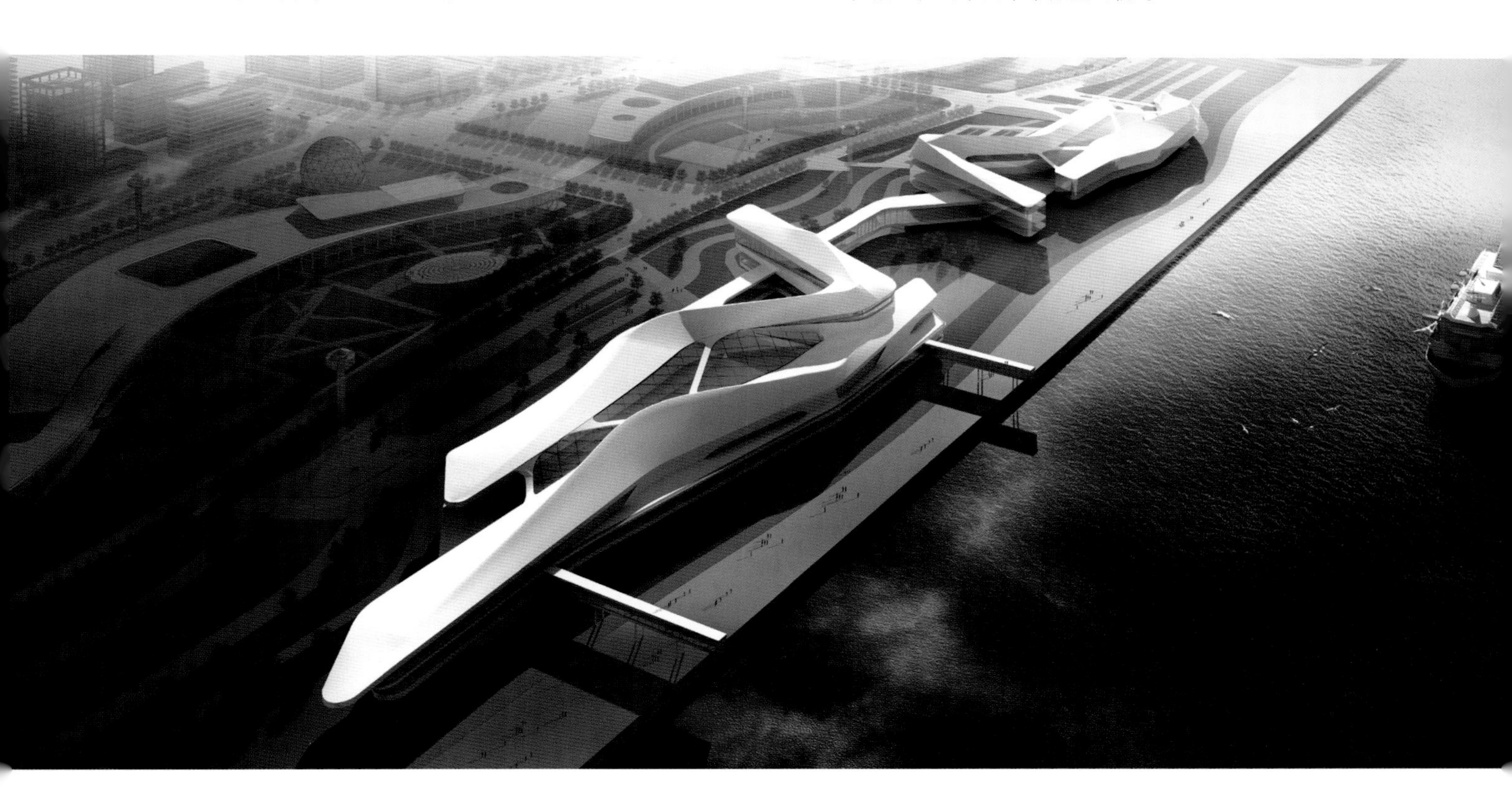

珠三角绿道（深圳段）规划设计（卓越奖）

深圳市北林苑景观及建筑规划设计院有限公司

设计团队：何昉、池慧敏、陈新香、夏媛、章锡龙、高浩宁、夏兵、魏伟、锁秀、杨春梅、李颖怡、张莎、丁蓓、高阳、刘冰、李远、肖洁舒、方拥生、周亿勋、何伟、李妍汀、杨火文、梁立雨、毛擎稷、龙飞军、肖辉、殷黎黎、杨和平、张明、万凤群、邹小云、周涛、李龙剑、郭彪

珠三角绿道是广东省建设“宜居幸福广东”的重要举措，本次参评绿道共四段，总长约231公里，以生态、人文、活力等为主题，在空间布置上以慢行系统为联系纽带，宏观上串联起深圳各类有较高价值的自然和人文资源，微观上串联起了慢行系统沿线的服务点与兴趣点，同时结合深圳城乡空间布局、地域景观特点、自然生态与人文资源的特点，最终构建了深圳市绿道网络的核心骨架。尊重和体现深圳地域文化，践行生态可持续设计理念，实现绿道中原有村落风貌由“旧”到“新”和居民绿色出行；并将绿道控制区内的多处“棕地”变“绿地”。该项目建成后，广为市民广泛好评。

服务设施——利用废弃集装箱和废弃材料进行空间组合。

图1

服务点的设计利用废弃集装箱拼接组合而成，形成独具特色的绿道驿站，造价便宜，易于组装和搬迁。（图1、图2）

通过慢行系统的建设以及承载其的绿色基底空间的设计，编织出城市一条独特的绿色风景线，让人们很容易就融入了大自然，人与自然一派和谐共生的美好景象。（图3–图6）

（图1、图2由广东省住建厅提供，图3、图4由深圳市城管局提供。）

图2

图3 滨海型绿道建成后效果（盐田区）

图4 滨河型绿道建成后效果（龙岗区聚龙山）

图5 山地型绿道建成后效果（宝安区）

图6 田园型绿道建成后效果（光明新区）

顺势而为，顺理成章（卓越奖）

——深圳观澜版画基地美术馆及交易中心设计

祖万安
深圳市汇宇建筑工程设计有限公司

深圳观澜版画产业基地是深圳文化立市的重要品牌项目，其最大的特色在于利用保留下来的客家民居村落为艺术家提供创作、交流、交易的场所。美术馆及交易中心是基地建设的一个核心项目。

项目用地3.1公顷，用地四周有丘陵山地环绕，东侧有城市道路及排洪河道穿过。用地内有一方水塘，几幢具有保留价值的客家民居和一座雕楼。几棵古树散布其间。地形走势为东低、西高、南低、北高。

基地内的这些现状，构成了建筑布局的诸多限制要素。

通过分析用地内的民居、水塘、古树、河流以及地形等各限制要素的关系，我们发现这些要素竟然构成了几条足以决定建筑布局的轴线：

轴线一，平行于保留民居贯穿场地南北；

轴线二，位于西侧平行于地形等高线；

轴线三，位于东北角平行于穿越地块而过的河流；

轴线四，位于西北侧由山凹围出的圆弧。

这几条轴线在场地内形成了一个强烈的“势”。在方案构思时，我们的选择就是：顺势而为，使建筑的布局得以始终沿着逻辑的轨道发展。方案中，交易中心与美术馆自成一体，步行街及广场空间贯穿其间，形成整体。保留的客家民居处在显要位置，被完整地展现出来，而新建筑和老建筑的有机结合，又使整个建筑群非常完整、和谐。

在建筑造型处理上，我们提出“对话交流，和谐共生”的理念，充分尊重保留下来的客家民居在地块内的重要作用，客家民居中那些富有魅力的元素，如小窗、亮瓦、白墙、天井都是新建筑的语言和营养。将这些元素巧妙地应用在新建筑中，使新建筑既有时代气息又能与老建筑和谐相处，平等对话。老建筑的历史沧桑，新建筑的时代活力，共同构成一幅完美画面，使整个建筑群焕发着无穷的魅力。

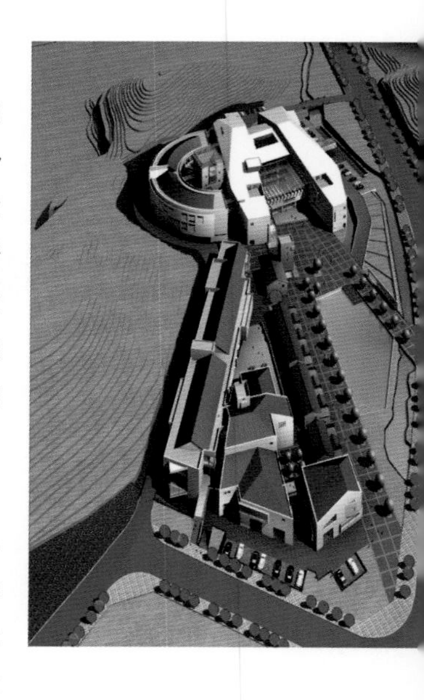

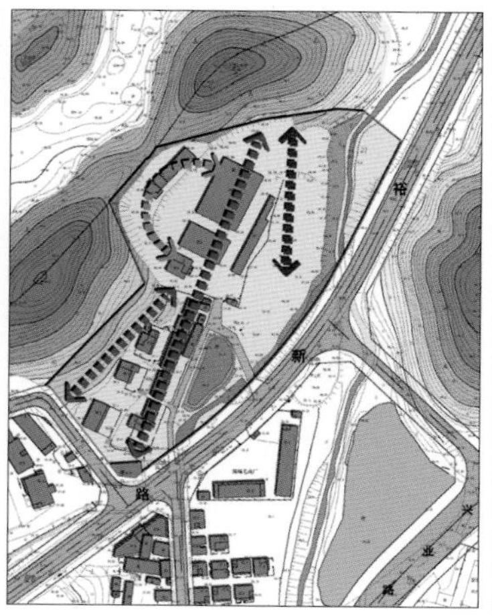

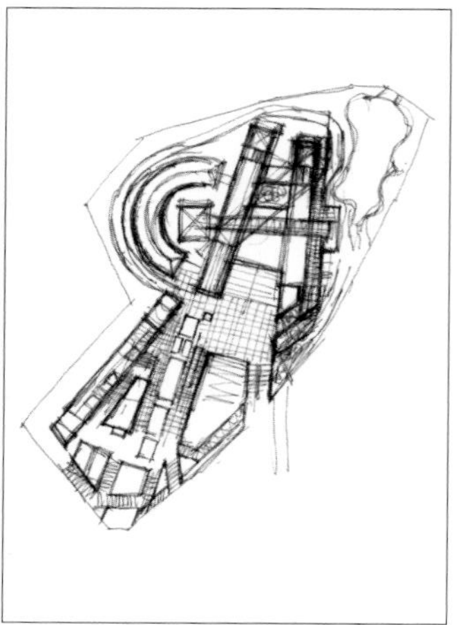

总用地面积：31806.61m^2
总建筑面积：30167.1m^2
容积率：0.95
覆盖率：35%

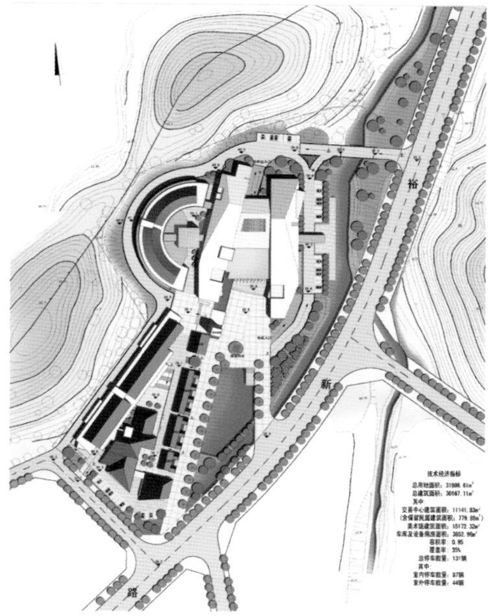
裕
新
路
技术经济指标
总建筑面积：30167.11㎡
其中
交易中心建筑面积：11141.83㎡
（含保留民居建筑面积：779.88㎡）
美术馆建筑面积：15172.32㎡
车库及设备用房面积：3852.99㎡
容积率：0.95
覆盖率：35%
总停车数量：131辆
其中
室内停车数量：87辆
室外停车数量：44辆

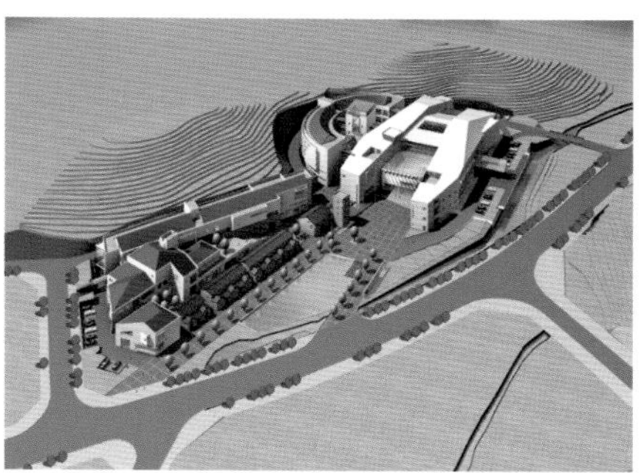

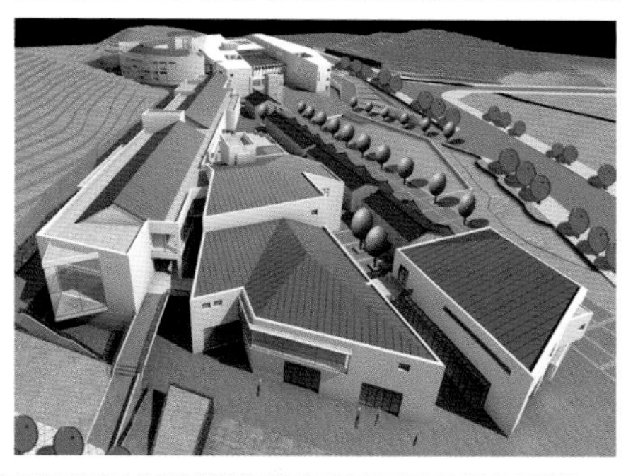

观澜版画艺术博物馆（卓越奖）

朱雄毅　凌鹏志

悉地国际公共建筑事业部东西影工作室

主创设计师：朱雄毅、凌鹏志
设计团队：罗俊松、程平、黄虹、陈丽
设计时间：2009–2012年
施工时间：2013–2014年
工程地点：深圳龙华新区观澜镇

主要经济技术指标
用地面积：16809.60m^2
建设用地面积：16809.60m^2
总占地面积：3445.97m^2
总建筑面积：18680.69m^2
地上建筑面积（计容积率）：11765m^2
地下建筑面积（不计容积率）：2146.00m^2
建筑容积率：0.7
建筑覆盖率：建筑层数：地上4层，地下1层
建筑高度：27.866m　绿化率：30%

工程概况

“深圳市观澜版画艺术博物馆”项目位于深圳宝安区观澜街道东北部，西面比邻观澜高尔夫球场，东抵环观南路，南起观天大道，北至大外环，属“中国·观澜版画原创产业基地”中部。与观澜版画基地展览中心用地紧邻，总用地面积16809.60m^2。观澜版画博物馆地上四层，四层屋面檐口高度为23.0m，（另一侧最高点为28.0m），地下部分一层。

实践创新

博物馆主体抬高架设于两个山丘之间，串联起客家街和高尔夫球场两种截然不同的景观；博物馆形体折起，形成虚空体量，让出保留客家街为主题的“时光轴”使之延续和山体相连。以此轴线展开以博物馆为内容的参观流线。架起的建筑下是一个有顶遮阳的符合南方气候特征的开放空间，汇集配套、展览、交易等多种功能活动场所。

深圳观谰版画基地位于深圳市宝安区观澜街东北部，西面比邻观澜高尔夫球场。美术馆及交易中心就位于版画基地中部。

进入21世纪以来中国艺术发生了重要变化，不仅仅是艺术观念、风格、样式的变化，而且也是整个艺术生态结构的变化。特别表现在美术馆的迅速发展，艺术市场、画廊和艺术拍卖会的活跃，艺术家工作室、各种非盈利机构和空间的增长。这些种类的组合已形成一个新的生态结构。同时，又表现出相互交叉混合的特征。作为艺术载体的美术馆可以通过各类功能的交融复合，空间的渗透使各种事件与活动在此发生，观澜版画基地美术馆就是在这样的大环境中应运而生的。

建筑内部功能齐全，容纳了艺术展厅、影视厅、书店、咖啡餐饮等多种功能。建筑好比开放的公园，巨大的免费公共场所，人们来此既是参观展品，也是观光休闲，进行交流。设计的策略恰恰是通过人的活动来激发场地的活力，利用项目中的美术展览、交易、教学等多种功能，创造出一个开放度很高的空间，在此空间中，经营、展览、表演、各类人群互相被观望，从而激发各种活动的潜能。

设计中包含两条重要的轴线：其一是由现有村落（一条客家古街和一组旧厂房）向内延伸，形成一条贯穿基地南北的“时光轴”，以示历史

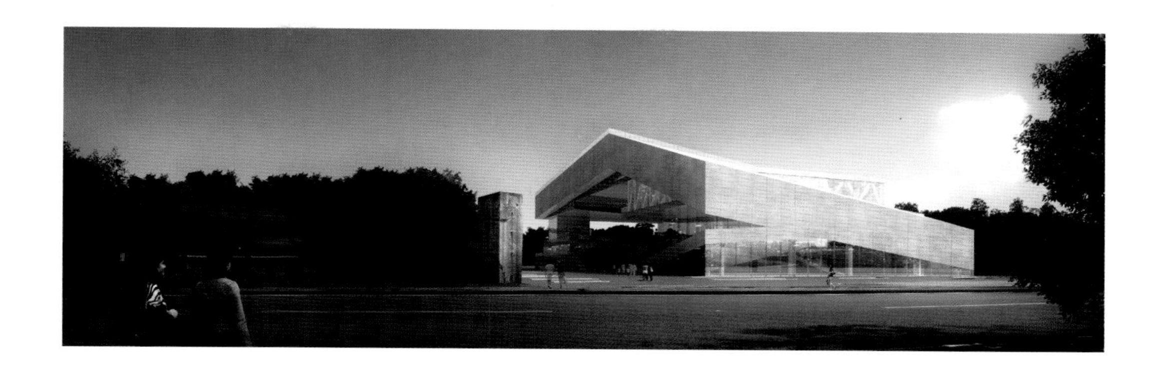

文脉的留存，旧建筑前的月牙形水塘正代表了客家文化的特征；其二是与基地上两座山丘制高点连线垂直的"景观轴"，遥望高尔夫球场。美术馆主体被抬高架设于两个山丘之间，美术馆形体折起，形成虚空的体量，让出时光轴，使之延续和山体相连。架空的建筑下是一个开放的共享空间，汇集交易、服务、咖啡等多种功能。建筑的主入口广场选择靠近古碉楼与水塘的地方。站在这个入口过场上，看到左边的旧建筑与右边的新建筑戏剧性的碰撞。

设计中，参观、交易、教学、办公、藏品等流线都相对独立，视线却彼此渗透，特别设计了一条公众流线，提供给不去参观美术馆的游客。人们在大厅漫步，通过中央坡道与楼梯可直达屋顶花园，欣赏高尔夫景观和周边的自然风光。

建筑立面处理以灰白色调为主，营造出纯净的艺术氛围。外墙采用清水混凝土，屋顶上作上人绿化处理。

观澜版画艺术博物馆是一个大众休闲、消费交往的容器，它容纳了多种事件、信息和人流。场景化的开放空间融合了新与旧、自然与人工、展览与交易等多种元素的碰撞。以版画为主题的活动和极富雕塑感的建筑造型带给人们感官的震撼，使这栋建筑及场所最终成为深圳特有的文化景观。

香颂湖国际社区H-01地块艺术中心（卓越奖）

李舒
深圳华森建筑与工程设计顾问有限公司

主创设计师：李舒
设计团队：李涟、石若怡、朱婷
设计时间：2011年
施工时间：2011年－2012年
工程地点：成都市都江堰翠月湖镇清江村香颂湖国际社区
主要经济技术指标
用地面积：15426.77m²
总占地面积：5474.80m²
建筑基地面积：2155.64m²
地上建筑面积（计容积率）：4002.15m²
半地下建筑面积（不计容积率）：1472.65m²
建筑容积率：0.26
建筑覆盖率：14.0%
建筑层数：地上2层，地下1层
建筑高度：12m
绿化率：60%
停车位：40

项目概况

项目位于成都市都江堰翠月湖镇清江村香颂湖国际社区的内部。香颂湖国际社区项目总体定位为欧洲格调、休闲气质，以完善的服务体系的开发目标，遵循生长式市镇开发模式，倡导一种健康、回归原野的可持续发展的生活方式。

冲积平原

社区以“冲积平原”理念作为其总体规划设计的出发点，明确点明并强化这种成都的地理特色。这个概念应该贯彻始终，并在建筑设计上加以充分体现。

积石

社区位于金马河边，有大量的卵石堆积在此。

我们遵循着回归原野的可持续发展的生活方式，将当地的独有特色带进我们的项目里面。

水边的积石是“冲刷”而成的艺术品。

建筑形式以积石来展示这种漫长的自然现象，锚固于这广阔的社区中央。

归属

以现代具有乡土风格的欧式建筑作为社区建设的文脉延续，它仿佛乡村的小教堂一样，成为社区的形象中心，同时也是社区居民的心灵归属。

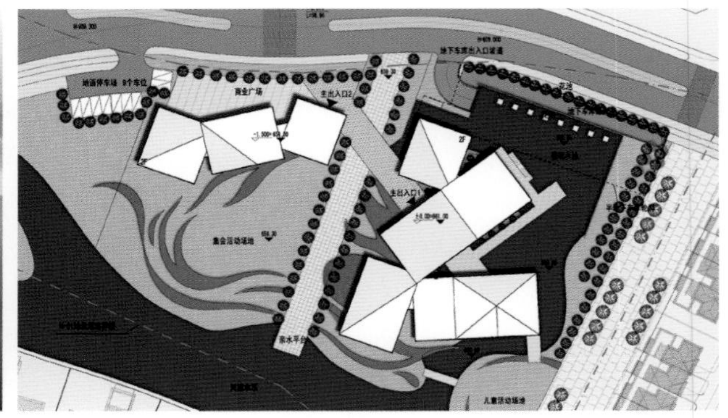

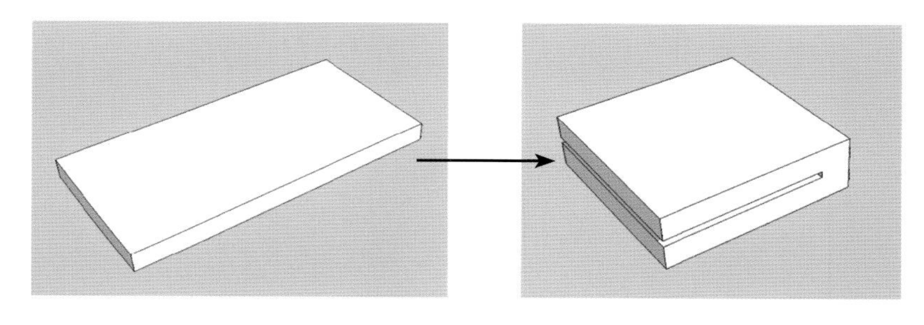

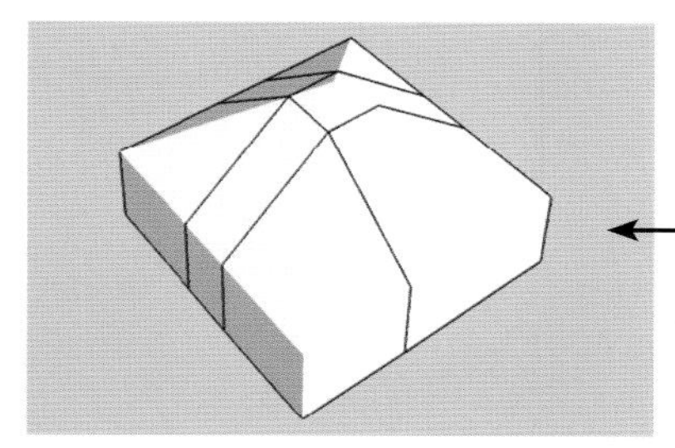

如同长年累月受冲刷的巨石一般，建筑按不同的功能要求切割出不同面积的原始体块。

以正方形为底，塑造出体形简洁清晰，且能够代表建筑最初形态最基本意义的四坡体——建筑原型。

■ 光滑洁净
□ 粗糙坚实

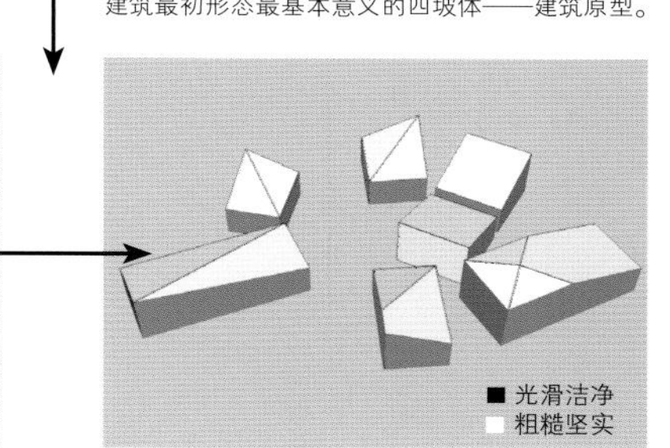

在水流的冲刷下，石块逐渐散开，停靠于水上（或者水边），形成建筑在用地上散落式的布局。

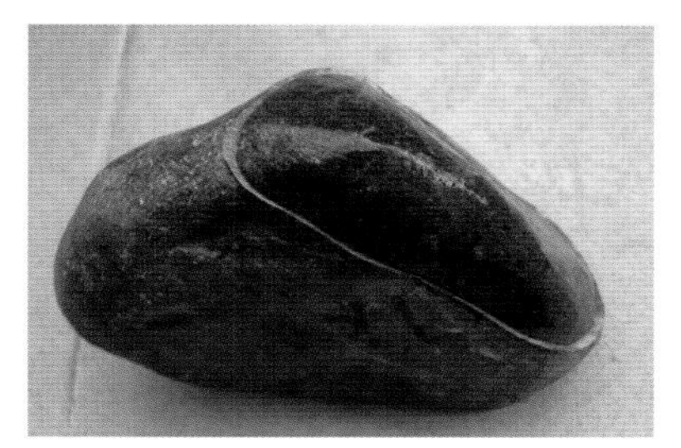

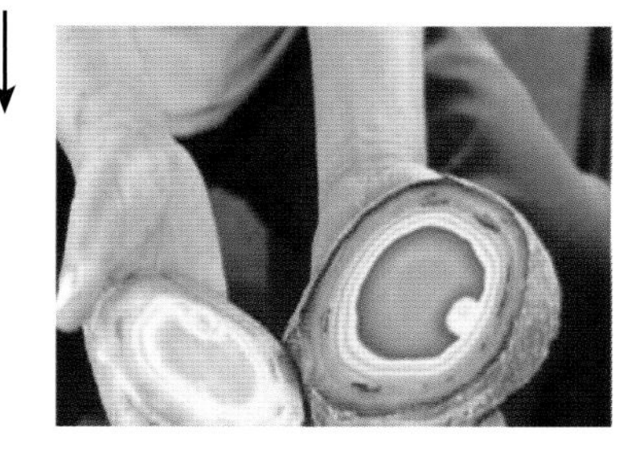

总建筑面积为3500m^2，折成两层高的正方形体块。

同长年累月受冲刷的巨石一般，建筑按不同的功能要求切割出不同面积的原始体块。

以正方形为底，塑造出体形简洁清晰，且能够代表建筑最初形态最基本意义的四坡体——建筑原型。在水流的冲刷下，石块逐渐散开，停靠于水上（或者水边），形成建筑在用地上散落式的布局。建筑如同被切开的璞玉，外面粗犷自然、谦逊，内涵光滑、瑰丽深邃，形成强烈的对比。

再说“大建筑”
——一个建筑师的悖论

忽然
深圳中深建筑设计有限公司

这里要叙述的不仅是一个中国式开发项目的故事；我们更想借此将其中更多的问题尽可能公正、客观地表述出来，让更多的建筑师参与评论、思考，并有所借鉴。

2005年，我承接了一个成都市的游乐项目—成都海洋乐园（该项目后改名为：成都新世纪环球中心）。

2013年，在项目进入施工后期时，《第一财经周刊》2013年第1期，刊文“大建筑”文章，使该项目引发各界的广泛争议。

2005年，当我第一次接触到这个项目时，创作的劲头十足，我也将其视为自己设计生涯的一个机遇。当时，深圳本土的建筑师面临着设计创作边缘化的境地；外国建筑师和海归建筑师大量涌入，一方面带来了先进的设计理念和手法；同时，也在深圳占据了建筑设计市场的主流。本土建筑师的创作空间很小，信任度也比较低。行业内恪守创作的本土建筑师队伍正被逐步瓦解；生存和发展的渴望使得复制、套用开始盛行于设计市场。

我和我的团队在坚持和彷徨中等待机会。

在投资方内部进行的国际邀请招标中，我们获得了该项目的设计权；方案获得了各个方面的认可，我们构思的建筑形态像一个飞行的海鸥（图1）。

当时项目的功能非常纯粹，是一个全室内大

图1

图2

图3

空间覆盖的人造海洋游乐项目，力求创造内陆城市的一种全新的海洋度假方式，体现的是观众的参与性，建筑面积约6.0万m^2，是成都世纪城内的一个娱乐配套项目。

在接下来的设计深化和反复修改阶段，投资方的策划也在不断进行调整；考虑到项目的全天候运营，在原有功能的基础上注入了酒店功能，使项目在经营上变得丰富起来；建筑面积调整到15万m^2（图2）。2006年，成都市相关部门针对该项目的特点，在规划上进行了调整，将项目迁移到成都市的规划主轴线（天府大道）上，把项目作为成都市的一个地标项目进行打造。项目的功能也相应加入了商业和部分商务功能；项目由一个游乐项目转变为城市综合体，建筑面积扩增到约45万m^2。此时的建筑仍包含着一种建筑的韵律感，我们的喻义是“给成都造一片海浪”（图3）。

2008年5月12日，四川发生了震惊世界的“5.12”大地震。项目投资方一度对投资这个项目产生了顾虑。成都市政府为重塑灾后百姓的生活信心，鼓励重点项目应继续进行建设。

投资方经过评估后，决定将项目进行升级打造，这样，项目的设计进入到一个大跨跃的调整阶段，其中，各功能区均进行了强化和扩大，在最终的确定方案中，办公空间的面积增加至70多万平方米；整个项目计入容积率的建筑面积达117万m^2；总建筑面积约170万m^2。至此，项目已经成为一个超级“大建筑”（图4、图5）。从接手项目开始至方案确定，历时约四年，设计稿修改达几十遍，

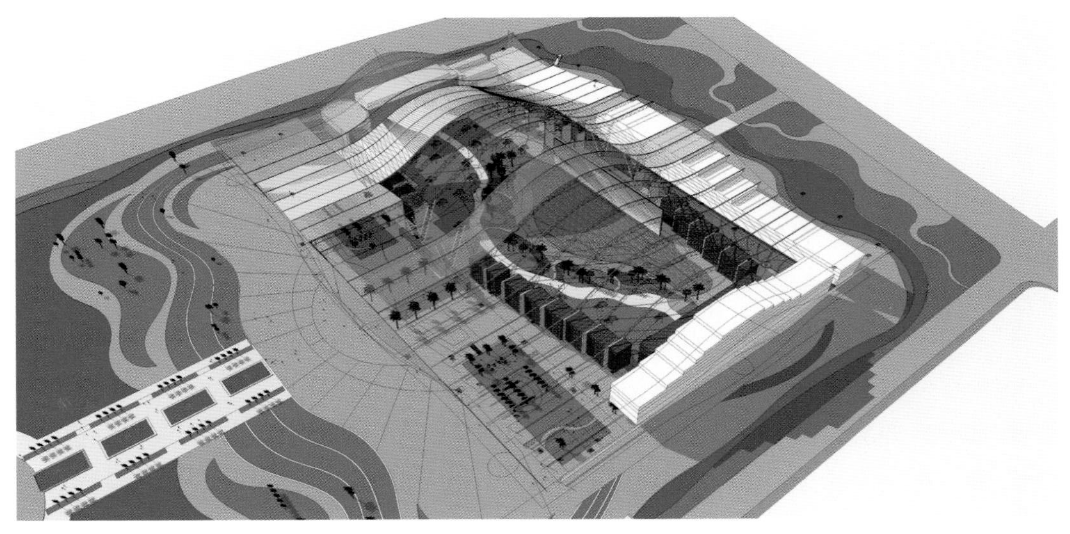

图4

图5

成都新世纪环球中心为四川省重点项目，建筑面积170万m²，由深圳中深建筑设计有限公司设计。建筑体以“海洋”的理念设计建筑的形态、“飞行的海鸥”、“起伏的海浪”突现建筑的主题性、标志性。建筑主功能空间形态以飞翔、漂浮的壳体，将建筑功能全部覆盖。且为无柱的大跨度空间。中间最高处达99m；壳体最低处75m，建筑造型以结构自身的造型特点来表达建筑的特性，体现主题性，大气、简洁、明快；使建筑能与周边大面积水体交相辉映。

建筑师在其中的艰辛难以言表。随着项目的逐渐扩大，引发的争议也越多，同时我们的反思也越来越多（图6）。其中我们感到最为艰难的是没有可以借鉴和参考的类似项目或运营模式。到今天项目接近竣工，项目所呈现出来的，已非建筑师的初衷，其中项目的商业需求占据了主导。这里我们只将身在其中的所想所思讲出来……

一、由“城市综合体”项目引发的风险有以下几方面

1.规模的效应带来的城市规划的功能布局失稳的风险

城市规划是对一个城市功能结构、产业、人口、交通、发展等多方面平衡的控制。“城市综合体”项目越发巨型的发展趋势，对这种“控制”提出了巨大的挑战。

中国的城市化进程，将造就一大批巨型城市（人口超过1000万的城市），巨型城市的发展的着力点，是打造区域性的城市综合体（过去我们称“城市副中心”）；以“点”化“面”，形成城市发展战略布局。

而对于这样的项目，其定位、规模，以及开发节奏，应在城市规划方面得到有效的支持和合理的控制；使之为整个城市的发展起到重要的作用。如果这样的项目规模超过一定的限度，将对城市规划功能的布局和结构产生巨大的影响；结果是放大了城市一节点空间，使原有的城市规划

图6 图片由Built Form Design Consultants Ltd.提供

的空间节奏发生改变；也会对原有城市功能布局和土地开发产生巨大的冲击。

就如前面所讲的环球中心项目，其办公楼的巨大规模对周边地区的办公类建筑的开发产生了较大影响。销售价格和租赁均不同程度下滑；项目所需的消化周期，乐观地估计至少也要3－5年。这种超高强度开发的实际效果延缓了区域城市发展的进程，也影响了区域开发产业的节奏。当然，成都是中国西部第一城，其巨大的市场或许短期内可以完成自我调节的目标。

图7

2.城市区域交通的风险

常理说：浓了，经过稀释，才能舒服。城市综合体的巨大功能体量，将产生大量的人流和车流；以往在这类项目的先期规划中，强调轨道和公共交通的作用和方式；但对于汽车业高速发展的中国，谁又能阻挡驾车者的选择呢？所以在设计时，往往要以建筑功能规模配置城市规划要求的相对应的停车数。于是便出现在一个较小区的域内聚集了大量的停车位的现象。

若城市规划在项目过程中，因选址不当，规模不合理，城市交通规划又没做相应调整，则必然会在上下班高峰期将出现短时间内无法“稀释”，造成项目区域内出现严重堵车的现象。由此产生的连带效应是此区域出现人流、车流行驶的速度下降，使项目的运营出现问题。

这种现象在深圳的城市综合体项目中已经出现。这种交通风险能有效规避吗？我们可以借鉴一下成功的案例，巴黎的拉德芳斯新城（图7），其目前的建筑规模近300万m^2，内置的停车数达26000辆，每天来这里进行商务、休闲、购物、观光和娱乐的人数达35万。但先进的立体规划理念，高架交通、地面交通和地下交通三

图8

位一体的设计，3条高速公路、区域快速铁路（RER）、上、下两条隧道、6条地下道路、3条公共首尾站的合理组合、配置，使得大量人流、车流得到了迅速的“稀释”效果。该项目于1958年立项，时至今日，其交通体系规划一直保持良好、有效的运转，并已经成为欧洲最大的公交换乘中心。

城市综合体项目的规划设计，首先应该解决的是区域交通体系规划。强调区域交通体系对项目交通聚集量的“稀释”能力，这里所说的“交通体系规划”含两个方面的内容：一是交通体系的前期规划和实施；二是交通体系的后期运营管理。

目前，国内此类项目交通系统的规划与评估还存在局限性。首先是评估的滞后，这主要是城市规划对投资商立项流程的控制存在问题；二是对交通量的预估难以控制，这主要体现在我国汽车业的高速发展和人们的交通观念短时间难以改变；三是在交通体系规划时，对区域交通整合、调整的难度太大。因此，项目先期的交通系统规划往往被忽视。但最致命的还是对交通体系的后期运营管理缺乏有效和持续的法规和政策。加上投资商对于交通系统规划的局限性，其结果往往是各地的综合体在交通上存在不同程度的缺陷，导致项目的运营张力下降。（图8、图9）

图9

3.建筑消防设计升级的风险

城市综合体项目的特点是多种功能空间的高密度组合，是多功能、互为依存、高效率的大规模的综合体，强调空间的连续性和特殊空间的处理，使各功能人流在水平和垂直流线组织最大限度地符合商业运营的要求。也因此产生了诸多消防方面的问题；这些问题越多，项目承担的消防风险也越大，建筑师承担的风险就越大。所以在满足项目商业需求的前提下，如何将消防设计尽量简化和系统化是降低项目消防风险的必要工作。

在这里我们将经历过的项目，可以有效规避消防风险的措施归纳几点。

（1）尽可能在消防规范覆盖的范围内进行消

防设计。

设计过大商业的建筑师都有体会，消防和管理与商业运营总是存在着难以调和的矛盾，特别是在一些特殊空间，难度更大。这就要求建筑师对消防设计规范有一个全面的掌控并融会贯通，这样才能深入浅出地进行消防设计，把消防规范用到极致。这也是项目消防能够顺利通过审批的最捷径的方式。

（2）谨慎对待消防规范无法覆盖的内容，以我为主与消防专业公司进行消防性能的设计与评估。

消防设计在城市综合体的整个设计中起到重要的作用，也关乎项目能否顺利的通过报建。因城市综合体项目的特殊性，进行消防设计时难免有现行消防设计规范无法覆盖的部分需要进行消防性能化评估。建筑师在项目方案的设计阶段对消防设计进行系统规划时，慎重地筛选出需要消防性能化评估的内容，并对此部分内容进行初步消防措施的规划与设计。方案成形后提供给消防科研所进行讨论，再修改、再讨论，确定方案后进行消防性能化评估。

这个过程强调的是以建筑师为主体构思的消防设计措施，建筑消防设计方案的优劣是在保证消防安全的前提下，尽可能充分满足建筑功能空间的使用需求。建筑师作为整个项目的设计者，在平衡这两方面的要求上，更有力量，更能使消防设计服务于建筑功能需要。

（3）在消防技术措施上，采用尽量可靠的方式进行消防设计。

这类问题在消防设计规范中没有表述，主要探讨的是消防设计中的技术措施可靠性的问题。其中还涉及消防设备的可靠性问题，也有我们的行为习惯方式等方面，例如在消防设计上最常遇到的是消防隔离问题，专家和消防局最认可的是甲级防火墙，对于建筑师最愿意采用的防火卷帘，持谨慎态度。其原因在于防火卷帘存在技术障碍、保养不到位、设备老化等变数，天长日久，一旦火灾发生时导致失效，后果严重，所以在防火隔离的重要部位，采用更为可靠的方式较为妥当。

另一个例子是我们正在设计的昆明滇池国际会展中心项目中（图10）。考虑到业态的需要，我们在会展中心与海洋乐园之间的城市道路上空设计了一个两层高的跨道路的商业MALL，既满足两个大功能人流的顺畅联系，又达到了将展馆广场设计在平台之上的目的，使展馆的停车与车流交通置于平台之下，形成立体的交通体系。但由于平台尺度巨大，将二层商业MALL完全覆盖，若人流向下一层疏散，存在较大隐患；前期方案中，我们采取了二层商业人流向上疏散至三层露天平台的方式，后被消防部门否定。原因在于人们不习惯于楼梯向上跑的疏散方式；火灾发生时会造成人流的疏散停滞，形成踩踏。

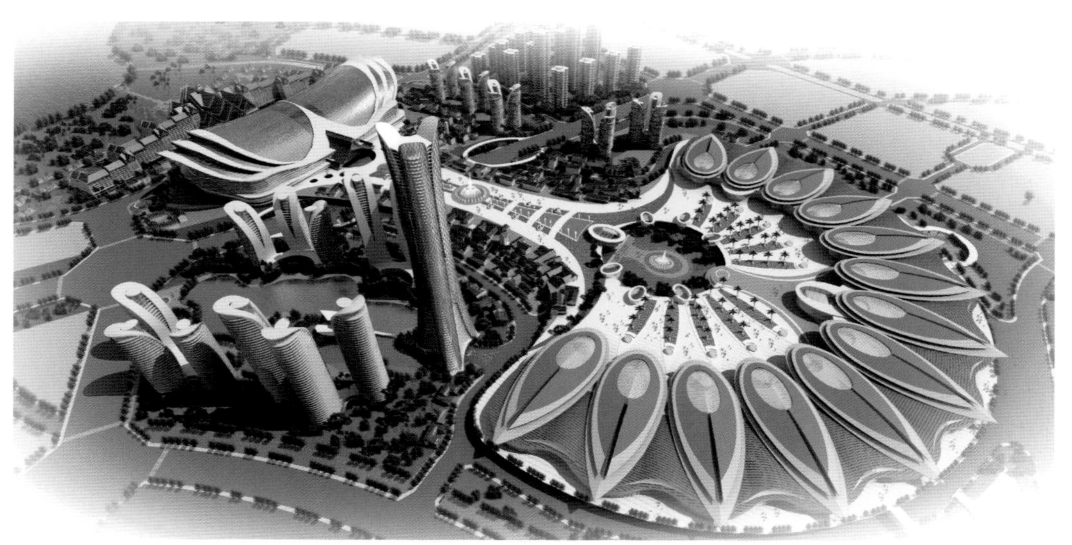

图10

于是我们调整为向下疏散的方式，在一层采取消防安全通道的方式解决了商业的人流疏散问题。

（4）项目管理、运营的风险。

城市综合体项目是多功能的综合体，每个功能有不同的管理和运营需要，与单一功能建筑的管理、运营存在相当大的差别，并非是一个简单的物业管理的概念。其多功能交织起来的运营与管理是一项统筹、协调的工程。其中还包含部分城市管理的内容也在中，如上述关于“交通风险篇”所说的交通管理的问题。

目前，国内一线城市的综合体项目运营与管理正在逐步建立和完善，但多数中心城市存在运营与管理的方法、观念严重滞后的现象。建立这类项目的专业管理公司和相应的系统行业标准，对项目的开发节奏和持续性有重大意义。

（5）城市文化、历史和未来发展的风险。

有一句话：“谁拥有了城市综合体，谁就拥有了城市未来”。这句话是鼓舞人心的话，也是不负责任的话。中国的多数中心城市正像进行一场大跃进似的城市综合体运动。据说，西南省会城市，2012年申报和在建的城市综合体超过200个，大家正在争先恐后地拥抱未来。

城市综合体项目的巨型化、群体化，使之成为城市发展的一把双刃剑。成功的项目能够为城市的发展起到极大的促进作用，失败的项目则会给城市带来极大的负面影响。

中国是文明古国，绝大多数的中心城市有着自己悠久的历史和文化特色。什么是我们的城市未来？极大物质满足的背后是极大的精神遗失。城市综合体项目真能让我们拥有城市未来吗？法国巴黎的拉德芳斯也许给了我们正解（图11 、图12）。1958年的巴黎，市区商务空间严重缺乏，

图11

图12

伴随而来的是老城区人口和交通压力以及对老城区风貌的尊重。法国人选择了在城市主轴延伸的西郊建造一座新城。50多年过去了，古老的巴黎与拉德芳斯的现代建筑群交相辉映，现代时尚与历史文化的共存，巴黎仍是人们心中的圣殿。这种膜拜似乎是看不到结束的一天，谁又能否认巴黎拥有的未来呢?

注意城市综合体项目与城市历史文化价值的关系，是法国人给出我们的答案。疯狂的复制和衍生，城市综合体项目带给城市的或许是倒退。

二、关于城市综合体项目的反思

1.城市规划与投资商的双重局限性

解读世界各地成功建设的城市综合体项目，其共同的特点是:

（1）注重项目与城市历史、文化和城市规划的关系。

（2）前瞻性的策划、定位和规划设计。

（3）合理的融资与开发节奏。

（4）成功的招商、营销和后期运营管理。

可以看到，每一项特点都与城市规划密不可分。若综合体项目的开发与城市规划无法做到调与平衡，其区域商业引领作用则很难发挥。

现实的情况是，在一些城市，综合体的开发与城市规划存在很大的冲突。一方面城市规划在城市发展节点空间的规划、定位、开发强度、功能布局上缺乏前瞻性，与市场需要存在差异;另一方面投资商因项目土地的不可再生性，产生对项目强度和定位的过度开发。不少城市的主管部门似乎意识到，城市规划难以适应当下的城市化趋势。对于城市综合体一类的项目，采取投资方自行对项目进行策划、定位，做出概念性方案。经主管部门评审后，重新修订项目用地的性质和开发强度，进行项目开发。

这样的方式解决了城市规划的局限性对项目的制约，但由于投资商在专业性、责任感、信誉度上存在差异，所以项目的成败存在较大的偶然性。

对于城市综合体项目，其功能复合性、开发效果的引爆性决定了自身的成败会影响整个城市区域或一个城市的空间结构、功能布置、交通系统规划发展的平衡等多方面。而这类项目的成败评估不仅涉及项目本身的开发问题，还包含项目给城市区域带来的影响的评估。

所以，这类项目的设计与开发，应该包含一个重要的前期城市设计的研究，通过这一规划、设计的研究，将规划与开发的双重局限性进行调整、梳理;提出定位规划与开发相协调的新规划设计条件，使项目的开发强度与城市的文化特点、总体规划相协调。最大程度上降低项目开发的风险性。

2.建筑师价值观的反思

我们一直将“在设计的本身中寻找快乐”作为我们的核心价值观。虽然做得不尽如人意，弯路也走了不少，但我们一直秉承着这个信念在做设计。

在环球中心项目方案设计的四年过程中，随着项目规模一次次的扩大，建筑师的角色慢慢由主动变为被动。当项目的商业价值被扩张到一定极限，建筑师恪守的建筑美学价值正经受着极大的挑战。

博弈始终伴随着设计的全过程，建筑师的力量似乎在变弱。这里并非是对某一方的批评，而是对建筑师自身力量的衡量。过去我们习惯于以设计任务书的框架去进行设计。建筑师的工作是解读好任务书，并用建筑语言表达出来。当设计任务书不断大幅度变化，建筑方案创作周期被无限期拉长时，建筑师面临着从未遇到过的挑战。

建筑师就像在进行一场超级马拉松比赛，但奔跑的节奏却被一次次的打乱，并且打乱节奏的不是竞赛对手，而是这个项目本身全新业态组合的探索。甲、乙双方都在摸着石头过河。

项目的最后成果已非建筑师初衷，“小茶壶变成了大茶壶”。建筑师的价值观受到争议，更感到我们的内力不足。将项目的面纱揭开，还原成一个中国建筑师的故事，希望我们的经历能使更多的建筑师能从中有所得。

新与旧的对话
——重庆市弹子石水师兵营会所

邱腾耀　Tony Yau
深圳市梁黄顾艺恒建筑设计有限公司

主创设计师：邱腾耀
设计团队：庞亮（设计）、龙运宇（项目建筑师）、
杨佳（施工图）
设计时间：2010年
落成时间：2010年
工程地点：重庆市南滨路东段（法国水师兵营旁）
主要经济技术指标
总用地面积：3000 m^2
总建筑面积：3500 m^2

项目概况

重庆弹子石水师兵营会所是“长嘉汇”项目的第一期部分，临近法国水师兵营，位于重庆南岸区，地处长江东岸，毗邻长江、嘉陵江两江交汇处。对岸是江北CBD，项目用地属于CBD的核心配套区。用地高踞长江之滨，鸟瞰长江，俯视两江交汇，远眺重庆大剧院，遥望朝天门码头。同时也有“历史老街、法国水师兵营、码头文化、规划大禹广场”等可资利用的人文资源。

法国水师兵营

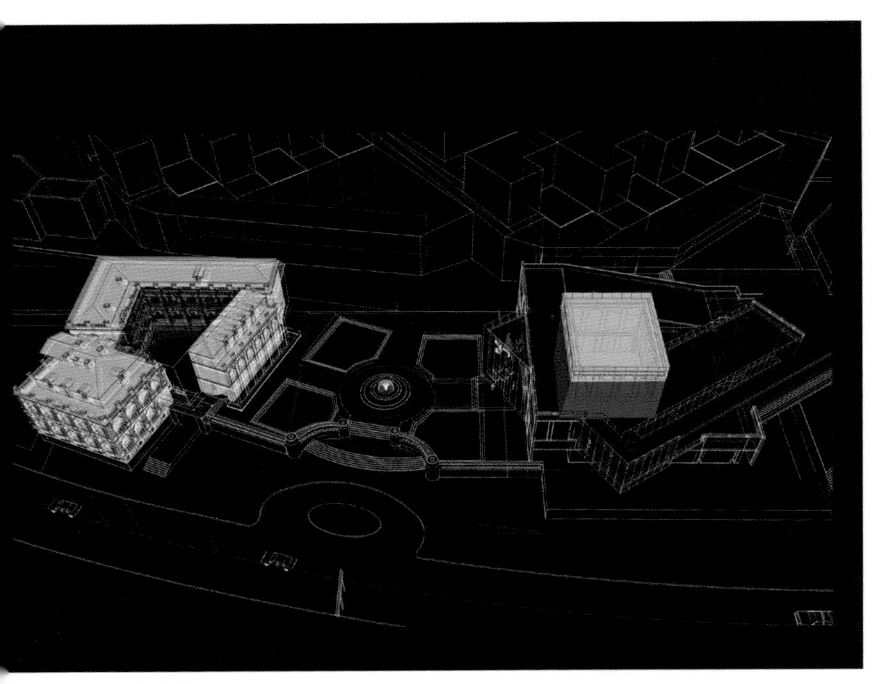
设计分析

设计理念

重庆弹子石水师兵营建成于19世纪末，坐落在弹子石片区，屹立于长江边上，是当区著名文化历史地标。新落成的会所是构成整个“重庆弹子石水师兵营”复修工程的上半部分。新建筑跟上百年历史的法国水师兵营古建筑隔着园林广场相对。

一古一今，新建筑与古建筑在建筑语言上应该表现出什么样的关系？这个问题成了这个项目在设计理念上一个很关键的切入点。

下面图片是上世纪初荷兰版画家埃舍尔（M.C.Escher 1898–1972年）的作品，名为“白天与黑夜”，图面上看来，左面是白昼的光景，经过平面设计的几何手段，逐渐过渡到右面的黑夜，这个左右相对的格式跟水师兵营与会所的总平布局不无相似之处。进一步细看，左侧白天里有黑鸟的影子，右侧黑夜里呈现的却是白鸟的身影，巧妙地呈现了一种“你中有我，我中有你”的对称感。这次项目的设计理论和发展，都是顺着这版画的理念而来的，并将新旧替代了黑白来处理。

“日与夜”摩里茨·科奈里斯·埃舍尔

建筑实践——场景

原水师兵营可理解成一组围合式建筑，中间一个围合庭园空间，外面一圈则是带欧式拱圈连廊的建筑。

新会所建筑也被赋予一个相似尺度的室内两层中空内庭，同时刻意地用舞台装置的手法重塑了带有原水师兵营的西式建筑母题的场景，作为会所的核心。围绕核心的则是带现代感的建筑体量和外皮。

相反，原水师兵营将在下一期的工程进行主体建筑外部修复和内部活化改装，即在古建的形体内加入一个现代的“核心”，跟新落成的会所正好反过来。竣工后将令整段“对话”更生动。

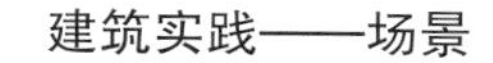

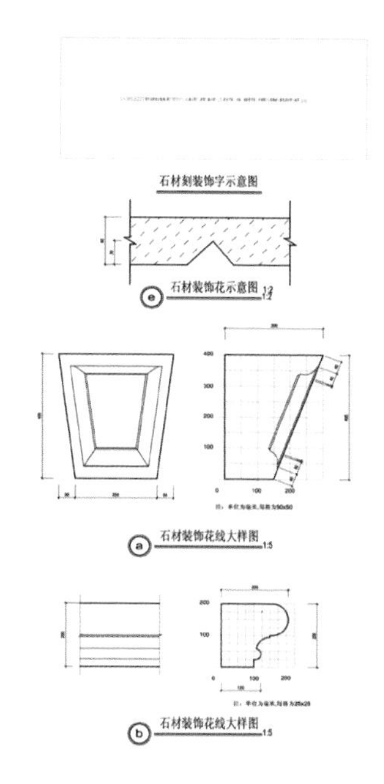

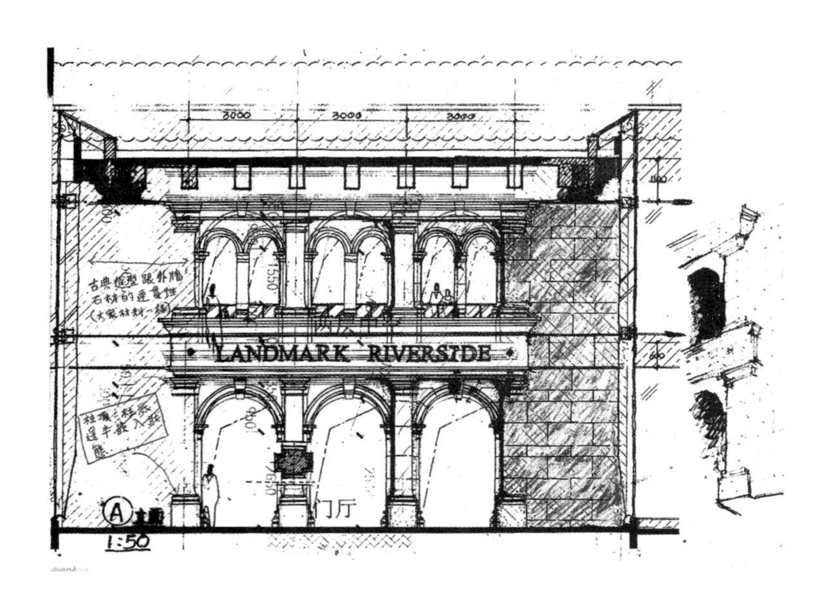

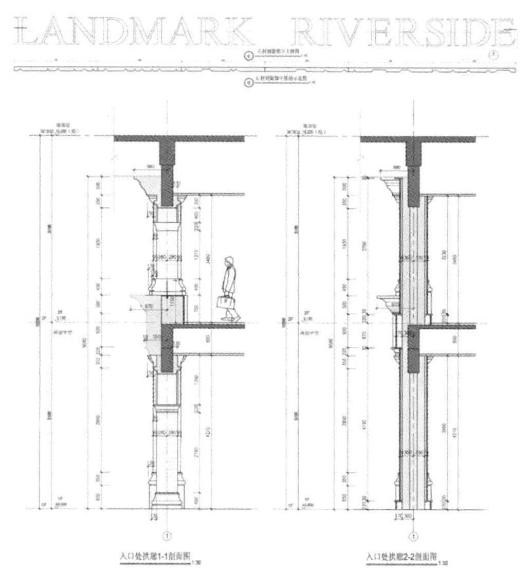

建筑实践——墙体

以现代的手法，墙体都以金属包边处理。内里的干挂洞石挂板都被金属边紧致的包围着，减轻了一般石材转角的沉重感，并加强了饰面物料的伸张力，与重塑的西式建筑母题形成对比，金属线的分割几何又把窗洞、墙体饰面和母题造型等都组织起来。

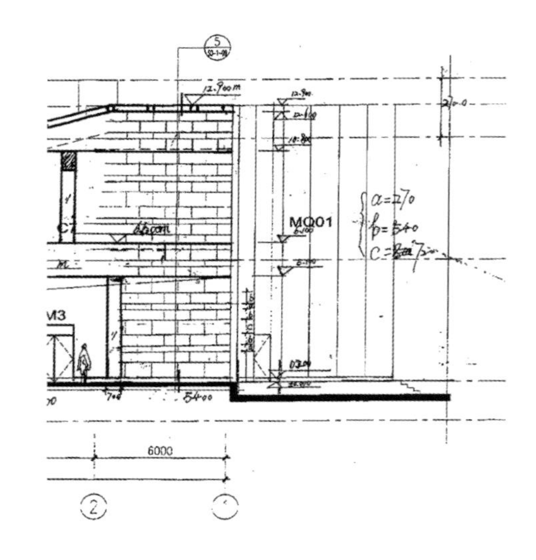

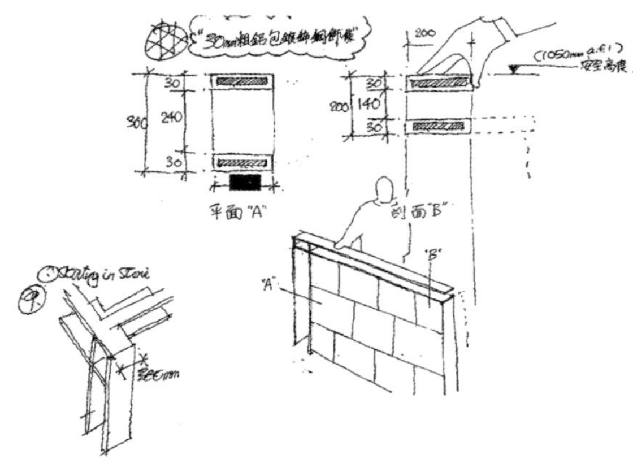

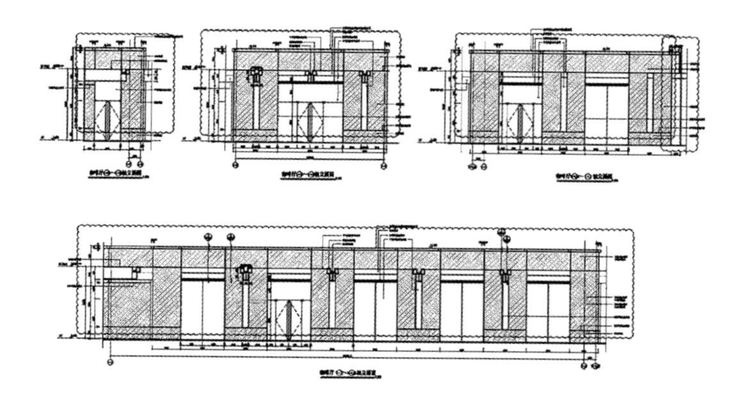

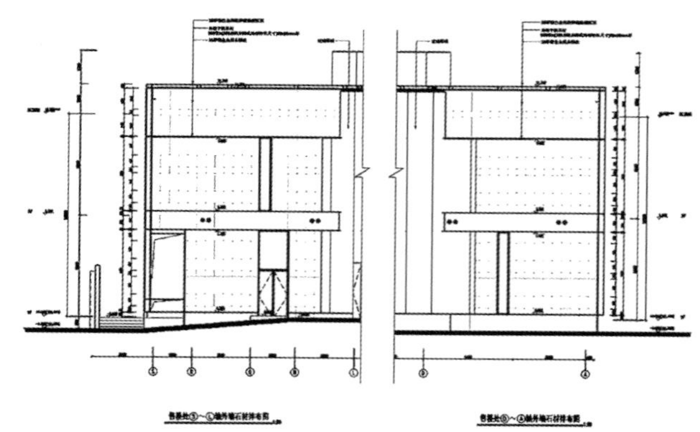

建筑实践——玻璃幕墙

基于节能的考虑，会所空间都需要实体天面覆盖，这次项目的幕墙都从盖板边缘往外围推出，造成疑似天窗的效果；室外仰视天际线时，局部体块能得以呈现玻璃盒子的感觉。

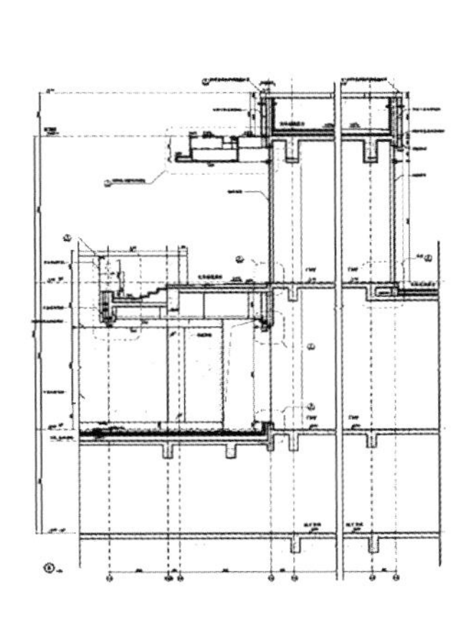

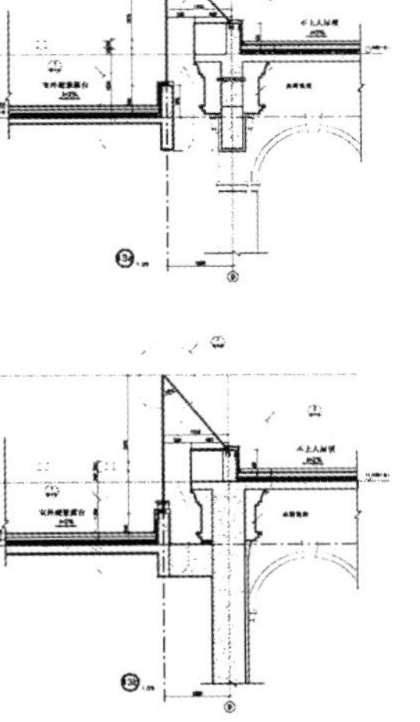

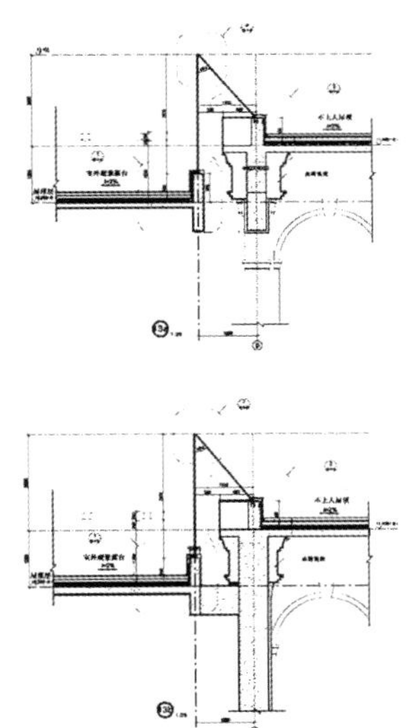

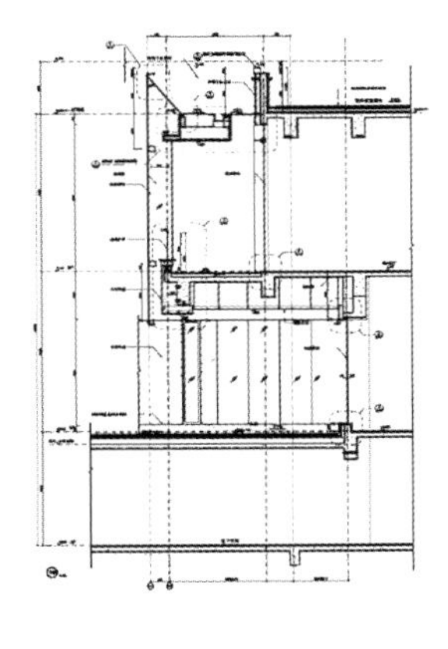

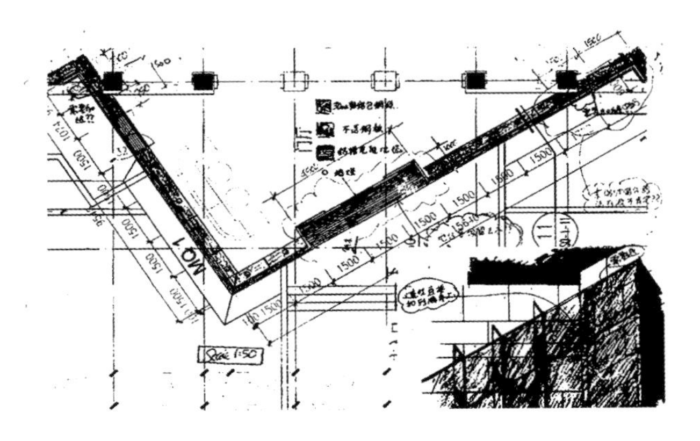

建筑实践——江边观景廊

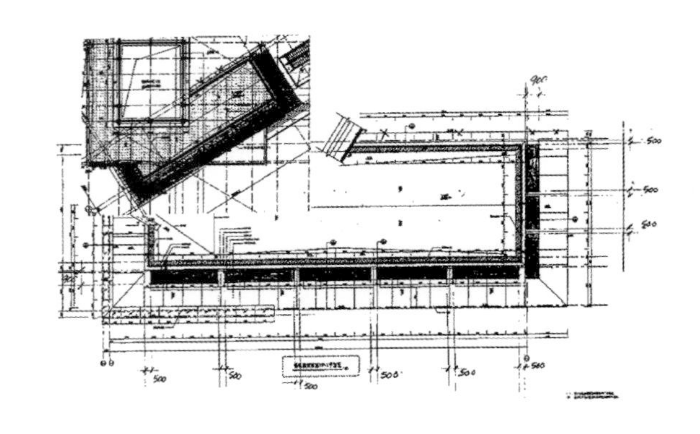

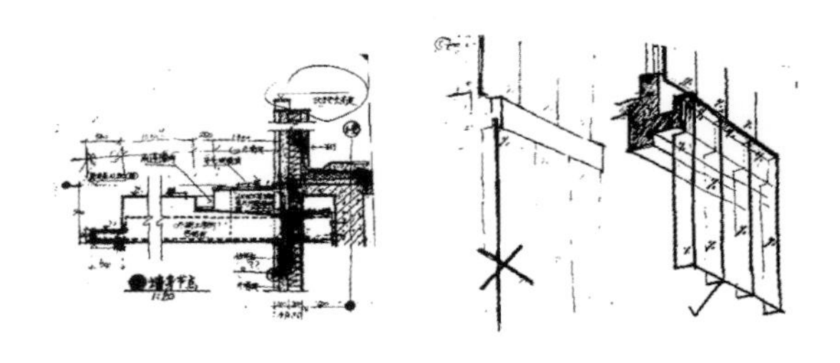

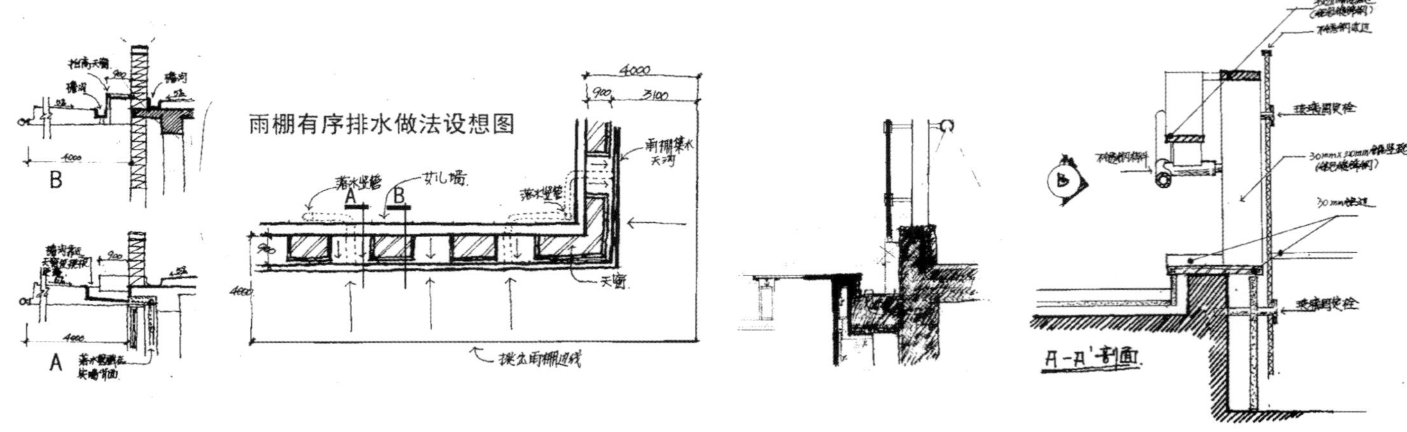

模型照片

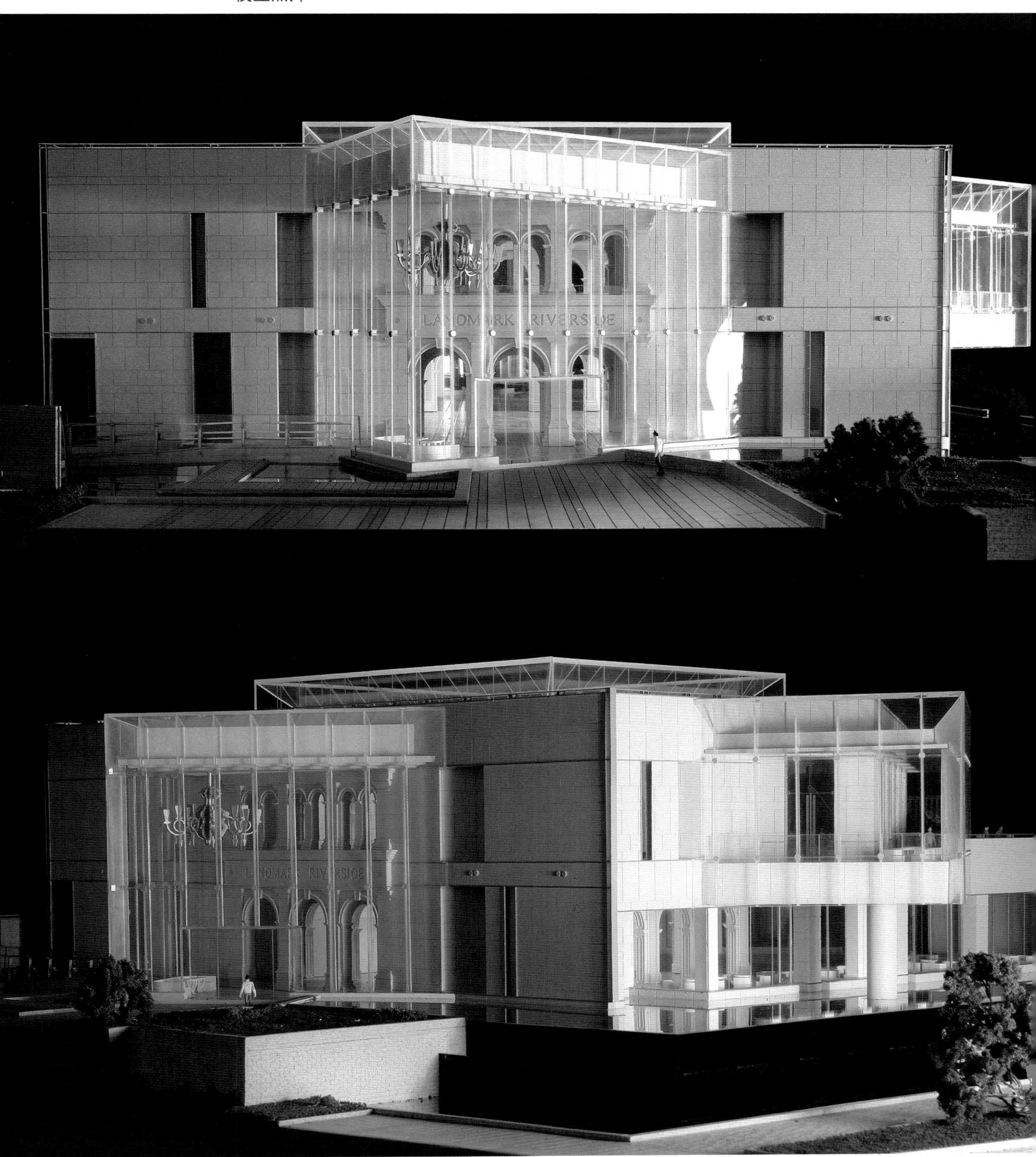

筑梦天下
——风景旅游建筑探索

赖聚奎
深圳市东大建筑设计有限公司

随着我国人民生活水平的提高，近些年来旅游业正以惊人速度发展。根据国家统计局公布2012年统计公报显示，全年中国国内出游人数高达29.6亿人次，中国正成为世界旅游大国，旅游成为百姓的一种休闲消遣方式。千百年来我国文人墨客登山涉水形成中国山水文化观，亭台楼阁、庙宇禅寺、摩崖石窟更是人类建筑文化的瑰宝。当今喧嚣的现代都市生活环境，快节奏的紧张工作方式，无疑给人们心理和生理带来更大的压力。再让我们去读读柳宗元的“始得西山宴游记”，王安石的“游褒禅山记”，范仲淹的“岳阳楼记”，就更能领悟到与大自然接触，使你身处逆境时振奋精神，鼓起不懈的知难而进的勇气，增强你的抱负和理想。旅游确实可以调节心态，陶冶情操，是无副作用的良药。旅游业必然会成为我国快速增长的绿色产业，但目前存在诸多问题。如何从量变提升到质变，作为建筑工作者认真研究探讨旅游建筑已势在必行。我们先辈为世界创建了独一无二的中国风景建筑，如何传承创新，让中国旅游建筑再创辉煌是我们这一代建筑师任重而道远的责任。

一、话说龙虎山国家风景名胜区游客服务中心

龙虎山世界地质公园位于江西鹰潭，自古称“仙灵之都”，中国道教圣地。东汉中叶张陵创建，众徒称始祖师道陵天师，天师承传63代，至今已有两千多年历史。2007年为申报“中国丹霞”世界自然遗产地而兴建游客服务中心，该中心设计创意源于道学环境思想：人法地、地法天、天法道、道法自然，物我合一，天地万物，皆有三。设计构思以中国古老的“天圆地方”说，选择方圆为母题进行规划设计。建筑坐落在直径140m的圆形水池中，将76.5m的基面切割成四部分：道教博物馆、地质博物馆和游客服务中心为三块实体，一块虚体是入口广场。其中心是直径29m的太极广场。圆套方，方中圆呈现“天地万物，阴阳虚实”的道教主旨思想。两尊青铜大鼎坐落广场两侧，太极广场周围是老子、张道陵、徐霞客、陆九渊、鬼谷子、马祖道一，六尊花岗石雕像。太极广场以高耸的龙虎图腾柱为阳，以“法井”为阴。《水浒传》开篇“张天师祈禳瘟疫，洪太尉误走妖魔”，“法井”即取自除妖降魔“镇妖井”的故事（图1、图2）。

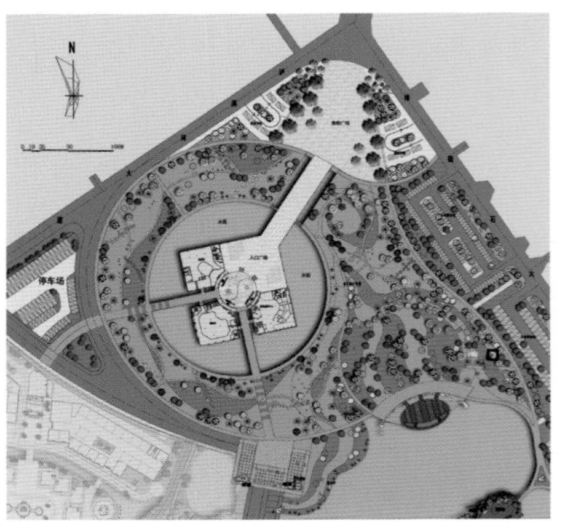
图1 龙虎山游客中心总图

图2　龙虎山游客中心

建筑三大功能区自成一体，为便于游客参观，交通流线的组织，分中有合，合中有分。三大建筑体块形成两条通道，一条正对龙虎山主景点排衙峰，通往景区，另一条通往人文景观水寨宋庄。设计时特意将这两条通道塑造成峡谷的外部空间形态，树枝状的钢构架点缀彩色的玻璃叶片，阳光照射下，地面映出斑斓四季的色彩。而通道两侧水景配合雾状喷泉，营造出“雾谷雨林”的意境。建筑造型突破景区建筑立面的常规形态，采用现代简约主义，深褐色丹霞色彩与自然景观交相辉映。“拜斗”是道家独有的人世对星宿崇拜而生的敬仰，消灾解厄，延年益寿。建教之初众徒需出五斗米，自称“五斗米道教”。游客中心的“中国斗”的外部形态，源于这一典故，祈福日进斗金。

建筑于2008年9月落成，迎来了联合国教科文组织考察，获得肯定好评。现在游客中心已成为龙虎山世界自然遗产地地标建筑，人文景点。四年来获得参观者、游客各方的赞誉，获得国家设计专利，教育部优秀工程设计三等奖。一位英国学者参观时，感到惊奇地说：没想到在这么一个偏僻的山区，有这么前卫并有中国味的建筑（图3～图5）。

图3　道家雕像

图 4　“雾谷雨林”

图5 太极广场

二、民族根时代潮是景区建筑创作必由之路

从事风景区规划设计30多年以来，深深感受到中国风景建筑源远流长，以诗词歌赋、楹联窗花寄托情怀；以山水泉石、松竹梅兰抒发心灵，达到天人相际，出神入化的理想境界，创造出世界独具一格的风雅文化风景建筑，给世人留下一批珍贵的文化遗产。只有扎根生我养我的这片热土，跟随时代步伐，传承民族建筑文化，才能创作出中华民族的旅游建筑作品。回想起20世纪80年代之初设计武夷山庄正处改革开放之始，当时出现了一股西化思潮，认为武夷山庄设计得太“土”，不够“洋”；而建成后这朵“乡土”蓓蕾，飘发出时代的芳香，获得“1949-2009中国建筑创作大奖”及国家金奖等多项殊荣。著名文学家刘白羽在中央《瞭望》杂志发表“赞武夷风格”的文章，业内专家学者称其为中国的新乡土派风格。从此，这种取材于闽北建筑元素，提炼而成的构架吊柱、白墙红瓦的“武夷风格”，在世界自然和文化双遗产地武夷山遍地开花，获得海内外一致的赞誉。1999年，荷兰女王下榻武夷山庄，也给予很高的评价，她说：“阿姆斯特丹王宫的美是富丽辉煌，而山庄是自然的美”（图6、图7）。

如何辩证地正确认识中国传统民族形式建筑至关重要，有的把它误读为中国儒、释、道三教合流的封建礼制产物，太落后了！盲目追求欧美风，有些风景服务区出现了“罗马柱”、“玻璃盒”建筑。有的一提起民族形式就是大屋顶、琉璃瓦，屋角起翘。其实，在创作风景旅游建筑时，更要研究所在风景区的地域文化和人文环境。不能把宫殿、寺庙与民族形式画等号，上述的两种倾向都是错误的。

即将建成的萍乡杨岐山风景名胜区游客服务中心也在江西，但建筑造型与龙虎山游客服务中心完全不同，功能内容也有差别，这正是地域文

图6 武夷山庄

图7 山庄水院

化所确定的。该游客中心是为多个风景片区服务的，在规划设计时定位为“绿色游、红色游、古色游”，即山峦生态、革命根据地、佛教禅宗。游客服务中心位于孽龙洞景区旁。孽龙洞全长约4km，上下双层。根据其地形地貌，通过7余米宽的空中栈道直抵溶洞。充分利用洞内水系，以九龙吐水转换为60余米长的瀑布群落入卧龙潭，形成亮丽的景观带。建筑外部形态体形交错，高低结合，富有节奏感；以中国古老传说“九宫”演绎而成的九宫格“柱林”为主立面。流传在萍乡上栗有三千多年历史的原始傩剧，有“活化石”戏剧之称，这里还有“五里一将军，十里一傩神”说；因此除了游客服务中心常态功能外，设计增设了地域文化傩剧演艺厅，夸张的大屋顶柱廊是傩剧演艺厅入口。杨岐山风景名胜区游客中心，始终围绕民族与时代两大课题进行创作，预计建成后将是我国风景区个性独特的游客服务中心建筑。

民族根就是中华民族几千年文化积淀，时代潮就是以现代生活方式、现代科技和现代审美观念，放眼世界、与时俱进，根深才会叶茂。这也是当代文化艺术界的普遍共识：越有民族性就越有世界性，越有地域性就越有全国性（图8～图10）。

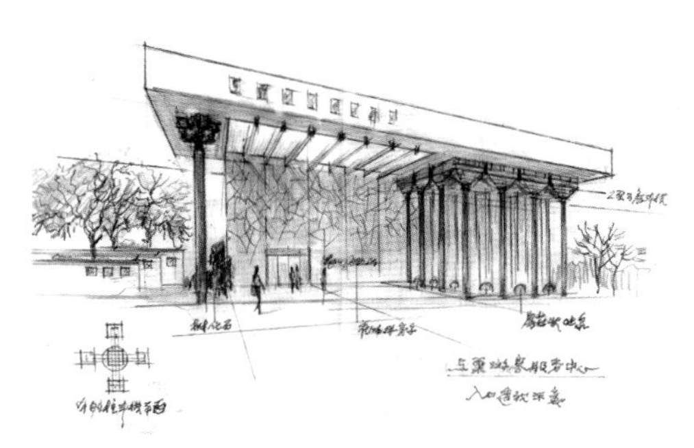
图8 “九宫柱林”

图9 傩剧演艺厅

图10 卧龙潭瀑布

三、迎接旅游建筑的春天

我国旅游业进入突飞猛进的时代，从单一的风景名胜区的团队观光游，逐步转型为多样化和个性化，休闲度假游也在普及之中，旅游建筑势必将成为建筑师们古老而新鲜的学科。我国现有世界遗产地43项（其中自然遗产9项，文化遗产30项，双重遗产4项），其数量居世界第3位，而国家级、省市级风景名胜区数量更多。风景旅游建筑量大面广，它既有建筑的共性，更有自身的个性，成为建筑设计研究的新领域。

改革开放以来我国城市、地区兴建了数以千计的游览景点、主题公园、特色乐园等。20世纪末深圳市委市政府决定在宝安区沙井镇珠江口湿地兴建深圳市海上田园生态旅游区，总用地面积2.15km^2，总投资10亿元，2001年基本落成，对外开放。笔者秉承“环境至上，生态为本，立足现实，面向未来”的指导思想，以中国传统的山水画、山水诗，情寄自然，代山川立言，述胸中丘壑，谱写一曲现代田园交响乐。整个园区分为六大功能片区：①原生态三基鱼塘观光区；展示已有300多年历史的生物链鱼塘养殖，游览中获取科普知识，垂钓中获得乐趣。②水产生产科研示范区；200余亩连片池塘构筑水体生态，生产科研观光融为一体，达到环境效益、经济效益双丰收。③水上木屋区；一栋栋休闲度假小屋，悬架在水面之上，亲水木栈道大平台品尝荷塘月色，回归自然。④水上街市人文景观区；河道两侧集商业、餐饮、娱乐、居住建筑为一体，营造渔家小镇街市氛围，体验海上田园另一种风味。⑤红树林生态区；亚热带珠江口咸淡水交汇形成滩涂湿地，种植数以万计的红树林形成亮丽景观带。⑥人文、自然景观区；这是海上田园核心区，以芦花湖为中心，生态文明馆是青少年科普教育场所，以寓教于乐、乐中获教的模式展现中华民族从古代农耕文明走向未来的海洋文明。生态度假村的构思则以人类居住方式的发展足迹来设计，“吾先山水共枕眠，栖居春秋千载变，寻回久远桃园梦，物我合一归田园”，度假村的建筑因此独具特色，乐土瑶池（穴居）、凤还巢（树居）、水上人家（船居）、螺姬居、明月楼等让人耳目一新。

海上田园从总体规划、建筑设计、室内装修、环境营造以及景观雕塑、标识体系，始终围绕着自己民族哲理和现代理念传承与创新。很多设计创意难以用图纸表达，为此笔者在工地居住了三年之久，欲还人类一个绿色之梦，共建人与自然的伊甸园（图11～图19）。

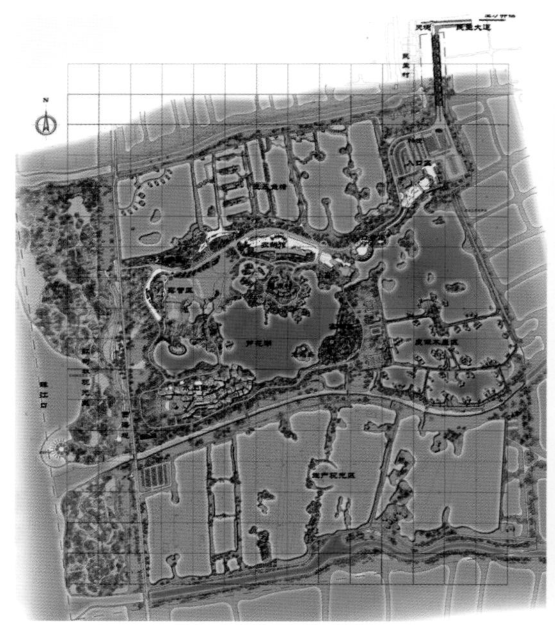

图11　海上田园总图

图12　水上街市

图13　度假村全景

图14　明月楼

图15 螺姬居

图16 凤还巢

图17 乐土瑶池

图18 水上人家

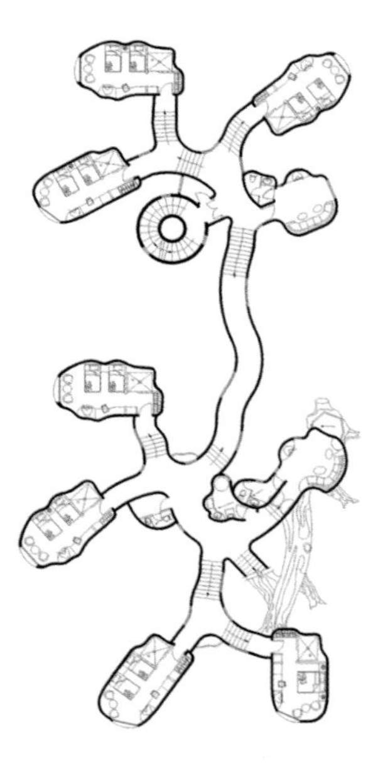
图19 凤还巢平面图

图20　水寨宋庄总图

正在建设中的龙虎山“水寨宋庄”，位于游客服务中心之南，用地约230亩。该地段地势低洼，水资源充足，将其设计成河道交错，湖塘众多的极有观赏游览价值的“水寨”。宋代龙虎山道教十分鼎盛，据史料记载天师府、留候家庙、东岳宫等都始于宋朝，传说“天泉井”是南宋道士，著名诗人白玉蟾奉天师张可大授意开凿的。故以“水寨宋庄”作为设计构思。宋代以街巷制度取代唐朝的里坊制，社会体制的变革，展现了“清明上河图”中繁荣景象。笔者认为建筑造型没必要，也不应该完全按千年前宋式建筑去制造“假古董”，时间才是历史建筑的价值。世界各地的“唐人街”并非是唐代建筑，它们只是华人集中商业，居住街区的代名词。因此“水寨宋庄”规划设计必须以现代生活方式、旅游观念和市场经济去成就人文与自然景观，进行保护性的开发建设，为子孙后代留下一笔旅游建筑文化遗产（图20、图21）。

“水寨宋庄”是集观光、餐饮、娱乐、购物、居住为一体的休闲游览区。共分成五大主题

图21　水寨宋庄鸟瞰

图22 太和古街

图23 道乡水街

片区：①“钟鼓鸣祥”片区，将我国传统的钟楼、鼓楼合二为一的高塔，作为标志性建筑。②“聚会风云”片区，以水上戏台和观戏茶楼为中心构成传统喜庆祈福社戏民俗。③“水车风韵”片区，展示我们祖先利用自然能源的智慧结晶，水车群之西水磨坊餐饮是布衣生活的再现，其东汇集酒楼、酒吧、娱乐，是晚间生活休闲的一片乐土。④“道乡水街”片区，是富有水寨风情的商业街，通过水上游览交通线，清清碧波东流去，一切都在谈笑中，成为一条亮丽的风景

图24　水车风韵

带。⑤另辟蹊径的主题酒店“田园农庄”自居一隅（图22～图24）。

“海上田园”与“水寨宋庄”两个案例，一个位于现代都市，一个处于偏僻山村，两者风格、品味完全不同，从建筑实践中探索我国当代旅游建筑。这十几年来，从城市到乡村，为旅游业直接与间接服务的各类建筑如雨后春笋，迎来春天。

结语

旅游已不再是少数人的奢侈品，而是大众的生活品。爱旅游、爱生活，“读万卷书，行万里路”，让我们更热爱祖国大好河山，与大自然共生，共存，共荣。我们先辈用秦砖汉瓦能建造出令世界惊叹的中国建筑文化，创造出源远流长的东方文明；今天，我们正处于中华腾飞的春天，要用智慧、勤奋、坚韧来实现我们的中国梦，让中国民族建筑再立于世界建筑之林。

为“学”而造
——校园里的环街生活，南方科大校园规划思考

张春亮
筑博设计股份有限公司

关键词：聚落布局，环街系统，绿色文化

地理位置：本项目位于深圳南山区西丽大学城片区内。南侧紧挨城市用地，北依羊台山自然保护区，东临长岭皮水库，西侧为规划中的深圳大学新校区。校园规模：校园占地194.38hm^2，总建筑面积63万m^2，首期建筑面积23.4万m^2。首期学生规模2000人，远期8000人。校园定位：高水平研究型大学，肩负着教育改革的使命。本项目地处自然和城市之间，良好的环境和周边的资源为校园设计提供了巨大的发展空间，同时新的办学理念要求又为校园规划和建筑设计提供探索空间。

“回归人性”的空间理想

大学在当今社会如繁花盛放，各类当代校园规划的设计出现极度的相似——严整的轴线、权政的空间，压抑的格局、清晰而封闭的校园边界……锁闭于教室中的文凭式教育需求和权力集中化的设计氛围使得设计师们被设计了一个个恢宏气派的大学空间，等级森严，但却让大学的精神成了政治色彩极浓却单调乏味的校园空间的附属品，颠倒了大学的意义。“大学的荣誉，不在它的校舍和人数，而在于它一代、一代人的质量”。——哈佛大学科南特校长如是说。

古代圣贤于户外授课，集市、广场等公共空间成了城市学术的散播地，授教者是通过如何改

善自身学术精神以期博得受教者的兴趣——场所是开放的、精神是自由的，演讲者与听众是互动的。社会的发展推动了大学的出现，让学者们有了固定的场所做学问，但是国内教育认证的现状又给学术的自由箍上了紧紧的枷锁。校园在满足日常教学之后，应该尝试提供更多的学术和生活的自由空间，为成就“大师之大”提供机会，而不是造就一片钢筋混凝土的森林。

南科大校园规划空间体系的建立是本着人性化的角度，从校园的空间使用主体开始讨论的，包括在校学生、校外学生、教师，甚至周边的城市居民，每个群体对空间的诉求不同，交互性需求也不同。校园一方面为在校学生提供学习空间，另一方面为校外学生和周边居民提供共享空间，为各类校园活动提供基础。

从“等级空间”到“自由、人本、生态”

历史上早期的很多学校都没有校园，只是由城市里的一些其他建筑改建而来，大家热议的是校园的空间系统或者空间的热点，注重的是多样化的空间使用主体，我们应该从交往主体需求开始设计，为学者们提供的是学术行为发生的空间和精神互动的场所，而非浮华大气的建筑群体。

校园设计从开始就反对行政化的空间格局：传统经验的中心对称、大轴线、大广场的校园空间呆板严肃；严谨的校园空间等级秩序禁锢了大

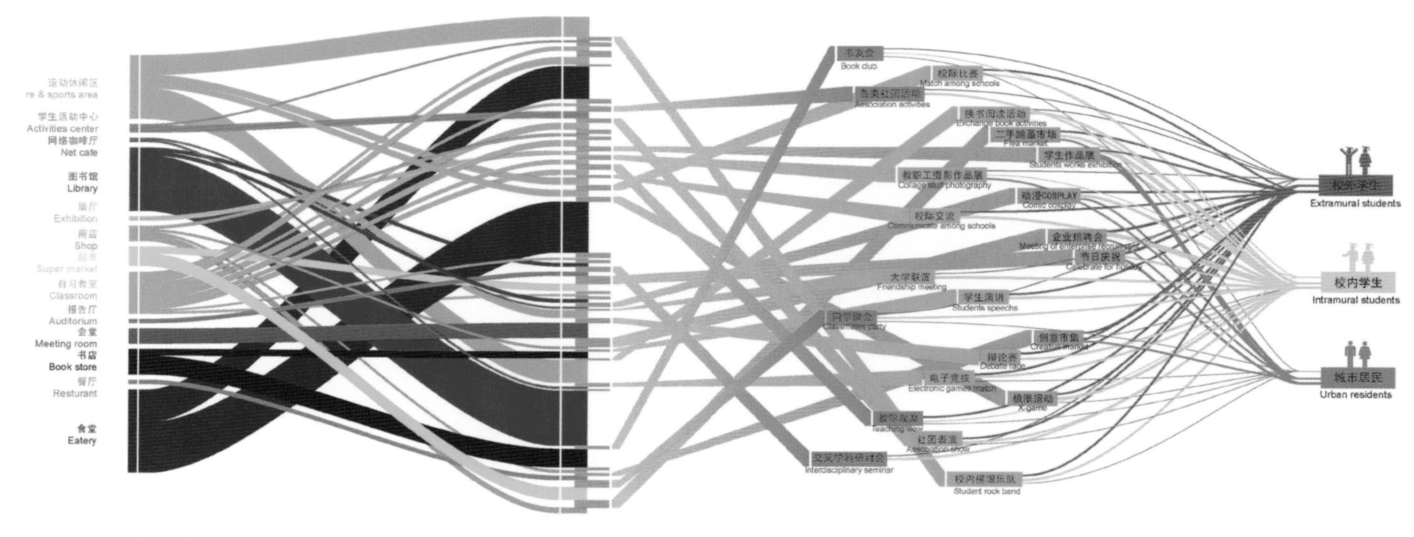

分析图（绘制：张烁）

学学术自由和精神独立；几何化的空间经验乏味单调。南科大从一开始就提出去行政化的设计，倡导精神和空间的自由，流动的校园空间、宜人的建筑和街道尺度体现着大学自由的精神，校园设计脱离人工化、秩序化，建筑回归自然，小尺度的建筑散布于山体和绿色之中。

“聚落、环街、绿色”架构起“校园生活”

我们首先将周边的自然环境作为确定校园框架的基础，重视校园位于城市和自然结合部的地理特色，将城市和自然引入校园规划。基于生态理念我们采用紧缩策略，压缩建设用地范围，提高建筑密度。总用地减去所有不可建用地，再减去现有山体林地以及预留发展用地后得到本案的建设用地，为校园紧凑的布局和壮观的原生自然景观奠定基础。

1. 聚落布局

南科大校园格局因山就势，利用山体分割校园，围绕校园的生活展开对校园空间的组织，从大格局构建校园的空间行为系统，并需保证校园空间的开放共享；从小格局入手校园有效地组织校园生活，引发校园的空间活力。

校园通过聚落组团的布局瓦解严谨的校园秩序，打散的建筑散布于山的低矮处，建筑和自然对话，校园建筑组团分散布置，穿插于自然之中；实现建筑被山掩映，山景成为校园的主角，而建筑尽量作为环境的配角存在，建筑在山体和自然面前谦逊而低调。同时弱化人工痕迹，使受众在校园空间能够理解自然，享受自然。

2. 环街系统

校园本身不是一个独立的体系，它与城市生活应该紧密联系，与城市间应该建立互动关系。城市与校园相互索取和贡献，这两种相反的互动关系落实在基地上，通过拓扑变形以适应地形，获得了本案的基本规划结构——环街。这个结构将城市生活和校园生活交织在一起，沿校园中心的山体形成一个容量巨大的公共环街，城市和大学在这里相遇，人工与自然在这里交汇，带有差异性的交流空间激发出巨大的空间活力，刺激着交流和思维，环街组织起一条在空间和时间上都无始无终的空间体系，构成大学开放式教育的核心场域。

环街作为校园空间结构的同时，自身也有多个节点和整套的性格体系构成，兼顾起点和终点的滨河广场，引导空间架构的景观大道，以保留古树形成的校园核心。环街为营造相遇场所提供了机会，大量具有差异性的空间为校园行为的发生提供了机会。开放和半开放的校园空间为学生在严肃课堂之外提供了可能性，环街作为校园的核心空间结构串联着校内的主要生活和学习空间，两侧布置不同的功能组团，环街系统和不同的功能组团之间安排了多种功能过渡，在大多数建筑首层布置餐饮、自习和会议等课外交往空间，形成高效便捷的校内共享资源链。

环街本身的开放性延长轴方向向北递减，南侧校前区集中了会议、办公和科研设施，便于与城市分享，中部临近生活区集中布置学生食堂、学生活动中心，教室等，便于学生使用。环街最北端连接生活区和体育运动区。

大学的主要开放功能区沿环街布置，环街通过开放性的交流空间与私密性空间过渡衔接，不开放的教室、研究室、行政办公室等建筑群依环街而建。这种布局既保证了各部分自身的私密性又通过环街实现了彼此的便捷连接。学生既可便捷到达公共性高的学习大街，又可方便到达学习区和专有体育活动场地以及生态公园，体现了以学生为本的规划思想。教职工宿舍选址于相对私密的空间，与城市联系便捷又享受独立的自然景观，保证了教职工生活的便利和独有的品质。

环街外围，南科大利用与深大新校区之间的共享道路，沿路布置实验和教学组团，与深大新校区共同形成实验资源共享路径。我们鼓励不同背景、不同学科的学生互相学习交流，打破学科界限，书院组团在建筑首层和滨水带提供大量阅读、餐饮、健身和自习等交往空间，鼓励学生间的交流，促进学生生活的互动。

3. 绿色文化

一个在其生命周期内能不断满足新的功能需求的规划和建筑，应该是经济和环保的。设计对基地的适应性是和环保概念息息相关的。规划采用大量绿色生态软件，对声、热、光和通风环境进行场地生态敏感度分析，最终确定适建区域，建筑布局尽量利用基地中的平地，减少土方和对自然景观的破坏，同时控制建筑高度，依据分析结果对项目建筑单体选址提供参考，同时注重绿色科技低成本、可实施、有效性进行操作，注重建筑形体控制、立面遮阳、屋顶绿化，校内雨水回收、中水利用和太阳能应用，从规划、建筑、技术三个层面保证校园绿色生态建筑的有效实施。

结语

校园的规划，并不在于建筑和空间多么宏伟，而在于场所到底能催生多少新思想，尊重大学的精神，提供鼓励自由和活力的交往空间。校园规划应该提供多元的空间，彰显大学的自由精神。通过小尺度、人性化建筑空间的营造，让学生和教授在提供的场所里争论交流，产生新的思想共鸣。

都心绿意
——北林苑建筑设计创作综述

千茜
深圳市北林苑景观及建筑规划设计院有限公司

摘要:

本文以北林苑为例，通过分析北林苑建筑设计创作的三大特色，提出景观都市主义、乐活建筑、“道法自然”的参数化设计等设计理念，强调以创新引领设计；并通过设计案例解析，探索一种高密度、高开发同时又高生态的城市建筑形态，提出植物繁茂、动物和谐的生态景象下的绿色建筑新思路，作为可持续发展观下的生态文明建设启示。

自从进入20世纪后半叶以来，环境危机、生态危机已成为人类面临的愈来愈严重的问题。面对这一事关人类生死存亡的重大问题，人们开始了全面而深刻的反思，是沿着工业文明的道路继续发展，还是寻求更为安全的发展模式，使人类和地球上所有生命能够继续繁衍生息？值得欣喜的是，人们逐渐从观念、制度和政策层面选择了一条力图实现人与自然和谐的发展之路，这就是现代文明的生态转向。在这一历史进程中，作为与生态文明建设息息相关的城市建设，面对环境污染、都市雨洪、绿地稀少、景观破碎、缺少绿色福利、城市缺少宜人尺度、归属感低、缺乏生活气息等一系列“现代城市病”，建筑师，作为生态文明建设的生力军，理应找到自己的答案或解题路径。

北林苑，作为一支以景观为特长的综合性专业设计团队，其建筑设计长期处于生态前沿，或景观核心，往往在对自然影响较大或自然对建筑影响较大的景观高敏感度地区进行建筑设计创作，长期以来，立足深圳，伴随着特区成长发展，在大陆的边缘对建筑设计创作做深邃而冷静的思考，保持客观而全面的历史观与大局观，用新的技术与新的生产资料，追求原创设计，探索本土建筑设计与现代技术相结合之路，形成自己独到的建筑设计特色。

一、设计特色

1. 景观都市主义：建设生态文明

景观都市主义产生于20世纪90年代晚期，强调自然系统和建造系统的互动成为决定城市形态的基础，突破传统规划的局限，将自然演进和城市发展整合为一种可持续的人工生态系统。不同于将建造体量作为城市决定性质的传统，景观都市主义着眼于一个更广的视角，在持续演化的城市形态中发展一种动态的规划方向，主张在城市设计中将自然区域、开放空间和人工建造的实体整合为一个和谐的整体系统。

景观都市主义的核心观点是从景观的角度来思考城市问题，把生态策略作为解决问题的切入点，认为景观应该替代建筑，成为决定城市形态和体验的基本要素，它提供了一种调解建筑与景观、场地与对象、方法与艺术之间分歧的可能性。其特征是以景观为核心，解决城市问题，将景观作为一种绿色基础设施，不是消极的环境和自然保护，而是以“设计”城市中的人工生态来主动寻求城市发展的机会，即从“设计结合自然”上升到“设计自然”。

北林苑在建筑设计中，擅长将自然的山水关系引入到城市建设层面，通过水廊道、风廊道、生物廊道、视线廊道等整体的合理规划设计，通过雨水收集形成自然溪谷，通过雨水管理解决都市雨洪问题。总之，力图从自然的逻辑中推导出可能的城市建设方向，认为人为建设应起到加强和延伸自然空间的作用，而不是相反，使人为建设割裂或破坏自然空间。

同时，通过可实施的规划设计手段，实现绿色基础设施的理想全覆盖，包括从地下到地上的城市开放空间、慢行交通、雨洪管理、生物栖息地、立体绿色空间等，并体现一定的领先性、示范性。创建网络状绿色基础设施体系，通过步行空间、绿廊衔接城市各个交通要点如车站、广场、公共绿地与水廊道，形成自然、人和城市的相互交织。

2. 提倡“乐活建筑”：持续生态城市

要实现中国可持续发展意义上的城市化，建筑创作应如何做？北林苑长期以来立足循环经济和生态文明理念，在此基础之上，积极探索实现中国可持续发展意义上城市化的建筑途径。

针对中国城市化建设中出现的问题，北林苑认识到，要实现新型城镇化，就要实现从蔓延的城市向紧凑的城市的转变，摈弃“摊大饼”型的城市蔓延方式，形成紧凑、集约的城市，包括紧凑的建筑、紧凑的街区等。在新型生活方式方面，要实现从消费的生活向乐活的生活的转变，从农业生活的节俭生活（环保但是不舒适的慢活），到工业社会的乐活（舒适但是不环保的快活），再到后工业社会的乐活（舒适而环保的乐活），乐活的生活是舒适性和生态性的整合。

所谓“乐活建筑”，指在建筑方式上，既不提倡在节约资源的同时牺牲舒适，也不是在追求舒适的同时牺牲自然，而是在提高生活功能性的同时强调自然的消耗性减少，提倡高舒适、高自然的乐活的生活方式和建筑方式。即乐活建筑是生态化的空间方式和生态化的生活方式的结合，是舒适性和生态性的结合、高效的土地使用和绿色交通方式的结合、传统的完整性和区域文化活力的结合、生态高效性空间和多样化生活方式的结合。建筑师要建立一套从思想理念到空间格局再到可实施的操作手段的“大景观”及生态规划思路体系，通过一个个原创设计作品，为我们的城市创造新型绿色低碳典范，落实可持续发展观和生态文明建设，体现“新城镇、新生活”，理解“生态、生产、生活”三生共赢是生态文明理论体系的重要问题之一，三生协同发展才是目的，形成可居、可游和可投资的“三生共赢”的生态城市的理想目标。

3. 再论“道法自然”：引领参数化设计

当今，信息技术的发展已经创造出一种新的“第三自然”——数字化的“自然”。参数化是适应当今的技术和生产力条件下的历史必然，其本质是在因循自然规律的前提下以数字化的方式诠释设计目的，构建设计逻辑，并最终解决设计问题，很明确的是在方法论范畴内的技术革命。北林苑通过相关设计案例的探索性实践，指出参数化设计不仅可以作用于形式，而更高境界是将参数化原理作用于功能，从“形式生态”上升到做到“功能生态”；参数化设计是数字化时代的“道法自然”，即参数化是对自然规律的数字化尊重，在这里借用了老子“道法自然”的传统提法，但其中的“道”应该理解成一个参数，它的值等于“参数化的方法”，而这种方法的价值准绳应该是“自然”，是另一个重要参数，在这里定义为世间万事万物的自然规律。另外，参数化设计的前提之一就是要对当地环境和场所进行深入的考察和研究，这也是“道法自然”的前提之一。

无论从各种意义上来说，参数化都是人类抽象思维产生的重要成果，但其作用的对象却大多是人类看得见摸得着的有形人造事物。应该说让这些人造的事物无论看起来还是用起来都更加自然和谐似乎成了人类下意识的本能诉求；人类的智慧和自然的法则能否在参数化这一命题上高度统一起来，将“虽由人作，宛自天开”的浪漫理想推到一个更高的境界，找到一种通行天下的“势”，这也是北林苑建筑师正在探索之中的课题。

二、设计实践

前海“未来综合体”——经山络水城

这是去年我们受深圳规土委及城市促进中心之邀，参加的一个以“前海矛盾性与复杂性研究”为题的工作坊项目。项目的初衷是为深圳前海合作区未来城市的建设与发展提供一些前瞻性的观点和想法。我们的设计命名为“经山络水城”，由于理念超前，一时难以为开发商所接受，姑且称为前海“未来综合体”。

“经山络水城”，顾名思义，以山为经，以水为脉，是一个延续自然地形、地貌特征并具有完善城市功能的全新城市形态。它源于对山水城市的生态性解析，由若干个现实技术下可操作的创新设计组成，所有设计都尝试对“绿色”二字进行重新的认识。

在规划上，力求扩大海湾的空间尺度感，避免高层建筑对其的围堵。通过“高清实时背景联动LED”新技术，力图消除过境高速通道桥墩对海湾的负面影响。同时，按照自然的生长方式有机组织建筑形体，避免人为的开发建设对山海之间联系的阻断，使大型建筑综合体起到加强和延续自然空间的作用。在城市形态与功能上，将商业、娱乐等大尺度的公共空间覆土后连成整体，形成大型空中公园“漫花坡”， 既是人类的乐园，也是动物的天堂，具有自然多样性的城市结构为人类与动物和谐共存提供了条件。人类的工作和生活将在这里重新构建，“工作山脉”尺度较大成为主脉，“生活山脉”尺度较小成为次脉，两者既相连又保持距离，是理想的生活与工作距离的实体化表现。另外，灵活、快捷的轨道自行车系统是一种全新的绿色交通方式，将有效缓解传统交通的压力。

随着城市人口密度的不断增加，城市规模不断扩张，城市综合体应运而生。城市综合体的建设应解决和调和高密度和生态化之间的矛盾，我们的对策是以生态的方式集中，减少集中带来的负面效应，探索一种高密度、高开发，同时又高生态的城市建筑形态。

三、结语

纵观历史，城市是人类文明和进步的摇篮。经历了农业文明、工业文明，人类进入生态文明时代，“生”的概念超越了其他所有的东西，影响着每一个人的世界观。

魅力的城市景观是由一个个个体组成的，它们一方面相互共存；另一方面又构成整体的城市景观。人与自然、传统与现代、部分与整体，它们和谐共生，使我们的城市成为人们能过上有尊严、舒适、健康、安全、幸福和充满希望、生活美好的地方。而城市开发建设几乎是不可逆的，从规划之初就应该建立明确的最优设计思路，即建立建筑景观一体化的整体规划设计思路，使生态功能和社会功能统一、建筑功能和景观功能统一，包括整体城市开放空间如何建立、明确总体景观体系与城市风貌的统一、协调追求舒适和保护自然的矛盾，建设高密度、高开发前提下又不失高自然、高生态的建筑形式，使我们的城市在不断扩张的同时，既能为人类提供高品质的生活，又能为后代留下更多的资源和能源。这也是北林苑和当代建筑师一道持续不懈的努力方向。

深圳市水土保持科技示范园4D展示馆

深圳市北林苑景观及建筑规划设计院有限公司

主创设计师：夏媛、章锡龙
设计团队：熊发林、肖华东
设计时间：2009年1月
施工时间：2009年12月
工程地点：广东深圳市南山区
获奖情况：国际风景园林师联合会亚太区主席奖、全国优秀工程勘察设计行业奖一等奖、广东省优秀建筑创作奖

主要经济技术指标
总占地面积：3000m^2
总建筑面积：700m^2
地上建筑面积（计容积率）：700m^2
建筑层数：2
建筑高度：15m

实践创新

深圳市水土保持科技示范园4D展示馆是利用原有旧房改造而成的，在设计理念上坚持了可持续发展的理念。外观运用新型环保材料锈板做为主要素材，结合垂直绿化，将生态与环保的观念贯穿始终，同时也是我国“土生金”的传统水土观的一种体现。

内部设计有4D小影院，采用声、光、电、风、三维动画等多种高科技手段，在影片的播放过程中模拟自然界水土流失的种种危害，水土流失治理对环境的改善，给人一种如临其境的感受，使参观人员在游园之后对水土保持这门学科以及功在当代、利在千秋的环境保护事业有系统的认识、深刻的启发。采用现状建筑外观，将水、土自然元素有机地融入整个建筑的构造中，例如在建筑单体墙面的处理中，采用透明玻璃墙体设置成各种土壤断面，展示植物（水生植物）对水体的净化过程，以及种子从泥土萌发、生长的过程。通过建筑本身对水土保持的叙述，以一种简单而特别的表达方式体现一种无处不见水土的概念。

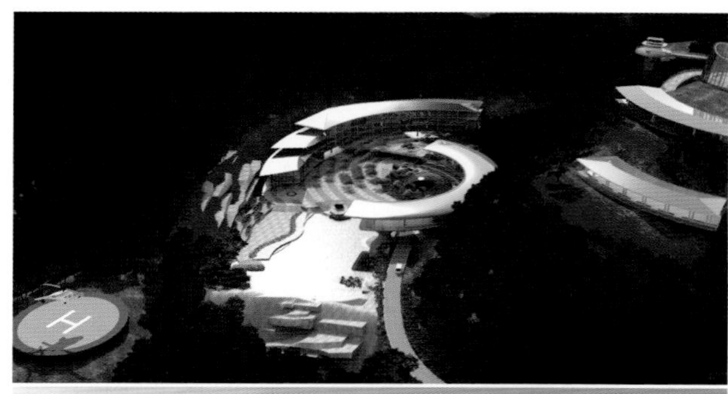

广东梅州瑞山生态旅游度假村特色建筑

深圳市北林苑景观及建筑规划设计院有限公司

主创设计师：袁俊峰、千茜
设计团队：赵新周、陈君文、张建霖、唐韵雅、崔汉文、毛擎稷、莫声伍、龙飞军、路遥、李俊彦、胡婧、熊发林、李龙剑、梅杨、方拥生、陶少军、龚明、叶振兴、彭芳、杨政华、许为儒、王德敬、李勇、卢建晖、徐胜明、林敏洪、董心莹
设计时间：2012年1月
工程地点：梅州市大埔县

主要经济技术指标
用地面积：7.7km^2
建设用地面积：–
总建筑面积：10.05万m^2
建筑层数：1–6

设计创新

瑞山生态旅游度假村坐拥瑞山自然风景区，东邻粤东第一高峰铜鼓峰，南望潮州千年古桥广济桥，规划设计目标为华南地区最具竞争力的国际养生度假目的地。以客家文化为精神内涵，以自然山水为物质条件，融养生度假、商务会议、文化体验、休闲旅游于一体的旅游综合体项目，充分体现了梅州市委市政府“原生态、慢休闲、享养生、乐体验”的旅游发展核心战略理念，是未来梅州市继“雁南飞”、“客天下”等主题景区后又一个具有模范标杆作用的旅游经济发展龙头项目。

哈尔滨哈南新城核心区城市设计

深圳市北林苑景观及建筑规划设计院有限公司

主创设计师：袁俊峰、千茜
设计团队：赵新周、陈君文、蒋华平、林玉明、陈新香、邹敏、叶清、杨政华、王耀建、张建霖、崔汉文、唐韵雅、李忠辉、陈宇靖
设计时间：2012年10月
工程地点：哈尔滨经济技术开发区

主要经济技术指标
用地面积：$2km^2$
总建筑面积：约300万m^2
建筑层数：4–13

设计创新

规划目标——国际性经济总部枢纽、现代产业服务中心区和绿色生态新城

功能定位——国际开发总部、国际会展中心、国际商务中心、休闲娱乐中心、绿色居住典范和景观生态核心

项目整体规划设计构思紧扣“哈南之心、活力之城”的概念，提出“活力大地—星云城”的项目，以景观都市主义、城市英雄主义规划设计手法引领，依据场地特征和城市特征，以景观为核心，使人的活力、经济的活力、生态的活力、社会的活力交织在一起，形成一个集商业、居住、休闲、办公、会展为一体的新一代生态经济综合体，成为哈南新城的有力配套和发展支撑，成为地区的发展引擎和形象名片。

四川绵阳小枧生态湿地公园建筑

深圳市北林苑景观及建筑规划设计院有限公司

主创设计师：胡炜、夏媛
设计团队：林亨、焦石、杨攀、高浩宁 、章锡龙、金锦大、高岩、熊发林、李龙剑、梅杨、孙利科、孟海洋、张建霖、方昕、方拥生、陶少军、龚明、彭芳、邱文平、叶振兴、吴健、杨政华、许为儒、周亿勋、张忠伟、李勇、王德敬、曹剑辉
设计时间：2012年5月-2013年5月
施工时间：2012年12月
工程地点：四川省绵阳市

主要经济技术指标
用地面积：73991.45m^2
总建筑面积： 75850m^2
建筑层数：地上4层，地下1层

工程概况

本次方案设计范围为绵阳市小枧片区绵盐路以西、涪江以东的滨水绿地，总用地约79.2hm^2（其中水域约18.8hm^2）。建筑包含北边商业建筑概念方案和公园配套服务建筑方案两个板块。

实践创新

公园整体设计以“水”为纽带，景观和建筑相互融合。

北边商业建筑位于地块北面，紧邻规划市政道路及规划中的大型居住社区。西高东低，左紧右松，呈带状布置。建筑共分为两个大组团，五个单体。按照功能布置分为东中西三部分，设置餐饮娱乐、消费及旅游住宿等功能。以融入山水为设计理念，与周边自然湿地融为一个整体，构成了曲折有致、弧线圆滑的整体形态，使“景观融入建筑，建筑成为景观”。同时，对建筑进行体量分割、打散，进行“碎片化”处理，充分利用水景资源，形成层层退台的景观平台。设计中还充分考虑了人们的消费心理，设定多元化、复合式的消费交通流线，满足各种消费人群的需求。

公园配套服务建筑以四川传统建筑为原型，经过现代的手法加以深化和创新，以全新的形式来诠释传统的文化理念。开放式的空间组合、外挑的亲水平台与滨水景观相结合。使游客身处建筑中，既能感受到当地文化的魅力，又能体验到滨水景观的视觉冲击。

STARBUCKS COFFEE

四川绵阳金家林高速入口服务站设计

深圳市北林苑景观及建筑规划设计院有限公司

工程概况

本次方案设计位于绵阳市金家林高速出口300m处的位置，九州大道南面，毗邻加油站。计划在此设计含绵阳旅游信息咨询服务、下高速市民休息换乘、游客服务接待及洗车修车停车等功能的公共服务区建筑。

实践创新

此项目是绵阳市的重点项目，建筑除了满足服务功能需求，还要兼顾形象展示的功能，有标志性。方案最终考虑使用全钢结构。建筑分为两个部分：游客服务中心（1492.02m^2）和洗车库（513.14m^2）。

服务建筑平面简洁，布局合理，入口朝向收费站，导向性强。有效地利用前后的空地，形成前后小花园。造型上采用传统与现代结合的手法，大坡屋顶，抽象的穿斗式造型，与传统元素相呼应。展示立面层次丰富，采用暖色调生态竹木等质感细腻的材料，增加了亲切感和温暖感，南面屋顶使用太阳能板节能措施，形成入口形象展示和功能需求相结合的标志性建筑。

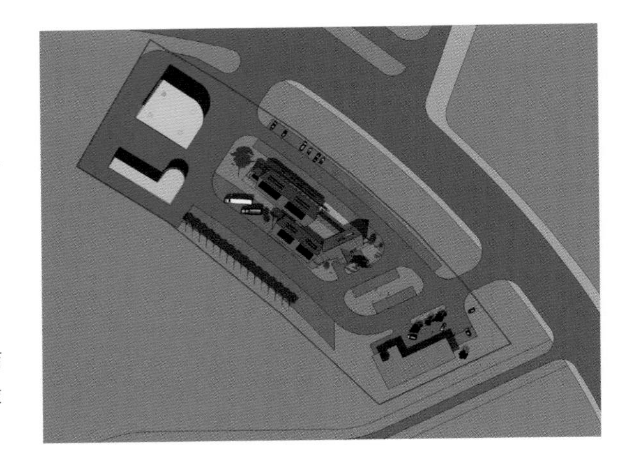

主创设计师：胡炜、夏媛
设计团队：焦石、孟海洋、高浩宁、章锡龙、金锦大、高岩、熊发林、梅杨、方拥生、陶少军、彭芳、杨政华、许为儒、周亿勋、张忠伟、许为儒、李勇、王德敬、蒋世明、黄任之、李远、严廷平、黄明庆、叶枫、肖洁舒、王国栋、范雨薇
设计时间：2012年11月-2013年3月
施工时间：2013年4月
工程地点：四川省绵阳市
图片摄影师：夏媛

主要经济技术指标
建设用地面积：1.3hm^2
总建筑面积：2005.2m^2
建筑层数：地上2层，地下1层

攀枝花金沙江滨江立体花园服务建筑

深圳市北林苑景观及建筑规划设计院有限公司

主创设计师：章锡龙
设计团队：林亨、杨攀、夏媛、熊发林
设计时间：2013年1-4月
施工时间：未施工
工程地点：四川攀枝花市

主要经济技术指标
总建筑面积：3500m²
地上建筑面积（计容积率）：3500m²
建筑层数：1-4
建筑高度：18m
停车位：8

实践创新

攀枝花金沙江沿江服务建筑遵循“小体量、点状分散设置”原则，建筑风格是以攀枝花城市特色相融合的现代风格为主，形成现代自然风格、现代都市风格、现代生态风格、现代简欧风格四种。服务建筑依托不同场地的地形、不同的地理位置，采用不同种类的现代风格。

其中最具代表性的是滨江立体花园服务建筑，建筑设计利用自然地形、依山就势、层层退让，结合植物、景观，打造与自然景观融为一体的效果。相对于陡峭的地形而言，建筑体量较大，建筑就地采用层层退让，边界曲线设计与周边等高线相融，建筑隐藏在平台之下，同时搭配绿化设计，使建筑若隐若现，与自然融为一体。充分扩大江景面，以餐厅、咖啡、茶室为主要功能。

建筑通过对波浪的模拟和自然岩石材料的运用，充分与环境结合。与金沙江、礁石、山峰形成一个整体。建筑在不影响使用的基础上，通过贯通、开洞等手段模糊层与层的分界线，使人们在建筑中能感受到自然的气息。

筑未来
——北川行政中心

香港华艺设计顾问（深圳）有限公司

主创设计师：陆强、陈日飙
设计团队：林波、苏涛
设计时间：2009年3月-11月
施工时间：2010年3月-2011年10月
工程地点：北川新县城
图片摄影师：陈日飙

主要经济技术指标
用地面积：46696.2m^2
总建筑面积：70072.9m^2
地上建筑面积（计容积率）：62358.1m^2
地下建筑面积（不计容积率）：7714.8m^2
建筑容积率：1.34
建筑覆盖率：38.7%
建筑层数：地上4层，地下1层
绿化率：40%　停车位：540辆

工程概况

项目位于北川新县城中轴线北端，总规模近6万m^2，是北川新县城规模最大的一个公共建筑群，功能包括四套班子、公检法和各级机关等30余个单位。项目于2009年3月开始启动设计，经历了两轮的比选，本案成为中选方案。2009年11月开始民生楼的扩初设计，最终于2011年10月竣工投产使用。整个设计充分体现了便捷服务，庄重亲民的新理念，尊重山地地形，立面造型既富有羌族特色，又具现代建筑特质，建成后受到各方好评，也使本项目

成为北川人民重建家园的重要建筑，标志着北川“三年重建”的任务胜利完成，灾后重建进入新的发展振兴时期。建成后将成为北川各项公共事务运转的中枢和北川人民重建家园的核心保障与坚强后盾。

设计说明

传承羌寨民居“依山而建，垒石为室”的山地关系，整合办公楼前后的不同标高体系，略微收分，形成倚山而立的层次感。采用平坡结合的屋顶造型，诠释出羌族传统建筑的现代化表现形式。本案核心部分设立四套班子建筑，青山环抱左右拱卫，各局级办公以四套班子中心轴线东西侧布置，形成簇拥核心的建筑群体感，寓意着在党的领导下，北川人民“万众一心”重建北川的力量与信心。四套班子以内凹环抱马鞍山的建筑姿态与城市景观轴相对，形成此北端城市的底景与视觉焦点，是建筑群的中心；南北向的行政轴线与东西向的景观轴线构成了气势不凡的尺度空间，两轴的交汇处恰好是市民广场“北川之心”；从马鞍山由北至南，三个台地沿中轴线逐步展开。行政中心部门众多，我们采取“化繁为简”的设计思路，使得建筑散而不乱，聚而可识。建筑适当收分，局部退台以及运用羌族的白石头元素等的处理手法，巧妙地将现代建筑与传统羌族建筑相结合。采用仿石面材的处理，既节约了成本，同时也不失行政类建筑的大气与庄严。技术上将落水管与空调室外机的隐藏，也使得建筑更加干净和纯粹。四套班子及各职能机关的内部形成大小各异的绿化庭院，与外部城市绿化互相渗透，别具特色。开敞的内庭空间，保证了每个办公室良好的视野及采光，同时也是工作人员工作休息的绝佳场所。

国家开发银行（海南）发展研究院

香港华艺设计顾问（深圳）有限公司

主创设计师：陈日飙、王沛
设计团队：陆强、陈日飙、钱欣、王沛、钱宏周、赵强
设计时间：2008年12月-2011年5月
施工时间：2010年2月-2012年5月
工程地点：海南三亚
景观设计：深圳市北林苑景观及建筑规划设计有限公司
室内设计：北京中建海外装饰工程有限公司
图片摄影师：陈石海

主要经济技术指标
用地面积：31800.00m^2
总占地面积：6657.57m^2
总建筑面积：18856.81.00m^2
建筑容积率：0.45
建筑覆盖率：k20.09%
建筑层数：地上5层，地下1层
停车位：k44

一、工程概况

国家开发银行（海南）发展研究院项目位于海南省三亚市，南临南海，东、西、北三山环抱，自然资源极为优越，总建筑面积18856m^2。项目集高标准客房、国际会议中心、研修培训基地和露天运动于一体的国际化热带生态研究院。

二、规划布局

如何利用广阔的海景资源是项目规划设计的焦点？在规划布局中，建筑以“一字、微弧型”布局于场地北侧，从而得到南部最大化的景观园林，保证了尽可能多的客房享有一览无余的海景。同时，南北向中轴线关系同样是规划的特点。轴线东侧以公共活动空间为主；轴线西侧种植绿化为主，营造安静、惬意的景观氛围。建筑的体量则以“分段的方式”布局，保留了“由海到山”的视线通廊，形成了 “山、海、建筑” 的亲切对话。

三、建筑设计

如何体现热带建筑的特色，是建筑设计中的难点。我们在立面设计中，不拘泥于已有的热带建筑设计手法，而是创新地将起伏的屋面，宽大的阳台挑檐，木色的遮阳设计巧妙地结合在一起，创造了热带地区的“新海滨建筑”风格，融入三亚当地环境和文化氛围。外墙材料以米黄色涂料与棕色木制百叶结合，宽大的屋顶挑檐有效的遮挡阳光。

建筑功能可分为：大堂、餐饮区、会议中心、客房住宿区、休闲娱乐区及后勤服务区六个部分。大堂是整个建筑的交通枢纽，位于中部，层高8m，海景一览无余。餐饮区包括80人宴会厅及三间包房。宴会厅内局部通高两层，气势不凡。会议中心包括80人大会议室及小会议室两间，位于建筑东侧底层相对独立，满足召开国际性会议的需要。会议室南面设露天会议区，可满足露天会议、新闻发布、自助酒会等的要求。客房区包括普通客房、豪华客房、套房和专家套房四类。28间40m^{2}普通客房独享山景；30间60m^{2}的豪华客房位于建筑东侧，享受一线海景；9间120m^{2}的套房位于西侧，外廊式布局，通风更佳。

四、结语

回顾整个过程，从方案投标到项目建成经过了三年多的时间。我们努力的探索：如何将企业研究院的建筑形象与企业文化契合；如何在甲方利益、景观资源、建筑师构想等诸多矛盾之间得到平衡？面对海景资源、热带气候、功能流线、甲方意愿等诸多制约因素，探索出热带气候条件下，会议酒店类建筑的设计新方法。

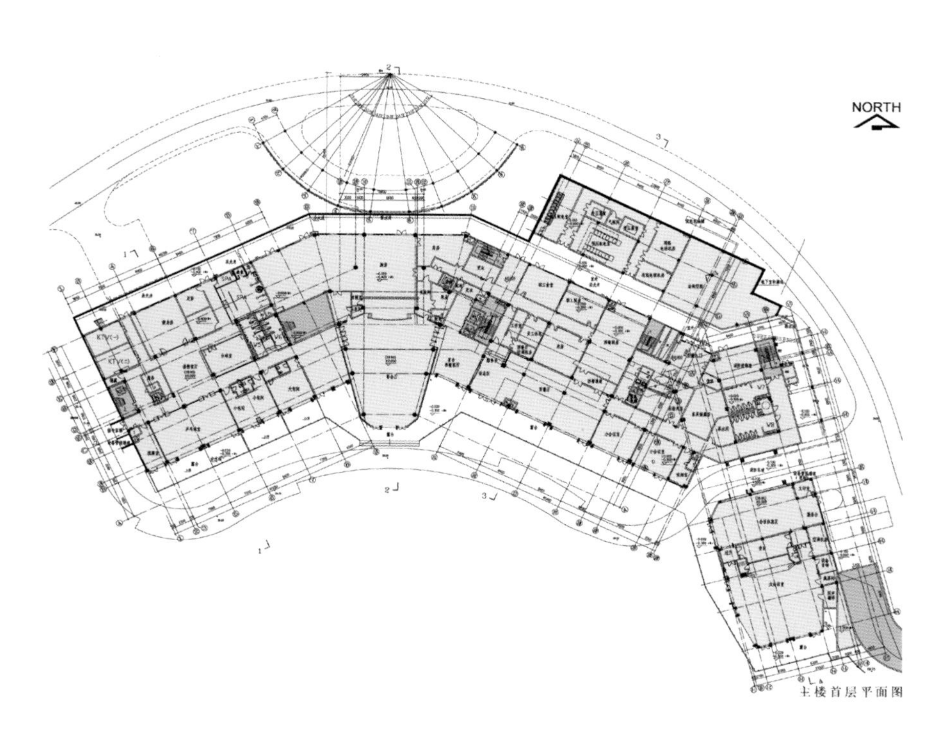

主楼首层平面图

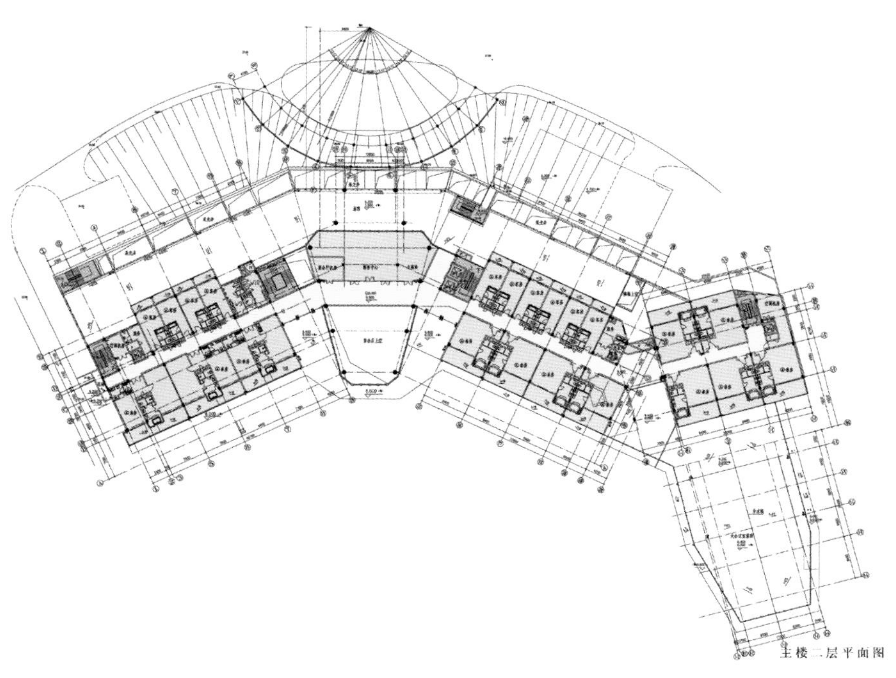

主楼二层平面图

岭南神韵，回归自然
——海口行政中心方案创作心得

香港华艺设计顾问（深圳）有限公司

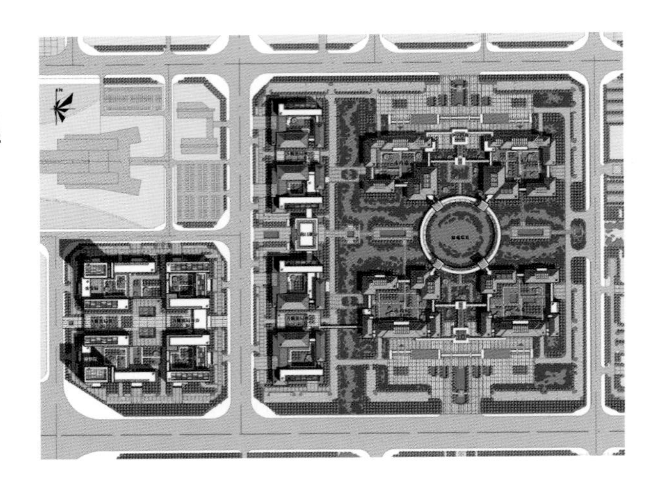

主创设计师：林　毅、黄宇奘、陈日飙、
设计团队：　李一峰、杨　玲、周戈钧 、
　　　　　　孙　华、马　军
设计时间：　2006年
施工时间：　2010年
工程地点：　海口市长流新区
图片摄影师：吴展昊

主要经济技术指标
用地面积：107203.2 m^2
建设用地面积：9.65 hm^2
总占地面积：18610.7 m^2
总建筑面积：71961.29 m^2
地上建筑面积（计容积率）：65982.34 m^2
地下建筑面积（不计容积率）：5978.95 m^2
建筑容积率：0.62
建筑覆盖率：17.4%　　建筑层数：地上4层，地下1层
建筑高度：11.25-17.5m　绿化率：41.86%　停车位：493辆

一、工程概况

海口行政中心位于海口市长流新区腹心，其中主体建筑为四套班子办公中心，附属公共建筑包括公安局检察院等各局级部门办公楼。

二、因借环境，融为一体——建筑与环境的融合

岭南建筑继承了传统建筑的精华，重视与环境融为一体。于是我们在四套班子的设计中秉承建筑环境的整体性设计，形成“一庭、两堂、四院”的布局：

(一)一庭——“绿景环庭”。四套班子各自的会议功能被抽出分设院落的角部，用环廊串联，实为议政为民的绝

佳场所，取名为“绿景环庭”，不仅成为人员交流、资源共享的平台，更成为行政中心名副其实的核心空间与精神中枢。

(二)两堂——“中堂门廊”。南北立面通过礼仪性的公共“中堂门廊”两两相连，“中堂门廊”是从外部进入建筑以至“绿景环庭”的重要过渡空间，使四套班子的外部形象四合为一，统率成“一个中心”。

(三)四院——园林式办公空间。四套班子采用大小不一的院落式布局，四院各有一方水池，暗喻“四水归堂”。在门厅、中庭门廊、空中花园、露台中布置园林花木，赋予环境以大自然情趣，体现了岭南文化的人本思想。

三、追求意境，力臻神似——造型设计的立足本土

立足本土——“南洋文化”和“骑楼文化”是本地的两大建筑特色文化。造型设计中，我们把从南洋建筑中提取出来的坡顶、木色百叶等元素和当地传统建筑架空、遮阳以及骑楼等手法有机结合，处处体现出中国岭南的情调和神韵，形成独具新岭南特色的行政中心。

四、结语

海口市行政中心延续岭南景园文化，重视景观环境的人性化设计。体现了对环境整体性及人性空间的尊重，对岭南文化的新思考。

深圳大学基础实验室二期

香港华艺设计顾问(深圳)有限公司

主创设计师：杨洋
设计团队：陆强、李博、马军、周戈钧
设计时间：2006 年 06 月至2007 年 06 月
施工时间：2009年2月至2011 年 02 月
工程地点：深圳市南山区深圳大学新校区
合作单位：无
图片摄影师：敖翔

主要经济技术指标
用地面积：20248.70m^2
建设用地面积：16198.9m^2
总占地面积：8517.08m^2
总建筑面积：46980.22m^2
地上建筑面积（计容积率）：43027.08m^2
地下建筑面积（不计容积率）：3953.14m^2
建筑容积率：2.12
建筑覆盖率：42%
建筑层数：地上9层，地下1层
建筑高度：≤43.50m
绿化率：52.82%
停车位：30辆

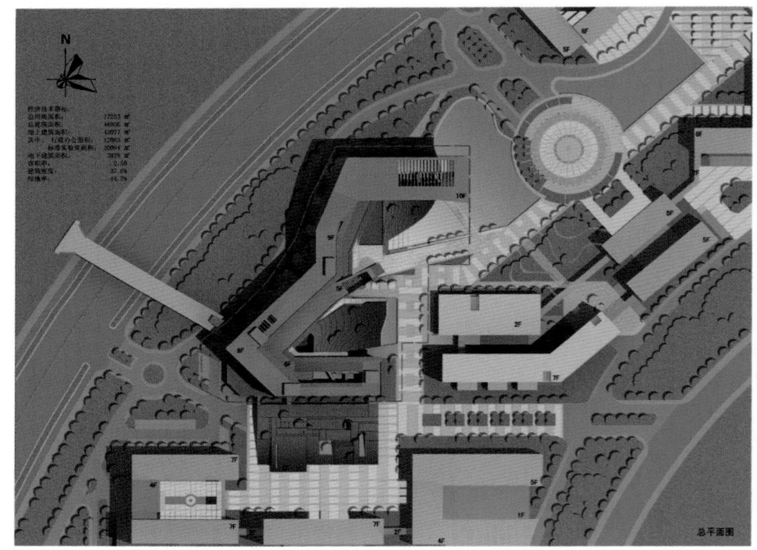
总平面图

工程概况

深圳大学扩建工程基础实验室建设用地位于深圳大学校园南区的主入口西侧，西邻城市干道白石路，东与研究生楼相邻。总用地面积为20248m^2。总建筑面积46980m^2，建筑高度9层，是以实验为主兼具行政办公的实验综合楼建筑。

一、总图布置

总体布局充分利用南北向的朝向及景观资源优势，将南北向部分进深加大，同时将东西向部分的进深减小，并设计为单廊形式，以西向走廊屏蔽噪声及西晒等不利因素对建筑的影响。

这种模式延续了校园沿景观轴线围合的建筑群体体量，朝东打开，将景观延伸进入建筑组团内部，不仅丰富了建筑组团内部的视觉空间，也使校园的景观主轴得到延展从而更加完整。

围合的院落向不利朝向封闭，向主要人流经过的景观朝向开敞，趋利避害。院落的进深足够大，景深感佳，开敞通畅，建筑外部空间起合抑扬，变化丰富。建筑的各个部分都有获得最大的景观展开面，具有良好的景观及通风。对大量人流形成一个大的景观面和缓冲空间。

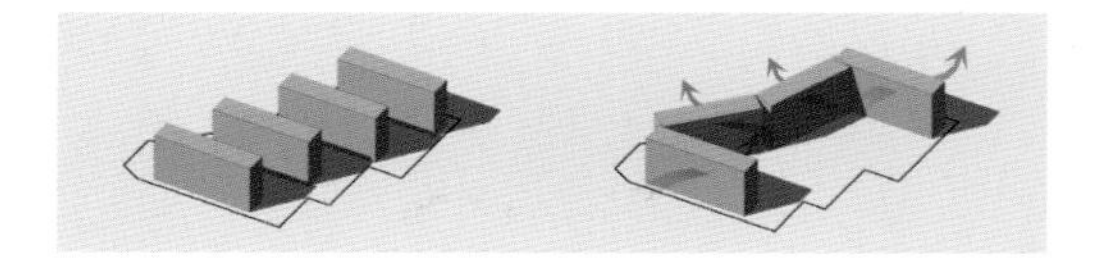

二、功能布局

作为大学实验楼，建筑从外形上统一成一个整体，给人以简明连贯的印象。内部再通过交通核等将其划分为南北两个组团，两个组团之间没有硬性的隔断，而是通过公共休憩空间进行划分，既利于两个组团之间的交流和联系，又便于日后对实验室功能的灵活转换。

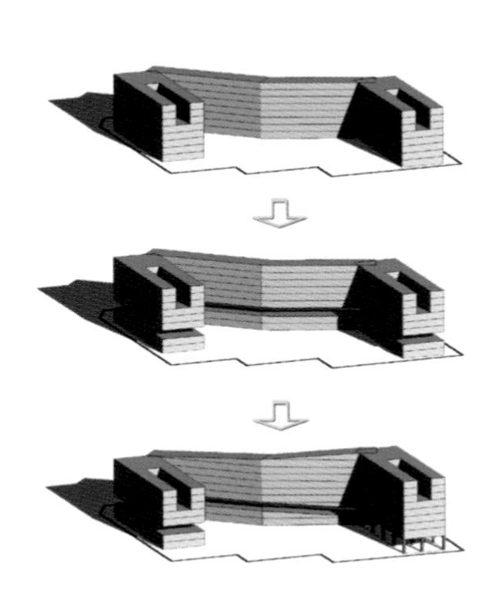

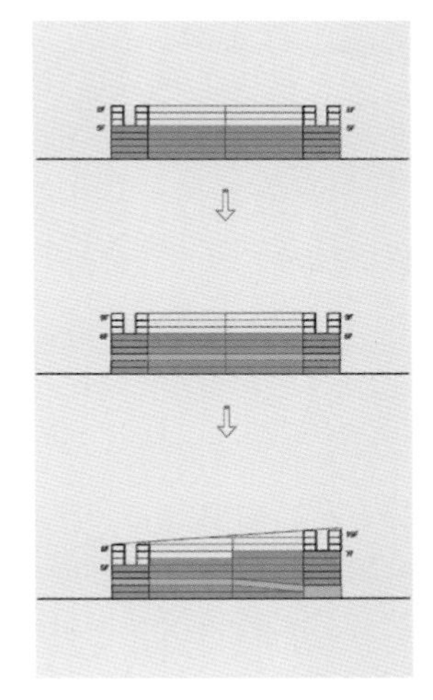

三、交通组织

由于学生的人数多，流量大，人流密集，因此将学生实验室布置在建筑的下部一到六层。教师行政办公部分布置在建筑的上部七到九层。利用垂直分区合理安排人员密度。

在三层的位置布置架空层，将人活动的层面提高到了三层的位置上，主要的人流——学生，从架空层到达实验室，无论向上

或向下都只需行走不超过三层的距离，相当于将一个高层化解为一个多层。

根据离校园主要景观面的远近不同，架空层进一步设计成为从南向北降低的形态。远离水面的南栋架空层视点高，不受北栋遮挡，可远望湖水。紧邻水面的北栋架空层逐渐降低贴近水面，成为亲水景观平台。人行走于架空层上，标高在下降，湖面在接近，风景在改变。

四、生态空间

沿建筑标高不同的坡状屋顶及底层金工车间的顶面布置有坡状绿化。这些草坡不仅将金工车间及重型机械实验室掩盖其下，避免在底层出现巨大的体量，同时将山水相宜的自然景观引入院落，延续了老校区依山起伏、外海内湖的生态景观，使师生们对此产生熟识感和亲近感。在这些草坡上，或静极而思，或交流辩论，都会有所收获。草坡不仅仅是草地而已，更成了校园中另一重要的逗留场所和精神空间。

在建筑上部三层的办公空间中布置若干空中花园，这些空中花园位置对应校园景观轴线，具有较高的景观品质。不仅有效地改善了办公内部的微气候，消除了黑房间，还营造出宁静深远的学术空间氛围。

深圳市大鹏半岛国家地质公园揭碑开园项目
——大鹏地质博物馆

香港华艺设计顾问（深圳）有限公司

主创设计师：林毅、黄宇奘、赵鑫、夏媛、卡拉·李（cara LEE）
设计团队：千茜、付玉武、杨恺、叶枫、马军、史蒂芬·蒙德威尔（Stephan MUNDWILER）
设计时间：2009年4月–2010年11月
施工时间：2010年1月15日–2012年5月
工程地点：深圳市龙岗区南澳大鹏半岛国家地质公园
合作设计：深圳市北林苑景观及建筑规划设计院有限公司
美国Lee+Mundwiler Architects, Inc.
图片摄影师：陈石海、吴展昊

一、项目概况

大鹏地质博物馆位于深圳市龙岗区大鹏半岛中南部的大鹏半岛国家地质公园管理范围。地质博物馆子项总用地面积为37550.65m^2，总建筑面积为8078m^2。项目建成后，将成为整个大鹏半岛国家地质公园的形象展示窗口。

二、清晰明确的总平面布局

总平面布局将博物馆分为东西两栋楼，东侧正对公园主入口部分为地质博物馆主楼，主要

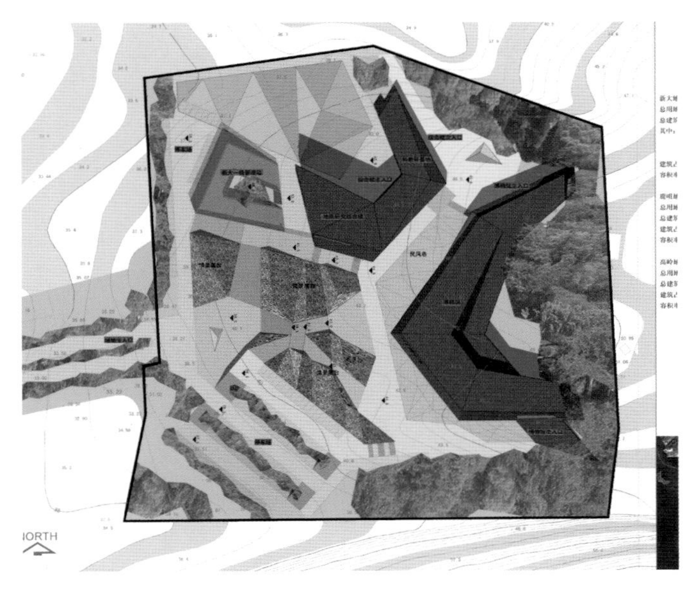

用于展示深圳地质的演变与发展；用地西北侧为博物馆附属教科研基地办公楼，主要为博物馆提供技术支持。两栋楼由通透的玻璃水晶大厅相连，平面布局紧凑高效，达到了建筑功能的独立统一。

三、契合山地，尊重地形

博物馆周边天然地貌保存良好，景色优美。整体山势为东高西低，高差接近10m。通过精心的场竖向设计，我们把建筑主体、入口广场、生态停车场巧妙地布置在不同的台地上，消化现有场地的高差，使地质博物馆主楼与教科研基地办公楼层层叠起，在七娘山脚形成背山临路的格局，彰显地质博物馆的雄浑气概。

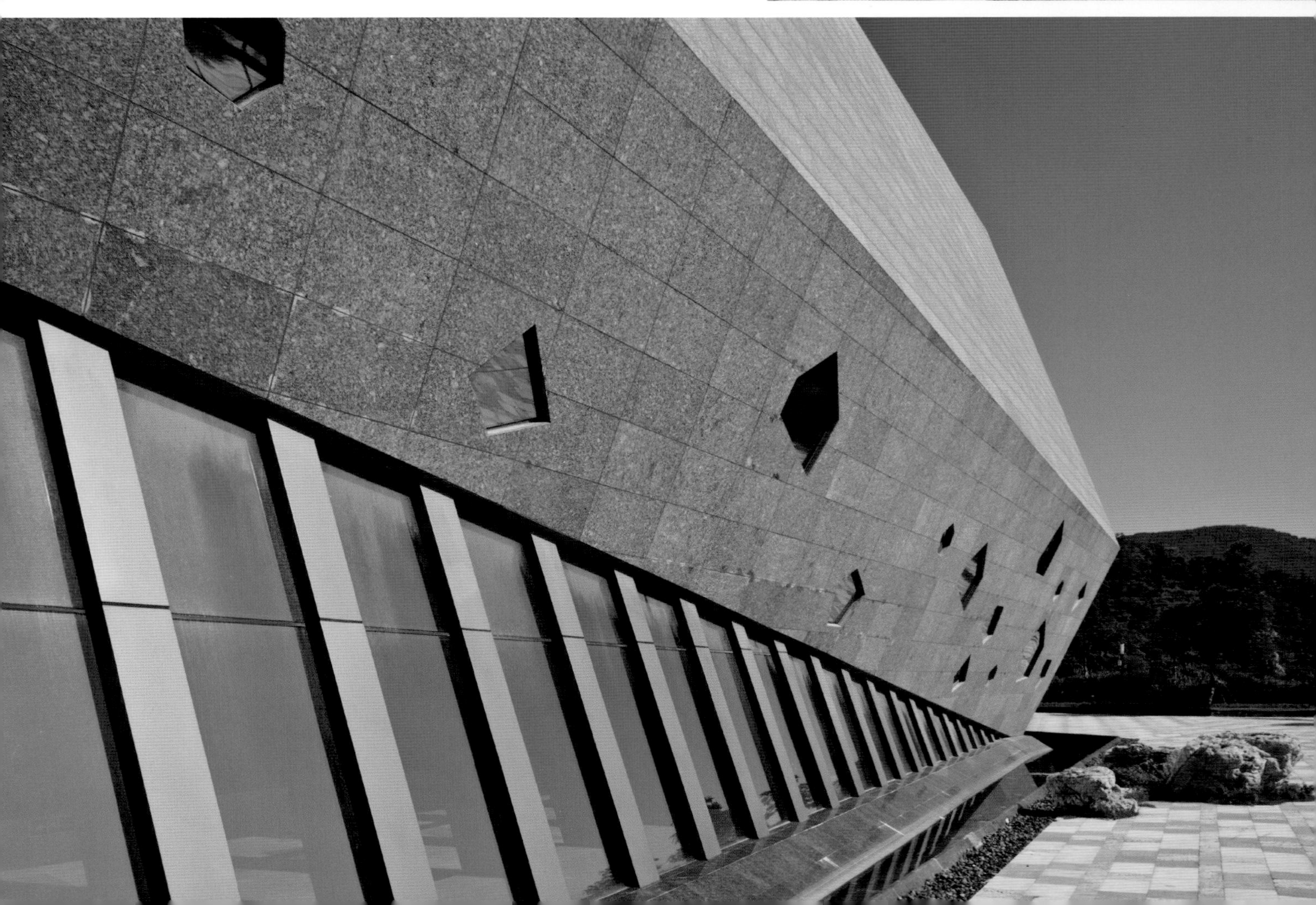

四、巧妙的建筑立意点题

从形体上看，建筑设计立意来源于大鹏半岛的历史起源，将博物馆隐喻为古火山喷发所遗留下的几个熔岩礁石，搁置于大鹏半岛古火山地质公园中，意义切题并能巧妙地融合于环境之中。

从表皮上看，建筑表皮通过对火山岩肌理的提炼，形成博物馆外皮的独特纹理。建筑外墙采用仿火山石纹理花岗石干挂。展廊一侧的立面表皮局部仿照火山石样式开洞，引进丝缕阳光，提升室内环境感受。

五、生态节能的技术措施

本项目用地面积较大，因此在场地内使用了雨水收集系统及污水处理中水利用技术，达到了场地内水资源的自循环。场地中的道路及部分硬质铺地采用透水地面，有效改善微环境的热工性能。

深圳市第二滨海医院
——宝安中心区新安医院

侯军　王丽娟　甘雪森
深圳市建筑设计研究总院有限公司筑塬建筑设计研究院
——医疗建筑设计研究所

一、项目概况

深圳市新安医院项目用地位于前海珠江东岸的宝安中心区滨海片区，地块呈斜45度布局的矩形。占地面积：80034.74m²，建设规模：17.12万m²，投资约为：8.56亿元，日门诊量4000人/日，拥有1000张病床，远期考虑再扩建500张病床，停车位1000个。项目用地东临新湖路，南靠湖滨西路，西依健宝路，北接博宝路，临近广深公路。根据深圳宝安中心组团规划，基地周边规划了三条地铁线路，即：轨道交通地铁1号线、地铁5号线和规划中的地铁11号线。因此，有快捷的道路和方便的公共交通可以抵达，对外交通非常便捷。

众所周知，在美丽的深圳湾畔红树林（后海）海边正在建设一座2000床规模的“深圳市滨海医院”，而新安医院基地西南面也紧临着深圳前海（珠江东岸），同样拥有美丽的海景，这也正是营造富有滨海医院特色的得天独厚的海景资源，使新安医院成为深圳市名副其实的“第二滨海医院”（前海）。

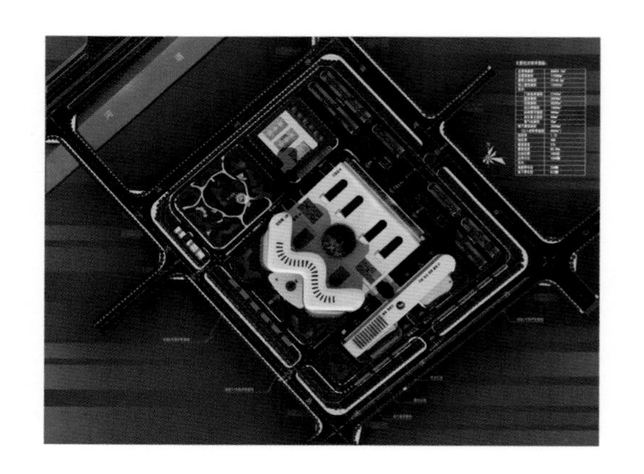

二、设计理念

深圳新安医院的发展远景定位为：深圳市

属第一级网络的核心医院，它能够满足深圳、宝安及周边地区的基本医疗服务和高端医疗服务需求，具有医学科研、医学教育和远程医疗功能的现代化、数字化、综合性三级甲等医院。

协调完善城市设计

针对建设地段的位置，从建筑环境和景观环境方面进行整合，注重城市规划与城市设计。仔细分析周边环境与基地内医疗建筑的关系，在规划布局、建筑造型及景观设计中采取多种手段予以呼应，使深圳新安医院成为该地段重要的标志性建筑。

国际化的医疗建筑水平

在特定环境的基础上提出最佳的现代化医院的方案设计，使建筑从内到外都达到国际水准：医院内部按国际流行的现代化医院标准、空调环境和智能化水平进行设计。采用先进的医疗设备，建筑系统和信息管理技术，强调医院内部高效率的医疗服务。

“以人为本”的设计原则

在总体布局和建筑造型上充分体现：“热爱生命、尊重生命，以患者为中心”的指导思想，形成深圳新安医院独特的文化氛围。以医院为核心，以完善的医疗保险体制为后盾，以数字化医院为手段，改变传统的生病就医观念。满足居民健康服务需求，为深圳宝安及周边地区的基本医疗服务和高端医疗服务需求提供国际水准的医疗服务。

组织清晰的流线

医院功能分区明确、流线顺畅。主要出入口能够方便地抵达，明确区分公共交通空间、门/急诊、医技、住院空间；患者、医护人员、医辅及供给通道等，并且做到人员通行、物品供应、食品供应与污物运输严格分开。

环保节能的强调

重视建筑节能设计，通过设置“内庭”方法，充分利用自然采光和自然通风，降低建筑能耗，为日后使用与管理创造条件。采用环保材料及节能技术，以适应循环经济和可持续发展要求。

三、规划布局

合理的功能分区是医院设计的立足点，我们根据城市主导风向将新安医院有机划分为：东南侧的办公生活区（上风向），中部的医疗中心区，西北侧的未来发展区和西南侧的污物出口、垃圾站、污水处理站等后勤辅助区（下风向），这几个功能区合理布局，既相对独立又联系方便。

医院的主入口布置在东侧的新湖路上，提高了公交、地铁人流和自驾人流到达的便捷性。考虑到最大程度的减少大型医院对城市道路的压力，后退建筑红线较多，形成了较大的主入口广场及环境景观空间。医疗中心区、办公科研生活区及后勤辅助区，每个区域都有相对独立的出入口。在基地的东南侧设置了行政办公次入口，在基地的西南侧分别设置了住院探视入口和污物出口。

门诊区位于医疗中心区的东北侧，紧临主入

口广场，方便患者的进入与救治。作为医院最核心的医技区位于医疗中心区西南侧，通过一条具有良好生态景观环境的“医疗街”与“门诊”区域紧密地联系起来，极大地提高了门诊患者到医技区检查的便捷性。

住院区布置在医疗中心区的西南侧，即医技区的上方，通过垂直的交通系统让住院患者能够快速地到达各护理病区。考虑到本地块西南面的海景资源，通过精心设计，我们将住院部朝西南面的大海完全展开，并且根据基地与朝向呈45度角的自然条件，“独创”拥有两个护理单元的“W形”住院平面。既巧妙解决了朝向、景观的问题，又规避了建筑面宽不足的矛盾，为预留500床扩建创造可能，确保所有的病房（远期将达到1500张病床）都能有良好的朝向及海景景观。各医疗部门按着“安全可靠、资源共享、科学合理”的原则形成医院的中心区域。

行政办公、科研教学、后勤服务楼布置在用地东南侧的上风向，形成一个独立的洁净区域。其主景观面向东南侧的大片绿化带（宝安与南山区的绿化隔离带）。为了满足医院未来扩建500病床的发展需要，我们提出“可持续发展的模块式规划”理念，即采用“可平行扩展的模块化”建筑布局形式，以适应未来的灵活性和可持续发展的要求。

这样的布局方式，使门诊、医技、住院联系紧密，保证了医疗救治的高效运行。同时，通过医疗街将医疗中心区、后勤生活区以及预留发展区明晰的串联起来，为整个医院长远的科学使用奠定良好的基础。

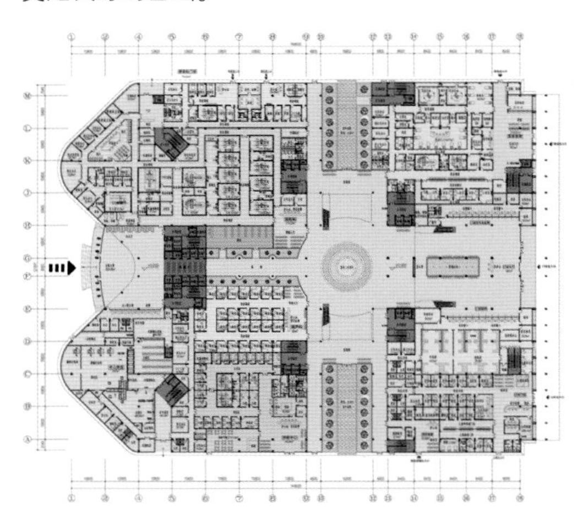

四、建筑设计

1.集中式、模块化建筑布局

由于本项目位于宝安滨海城市中心区内，用地非常紧张，《设计任务书》中明确规定：“要预留好将来扩建500张病床的用地”。故此采用“集中式”建筑布局，通过集中、模块化的布局较好地解决了建筑占地、远期发展与停车、环境绿化和附属建筑的关系。其总体规划原则是：将门诊、急诊、急救、传染科（独立一区，位于下风向）、医技（核医学、放射性同位素）、住院等功能有机地整合在一座建筑单体内，而将高压氧舱、中心吸引、医生值班宿舍、食堂、营养餐厨房等功能性用房布置在合适的位置，既方便使用，又不互相干扰。根据张家港市总体规划及医疗卫生网点的布局要求，本综合医院规划用地已基本满足近期使用和远期发展要求，现在所预留的未来发展用地满足今后长远发展需要。另外，在医疗综合大楼设计时考虑在门诊、医技部可加建第四层，满足今后日益增长的发展需要。

2.创新的“W型”护理单元

鉴于宝安中心区城市路网与朝向呈45度的特定环境，量身定做的“W形”护理单元设计是对城市肌理的最好响应。该护理单元既吸收了传统住院病区的优点，又补充、完善了诸如：立体园林绿化空间、患者活动室、家属探视、医生查房时的家属等候、患者洗衣晾晒、医生户外花园等空间。绝大部分病房朝南、朝西并看海，让患者最大程度的沐浴阳光、享受海景，使患者在治疗

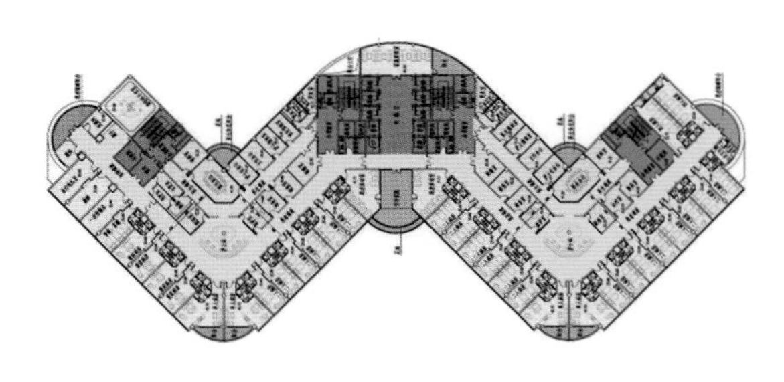

的同时，享受星级海景酒店般的礼遇。住院楼每层设置两个护理单元，分别设置独立的洁、污物电梯，合用中间的病床电梯和医用电梯。电梯厅周围设计了空中花园、家属探视休息室、患者活动室、吸烟室等非常人性化的空间，处处都强调了“以人为本”的设计理念。

3.预留500床建设规模用地

鉴于宝安中心区城市用地紧张的实际，为确保新安医院未来扩建500张病床计划的落实，设计一次性规划将用地预留够，确保远期建设计划的实现。

4.富有滨海特色的建筑造型

宝安中心区是深圳的次中心，位于深圳前海的珠江东岸，是名副其实的第二滨海医院。其建筑造型采用“轮船”、“风帆”等造型语汇，给人以圆润、柔美、疏朗的感觉，创造亲人性的滨海医院建筑形象。

5.人性化建筑空间与全方位关怀

在细部造型方面力求营造“简约、现代、细腻”的效果，目的在于呈现一个全新的深圳新安医院形象。用建筑的语言强调和区分门诊、医技、住院、公共交通及后勤服务等医院模块的功能和应用。宽敞的中庭空间成为建筑主轴，将门诊、诊断和护理单元从北到南串联起来。尤其注重空间的“阳光感、流动感与体量感”，努力创造出具有亲海气息的现代化医院形象，从而为城市空间带来愉悦的视觉享受。

景观规划设计通过“点、线、面”的绿化组合，形成一个轻松自然的诊疗环境。

充分利用独特的滨海建筑风貌和高层建筑的高视点，力求每一个房间都可以获得良好的视觉景观，做到看山、看海、看风景……让患者在优美的环境中痊愈。

6.生态节能的建筑空间

创造一个绿色环保、生态节能的医院也是我们这次方案的重点。

我们在自然通风、环境噪声控制、室内自然采光、空调节能和再生能源利用等各个层面进行严格的模拟测试及计算分析，使深圳市新安医院不但具有独特的亲海特色，现代化的医疗流程，同时也将成为现代化、绿色节能医院的典范。

为了构建优美舒适的就医环境，建立和发展优势学科，提供优质医疗服务，改造和创新管理流程，搭建临床与基础相结合的科研和教学平台。通过本设计方案把深圳市新安医院建成“国内一流医院，领跑医疗体制改革”。成为与国际接轨的、医教研一体化的大型综合医院。

案例 1

江西省人民医院
——红谷分院（大型综合医院）

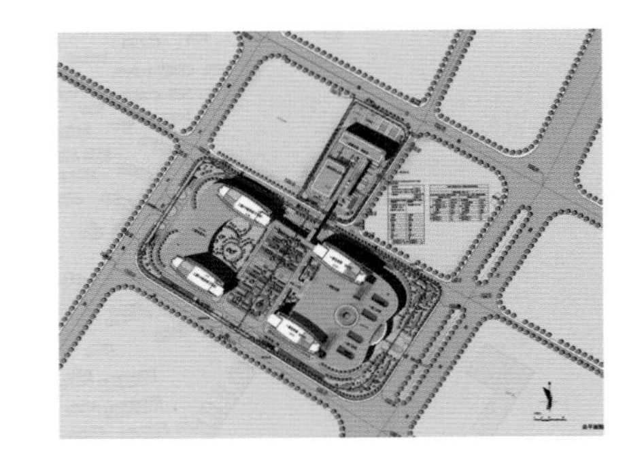

概述

江西省人民医院红谷分院新址位于凤凰洲规划片区，总用地约为125.538亩，它由西南侧105.358亩和东北侧20.18亩的两块基地组成。基地西面紧临穿城而过的赣江，拥有美丽的江景，这正是打造具有滨江特色的得天独厚的环境资源。拟规划建设1800张病床，其中：一期1260床，二期540床。努力打造具有专业特色的集干部保健、医疗、康复、总数、科研教学为一体的现代化、园林化、人性化的大型三级甲等综合医院。

建设内容和规模

根据南昌市医疗事业发展现状，结合医院所需，确定建设江西省人民医院红谷分院，分两期建设。项目总占地125.538亩，总建筑面积为305801m^2，其中：地上234553m^2，地下71248m^2。

（1）一期工程

一期建设1600床，建筑面积178361m^2，其中：地上143021m^2，地下35340m^2，主要建设综合病房楼、行政后勤倒班楼。具体建设内容如下：

①综合病房楼（22F）：建筑面积125021m^2；

②行政后勤倒班楼（17F）：建筑面积18000m^2；

③地下室：建筑面积35340m^2（其中：综合病房楼下面地下室：建筑面积33340m^2，行政后勤倒班楼下面地下室：2000m^2）；

④其他总图工程及公用辅助工程。

（2）二期工程

二期建筑面积127440m^2，其中：地上91532m^2，地下35908m^2。

设计构思与方案特点

1. 以“医疗航母”为特征的建筑空间形象，隐喻新时期江西省人民医院作为医疗事业的领头羊，它是医疗联合舰队的旗舰，也是当之无愧的航空母舰！

2. 延续主题医疗大楼集中式布局格局，将“医疗街”调整为“南北”走向，使门诊、医技、住院分区更加科学合理。

3. “圆形”代表着完整、圆满、和谐。在门诊、医技空间主轴节点处设计了五层通高的“圆形”中庭，彰显“希望之光”寓意。

4. 结合南昌气候特点，采用“室外-半室外-室内”的空间模式，让绝大部分房间做到自然通风与采光，极大地改善了就医环境。

5. 将干部保健中心入口架空，使“中心花园”与入口广场景观融为一体，通透的视野和延伸的绿化将医院的范围扩大、环境延伸。

6. 下沉庭院、采光通风井的设置，将花园景观延伸到地下，有力地改善了地下空间环境，也活跃了建筑空间。

案例 2

南昌大学第二附属医院
——红角州分院（大型综合医院）

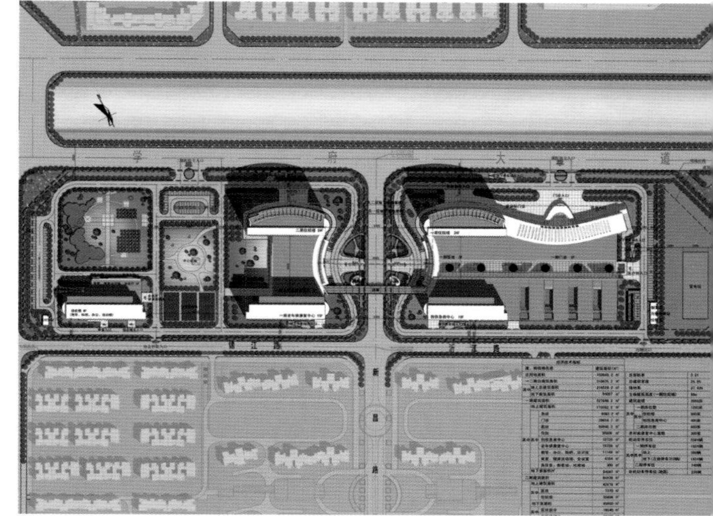

概述

南昌大学第二附属医院红角洲分院新址位于南昌新建县，东邻赣江与南昌市城区相望，地块呈斜向的长条形。作为南昌大学第二附属医院雄厚的医疗资源的延伸，南昌大学第二附属医院红角州分院按三级甲等综合医院标准进行设计，病床规模为2000床，分两期进行建设，一期建设1200床，二期800床；建筑规模约为31.1万m^2，一期22.8万m^2，二期8.3万m^2。

造型设计

我们希望营造南昌大学第二附属医院红角洲分院简洁大气的建筑形象，仿佛是永不停航的“风帆”，彰显出南昌人民开拓进取，奋发向上的时代精神。现代简约时尚的建筑细部设计，整体医疗区的“绿肺”舒展大气，通过“虚实对比”和“富有韵律的体块关系”，给患者以“整洁卫生、亲切舒适”的心理感受，从而营造出自然绿色、人性化的现代医院形象。

滨江是我们的设计主题，在造型设计方面，通过对曲线的灵活运用，我们力求营造简约、现代而具亲人性的医院建筑形象。“S”形沿街面和微波粼粼的建筑细节都是对滨江的隐喻，呈现出一个全新独特的南昌大学第二附属医院红角洲分院形象。

医院街空间成为建筑主轴，将门诊-医技和护理单元从东到西将一期医疗区和二期医疗区串连起来。“阳光谷”医院街不只是将其视为单纯的交通枢纽空间，更注重空间的阳光感，流动感与体量感，其独特的空间形态给就诊人们带来愉悦的视觉享受，体现人文关怀，创造出具有滨江气息的绿色医院新形象。

功能分区

功能分区体现可持续发展特点，考虑到基地东南侧的地铁站以及城市主导风向将医院划分为三区，即：东南部的医疗中心区，中部的花园疗养区和处于上风向的办公区与生活区。

考虑到医院未来发展的灵活性，把二期病房楼西侧花园作为预留发展用地。门诊预留部分诊室，可灵活满足未来重点学科的发展需求。

案例 3

深圳市松岗人民医院扩建工程

——大型综合医院

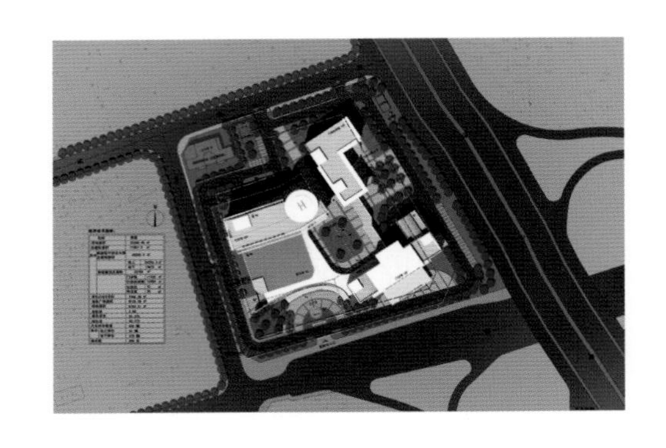

项目概况

随着深圳“特区一体化”进程的快速推进，人民群众对医疗卫生服务需求同比增长，市民就医难问题越发突出。松岗人民医院作为区域性中心医院，已远远不能满足松岗片区的就医需求，征地扩建势在必行。

本项目是在松岗人民医院现址，通过西征用地进行改扩建，拟建医疗综合楼48336m^2，其中地上34336m^2，地下14000m^2。扩建后的松岗人民医院可实现门/急诊、医技、住院和行政后勤服务的配套与升级，达到符合现代化标准的区级综合医院。

本案是在原门/急诊综合楼和原住院综合楼基础上，通过新征土地扩建医疗综合大楼，并整合原有建筑资源，实现500张病床规模的现代化综合医院。通过现场踏勘，根据院区东、西两地块存在较大高差的现状，如何合理利用场地高差，营造优美医疗环境，且无障碍衔接各医疗功能是本案的设计重点。

总体规划与设计构思

通过多方案比较，我们在新征用地中部规划了一栋新的医疗综合大楼，巧妙连接原有建筑，起到统揽全局的作用，同时将基地西北侧待征用地作为远期发展的后勤宿舍用地。住院主楼采用了折板平面模式与原住院楼对齐，同时保证足够的消防间距。

通过对院区环境的仔细研究，我们提出：“广场·街·院”的设计理念。

为了使扩建后的医院实现整体的建筑形象，我们将新医疗综合大楼与门急诊楼联成一体，采用“弧形”的建筑手法，形成一个内凹的医院主入口广场，大大加强了新旧建筑的整体感，提高了医院的主入口形象。

平面设计放弃了简单、呆板的连廊连接方式，采用“医院街”组织人流交通。在原门急诊楼和新医疗综合大楼之间新建“C”字型医院街，将门急诊、医技和住院紧密地联系在一起。“医院街”宽敞明亮，充满灵动与阳光感，使得整个医院的医疗流程清晰、高效、合理。

新医疗综合主楼2楼与原住院楼3楼也增设连廊，这样同“医院街”及原有“连廊”将三栋建筑紧密地联系在一起，围合成环境优美内院空间，一改现状为停车场的旧貌，建成后将成为整个医院的“绿心”和“视觉焦点”。

在主入口广场的西侧利用高差形成叠落绿化景观，医技一层后退形成“骑楼”空间，其作为外广场与内院的过渡空间，通过空间变化的“收与放”，使得医院的整体形象得到本质的改善及提升。

建筑形象

在充分尊重原有建筑风貌基础上，做到“体块穿插中营造人性化空间”，“和谐统一中彰显建筑个性”。其恢宏体量和细部设计体现出“追求卓越品质”的精髓，通过对原有建筑元素的时代性表达以及医疗建筑的现代化演绎，实现医院整体形象的升华，充分展现了现代医疗建筑庄重典雅的建筑形象，以及宁静祥和的内在气息。

案例 4

苏州市第五人民医院迁址新建工程
——大型传染病医院

概述

苏州市第五人民医院始建于1959年，2010年被江苏省卫生厅确认为三级乙等传染病专科医院。易地新建的苏州市第五人民医院定位为“大专科、小综合”型三级甲等医院，选址于相城区太平街道花倪堂。东侧、南侧为自然河道、北侧为富元路，西南侧为待开发用地和苏嘉杭高速公路，毗邻建设中的苏州市社会福利院和苏州市广济医院。医院总用地约为90亩，开放病床600张（紧急情况下可扩展至700床），总建筑面积约为7.4万m^2。

功能分区

总体布局使医院各功能组团具有较好的灵活性和扩展性，既能独立开展工作，又能有效阻断疫情在区间的扩散，做到可分可合，满足收治、隔离不同种类、不同数量传染病人的需求，确保整个系统持续有效运转。

苏州的常年主导风向为东南风，基于传染病医院的特点，将用地合理划分为：东部的洁净区，中部的半污染区和西部的污染区。

（1）急诊和传染病住院楼（含负压隔离病房）形成独立的一栋，布置在最下风向污染区的北部富元路旁，与其他建筑最小间距25m。满足在突发疫情时可单独封闭运行条件，形成独立的传染病区，以应对传染病的爆发。综合病房楼位于污染区内的西南部，与北侧的传染病楼间距55m。污水处理站、垃圾站位于污染区内最西南角，通过绿化带与其他区域隔开。

（2）门诊、医技楼位于基地中部的半污染区内，与两栋病房楼既有合理的安全距离，又方便联系。它同时与清洁区的行政办公、后勤附属用房也保持着便捷的联系。

（3）行政办公、后勤附属用房位于基地东侧的清洁区内，设有单独出入口，且用绿化带与半污染区、污染区隔离。

建筑形象

我们努力营造富有江南水乡特色的建筑空间形象，通过“虚实对比”和“富有韵律的体块关系”，给患者以“整洁卫生、亲切舒适”的心理感受。现代简约风格与中式韵味的细部设计，使整体形象舒展大气，配合规整的肌理、优美的环境，营造出自然绿色、亲切温馨的现代医院形象。

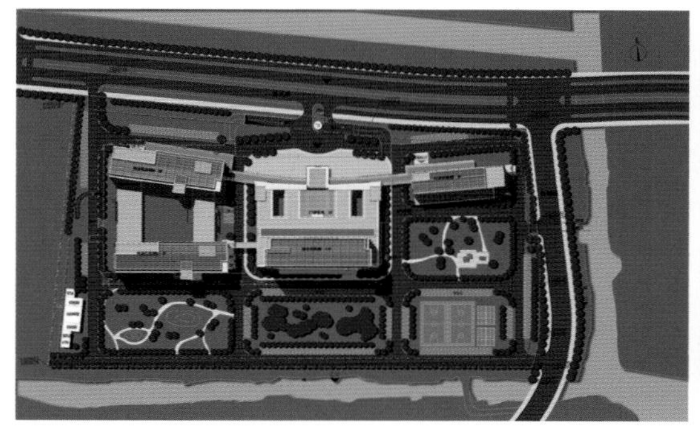

轻纺城综合体的规划和建筑设计探析

——以福建石狮国际轻纺城为例

张一莉 深圳市建筑设计研究总院有限公司

项目总负责人：张一莉
方案设计：干涛 王则福
项目第二负责：范晖涛 刘朝 欧阳卡佳 王瑾
设计团队：建筑策划与工程设计所 马飞 胡国文 郑喜林 赵志峰 王瑾 万紫霞 蔡庆雄 李振刚 刘德佳 郭满良 承桢植 莫志峰 范慧敏 贺星 王永强 马世明

主要经济技术指标
规划用地：171983m²
总建筑面积：816000m²
建筑容积率：3.9
建筑覆盖率：60.79%
绿化率：31.38%
停车位：4224辆

设计时间：2011-2013年（一期），二期设计中
施工时间：2012—施工中
工程地点：福建省石狮市

摘要：总结福建石狮国际轻纺城规划和建筑设计的实践经验，对项目选址、总平面、建筑规模、内部空间、景观与环境、消防设计等进行分析和研究，希望对同类轻纺城建设起到一定的借鉴作用。
关键词：轻纺城 城市综合体 商贸市场 专业布料市场

石狮国际轻纺城鸟瞰图

石狮国际轻纺城夜景鸟瞰图

中国纺织服装专业市场经历了四个阶段：一是20世纪80年代的马路市场。从摆地摊销售产品，逐步发展以服装销售为基础的市场。二是20世纪90年代的大棚商场。进入90年代，产业链式的合作逐步形成产业集群，通过代理商、经销商的模式推动了批发市场的建立。三是本世纪最初10年的品牌商城。批发市场成为服装流通主要渠道，服装专业市场开始向着规模化、规范化、品牌化迈进，市场集群效应扩大。四是从2010年~现在，兴建轻纺城综合体。

“轻纺城综合体”理念的提出符合了现代一体化专业市场发展的要求，现以石狮国际轻纺城为例，探析我国轻纺城综合体规划与建筑设计特点。

石狮国际轻纺城，总建筑面积81.6万m^2，是集专业布料市场、辅料营销、高档办公、餐饮休闲于一体的城市综合体，对石狮市的建设及经济发展起着至关重要的作用。我们从选址、交通流线、功能组织、空间组织、建筑形象、环境与景观、技术设计、城市保护与更新，绿色节能低碳等方面控制设计，以此确保建筑的品质。归结起来有以下特点：

一、庞大的综合体与城市融合

（一）总体规划

以建筑为载体的轻纺城综合体在城市中出现后，庞大的建筑与城市日益显现出互相交融、相互影响的特征。

石狮国际轻纺城的地理位置处于总体城市规划“三轴线一中心”结构中的中心区范围，运用立体化的组织方式向竖向发展,对用地进行地上、地下、地面的综合开发，以实现土地利用的集约化，提高土地使用效率，充分利用都市公共交通系统，将轻纺城的商业活动与城市融合与协调联系起来。

2. 轻纺城综合体的建筑与原有城市因素呼应,从建筑体量、建筑风格等方面做到和城市风貌相融合。

3. 在整体布局方面，注重与周边地块的功能互动，物流配送、公共服务（如餐饮、娱乐、休闲、邮电、银行、展示）等相关配套设施，围绕综合体合理布置。主要的交通干道沿线布置专业布料市场、综合商业、商务写字楼等，延伸至服装城，形成轻纺商贸城与城市中心的无缝衔接。

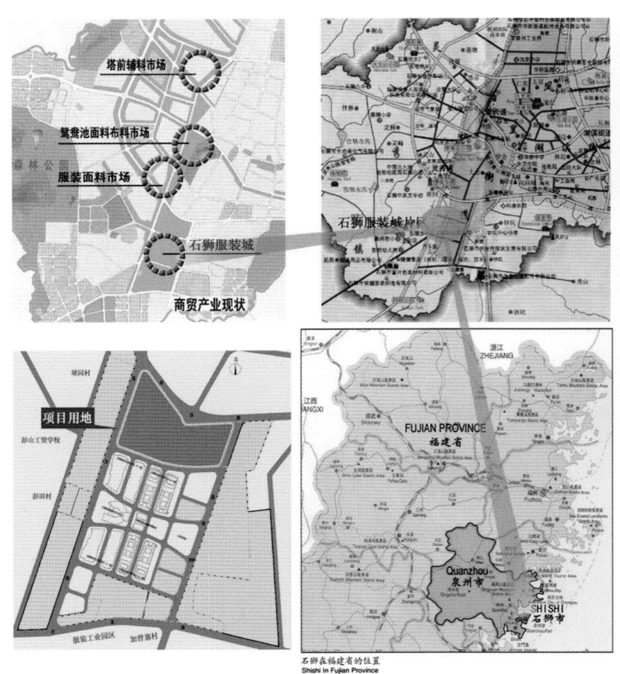

石狮在福建省的位置
Shishi In Fujian Province

海峡西岸繁荣带
Shihsi In Pros. Zone of W. Taiwan Strait

石狮相对于亚太地区
Shihsi In Asia-Pacific Realm

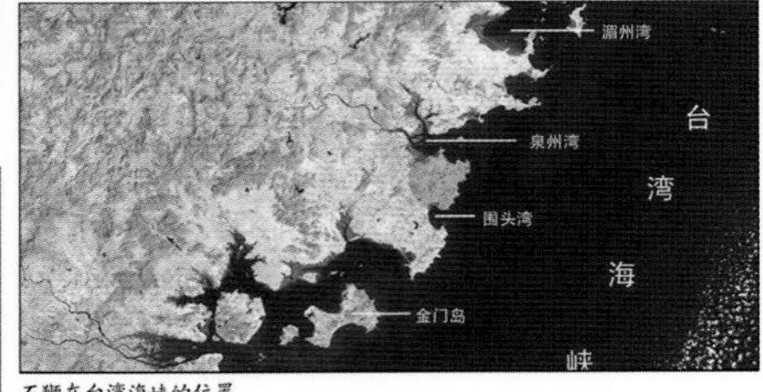

石狮在台湾海峡的位置
Shishi In Taiwan Strait

项目概况

石狮位于福建东南沿海，与台湾隔海相望，位于文化历史名城泉州与经济特区厦门之间，市域三面临海。随着经济的高速发展，作为中国休闲服装名城的石狮，有着极高的知名度和影响力。

本方案位于石狮市服装城北侧，西临南洋路，北临南环路，东临308省道，南临服装城横四路。其地理位置处于总体城市规划“三轴线一中心”结构中的中心区范围，承载着城市功能延伸与提高土地利用效率的空间使命。

石狮国际轻纺城的地理位置处于总体城市规划“三轴线一中心”结构中的中心区范围

（二）轻纺城的空间布局

1. 规划结构

轻纺城的总体规划结构是将建筑体与原有的服装城、北面的旧城改造区一起形成城市轴向公共空间。轻纺城的主要入口设在南洋路一侧，以形成东西向 “商业轴线公共空间”。再利用海星路将综合体基地分为东西两个区域，将5幢高层商务办公楼沿基地东、西、北面布置，形成半围合广场空间。

2. 空间组织

轻纺城综合体以多层建筑为主，形成较低矮开放的城市公共空间，ABC三个商贸区域与原有服装城风格统一协调。而基地四角的5幢高层办公楼，高低有序相互呼应，创造出建筑轮廓线清晰、形态丰富多变的城市公共空间。

轻纺城综合体采取上展下铺模式，核心是创造生气勃勃的展贸场所。轻纺综合体的形态是多样变化的，包括街道、广场、庭院、外廊、内廊、中庭等。

3. 外部空间设计

（1）室外步行街作为主要的开放空间，为轻纺综合体提供了充满活力和生气的步行环境。在城市中心区域，室外步行街可以方便的与周边城市环境连接，并使城市肌理的生长有序发展。

（2）广场的主题与特色

综合体的外部广场属于城市的空间，广场的特色与城市风貌、文化内涵及景观密切相关。因此，确定广场主题及个性塑造极为重要。

4. 内部空间设计

（1）注重立体人流的自然顺畅，平均分配关系；按消防疏散要求，计算好主通道和次要通道的合理宽度。

（2）主动线与各功能分区连接顺畅；主动线与各主出入口、各外围主干道顺畅连接；主力店、次主力店与独立店铺的顺畅连接。

（3）灵活选择扶梯和垂直电梯的布局方式，避免电梯口的人流堵塞，电梯出入口尽可能与主动线、主力店出入口顺畅连接。

5. 中庭空间设计

石狮轻纺城ABC商贸区设置采光中庭，采用流通空间形态的中庭设计，把中庭作为综合体内部的开放空间，融合上下多层空间，在发挥人

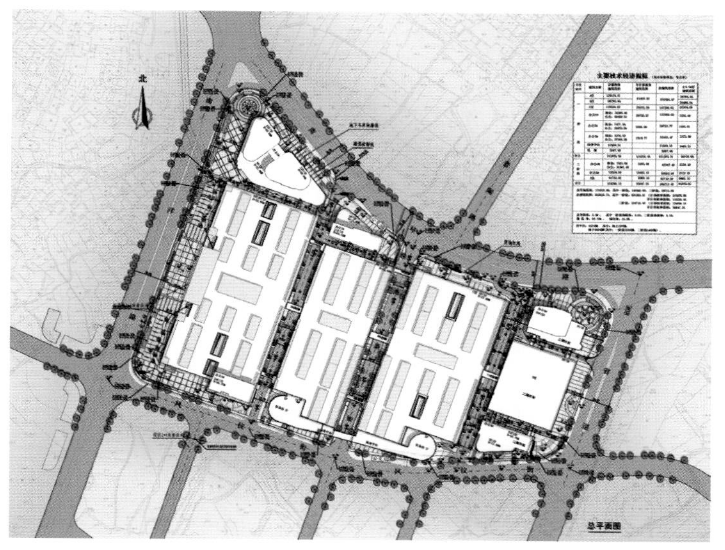

石狮国际轻纺城总平面图

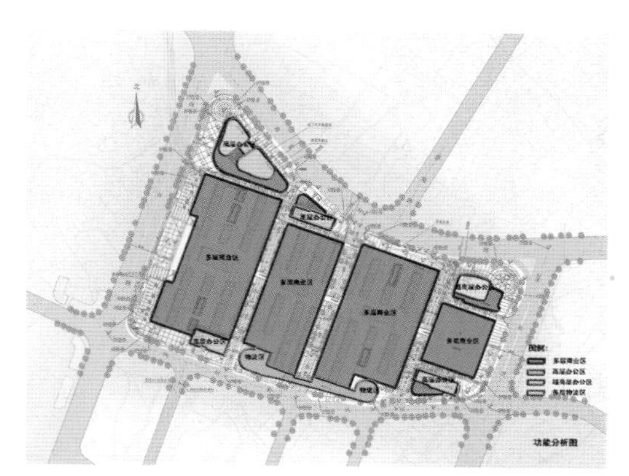

功能分析图：5幢高层办公楼将基地形成半围合广场空间

石狮国际轻纺城内部空间设计

流动线和商业展示功能的同时，使室内空间室外化，让人倍感舒适。设计大面积屋顶天窗，将自然光与商场连成一片。中庭内部人性化设计，随处可见的座椅设置。标识、导视系统完善，每个区域均设有导视台，介绍区域内的信息，到处都充满了现代商贸城的气息。

6. 室内设计

墙面、地面和天花设计的宗旨是简洁，突出重点位置，处理好空调风口和灯具位置关系。地面设计与人流动线相结合，图案流线性强，色彩淡雅且艺术。

（三）轻纺城综合体的建筑设计

轻纺城综合体是城市综合体的一种形式，其庞大体积在城市占据一席之地，除承载使用功能外，更是城市环境中重要的组成部分，影响着整个城市的形象。 为了与城市原有建筑风格一致，在颜色、细部、轮廓上都应建立统一的秩序，要很好地运用对比手法进行设计：垂直与水平、颜色反差、高与低、虚与实、轻与重、动与静，新与旧等。

在城市整体规划的轴向空间上以多层建筑为

中庭设计

主，形成较低矮开放的城市公共空间，建筑分区布局与基地南面服装城格局统一协调。具有一定空间高度的办公建筑则布置在基地四角，其建筑高度与周边建筑属性相互呼应，形成东高西低的大体走势。为了保障轻纺城与其北面二期市场的空间连续性，降低3号楼高度，与基地四角高度参差不齐的1、2、4、5号塔楼形成半围合空间，从而创造出轻纺城相对独立的空间环境。

（四）轻纺综合体的立面设计

建筑立面跟城市环境相协调，建筑造型与周边环境相呼应。建筑造型与空间、材料的关系以及立面的多样性等，都是综合体成功与否的重要因素。

石狮轻纺城的立面设计采用简洁现代的处理手法，本着经济、适用、美观的原则，配合对建筑立面材质和肌理的处理，体现了建筑柔美的一面，也反应出面料与服装的主题，每个单体建筑具有不同的个性，使整个综合体的建筑设计既协调统一又不乏时尚特色。

在建筑选材上强调地方材料和节能低碳环保的材料为主，结合采光点缀玻璃，利用漏空网架与石材虚实对比，轻重对比，立面造型与功能结合，创造出轻纺城高雅清新的时代个性。

（五）轻纺城综合体的功能设计

轻纺城综合体按功能可以分为商铺、写字楼、酒店、公寓、办公、展示、仓储等，归纳为四大功能区：布料市场区、商业办公区、综合商业区和物流区。

轻纺城综合体四个区域自西向东沿“中心轴线”一字排开，在空间构成及功能使用上形成有序相连的商业体，各区一层以上功能空间由室外天桥串联而成，并且在屋顶形成花园绿化，提高空间使用率，提升城内绿化景观享受。

1. 专业布料市场设计：在设计专业布料市场

轻纺城立面设计

石狮国际轻纺城专业布料市场主立面设计

超高层5号办公楼将成为石狮市政地标建筑

立面设计

前，我们进行了深入的市场调研并以此提升设计新理念：随着产业结构的不断调整，纺织商贸平台也不断变革和发展，一种全新的交易模式——以商品展示为主，洽谈、接单及电子商务为辅，商务、服务全面配套的大型展贸型轻纺平台正在进化形成。设计中我们应市场的需求，主力店全部采用了下铺上展的展贸形式，一、二层设为商铺，三层以上设为展贸办公，这种崭新的经营模式和场所深受商家欢迎，售楼亦是盛况空前。

2. 商业办公楼设计：设在综合体基地的东、西及北侧的五栋高层商务办公楼，满足办公需求，塔楼裙房部分做综合商业，满足市场本身及周边城市配套功能需求。

高层办公2号楼

高层办公3号楼

高层办公4号楼设计

高层办公楼均与专业布料市场的建筑分开，通过天桥连廊连接交通，有效地区分了商业与办公功能上。而且每座办公楼均设独立出入口和独立广场，合理地组织人流、车流和物流，使这座巨大轻纺综合体繁华而不混乱。

5号塔楼的超高层设计，从城市规划的角度，与周边建筑组群形成呼应，树立地区标志性建筑，引领城市发展潮流，快速提升整个城市的品位。

3. 综合商业楼设计：基地东侧D区规划设计为五层商业楼，设有商场和食堂，满足综合体内众多人员的生活及服务需求。

4. 物流区及卸货平台设计：物流区及卸货平台设置在基地南面与专业布料市场相接，以满足专业市场各层货物运输，使得物流高效便捷。

二、综合体交通体系设计

轻纺城综合体与城市的经济有着密切的联系，通过地下层、天桥层的有机规划，将建筑群体的地下或地上的交通和公共空间贯穿起来，同时又与城市街道、停车场、市内交通等设施以及建筑内部的交通系统有机联系，合理组织水平和垂直流线，将各组成部分高效紧密联系在一起。

（一）轻纺综合体的交通组织

交通流线组织按对象分为：人流、车流、货流；按维度分为：地下、地面、空中。

1. 商业人流：基地四面临街均有良好的城市界面，因此，我们在设有集中商业出入口的同时，尽可能多的设置沿街商铺，方便将周边人流引入。

办公人流：五栋办公塔楼均有独立的广场空间，有利于办公人流集散，且最大化的减小了商业人流和办公人流的相互干扰。

2. 车流：所有车行由南洋路、南环路、308省道和凤仪街分别进入商业区、办公区及各区地下车库，再由地下车库出入口回到地面，形成独立的车行流线系统。沿“中心轴线”及商业外街方向，是基地内部主要的车流路线，在基地北侧与南环路交界处，设置了东西向的车行辅道，以方便基地内部车流的引导，并减小城市交通压力，使得城市交通方便快捷。

3. 物流：为满足需求，在专业市场南侧设置集中物流区，各层设有专门的货车道及卸货停车区，为各层专业市场的便捷物流提供服务。商业内部设有货梯及其他辅助措施为物流提供便利，办公部分亦设有独立物流系统以满足需求。

4. 停车设计：停车设计是轻纺综合体规划设计中的重点

（1）根据建筑的使用功能来决定停车方式，大型停车场设在商业广场和商业外街处，沿街停车位则是为零售商提供便捷服务。

（2）方便人流疏散，连接停车功能和其他的步行通道设计。步行通道形式采用步行天桥、人行道、电梯、自动扶梯、大厅等，根据具体情况选择。在采用地下停车时，设置电梯连接步行道，使之便捷易找。

综合体内大型地下车库采用了智能停车场设计，停车设施内的流线种类包括了直线形、环形，以及结合型。内部车流线指示明了，便捷易用，方便管理员掌控停车数量以及司机们能快速准确地找到停车位。

三、轻纺综合体的景观与环境设计

石狮轻纺城景观绿化系统由广场绿化景观、商业外街绿化景观和屋顶花园及空中立体绿化景观等组成。我们通过景观细部设计，如雕塑、植物、景观小品等，将建筑功能与艺术品性相结合，使轻纺综合体不仅是可以使用的空间，也是艺术的空间。

广场绿化景观

广场绿化景观是石狮轻纺城景观设计的核心部分，营造疏密有致的空间环境，形成富有韵律并各具情趣的景观绿化空间，将水景与“基地水渠改道”相结合，形成独具特色的水体景观系统，并且在广场上设置踏步、缓坡、辅道等结合景观处理基地与城市道路的高差问题，将景观绿化与场地设计完美结合，配以花坛、水池、喷泉、雕塑、假山、座椅等休闲设施，使得各部分景观环境相互渗透，达到绿化空间共享的良好效果。

石狮轻纺城布料市场街景采用了下铺上展的经营模式

商业外街绿化景观

商业外街绿化景观是通过标志物、街道家具、植栽、铺装、照明等手段形成丰富的景观与宜人的环境，使建筑群既是商贸专业市场又是人们赏景的主体。

屋顶花园及空中立体绿化景观

屋顶花园及空中立体绿化景观是轻纺城景观设计的特色与亮点，利用屋顶、露台、构架、平台等作为绿化的载体，以简洁大气的手法巧妙设计，使人与绿地的距离缩短，亲近自然，达到美化环境、愉悦身心的良好效果。

四、轻纺综合体的高科技集成设施

石狮国际轻纺城综合体既有大众化的一面，又是高科技、高智能的集合。室内交通以垂直高速电梯、步行电梯、自动扶梯、露明电梯为主；通讯由电话、电报、电传、电视、传真联网电脑等组成；安全系统通过电视系统、监听系统、紧急呼叫系统、传呼系统的设置和分区得以保证。

石狮国际轻纺城是通过适宜高科技术，创建可持续发展的绿色建筑群体。

五、轻纺综合体消防设计

根据规范及使用要求，我们沿每个地块四周设置环行消防车道和消防登高面，以满足消防要求。消防登高面≥1/4建筑总长或建筑的一个长边，且均设有≥6米的消防通道，建筑外坪至消防车道内边满足≥5米的安全距离。A,B,C区商业中庭的消防通道的净高≥4米，在总图布置中，商业区和办公区均设有消防环道，满足规范要求。

专业布料市场设置一到五层的竖向防火分区，便于市场的空间使用及节能控制，每个防火分区均按规范满足面积及疏散宽度要求，并在一层设置安全通道、疏散楼梯等直通室外。

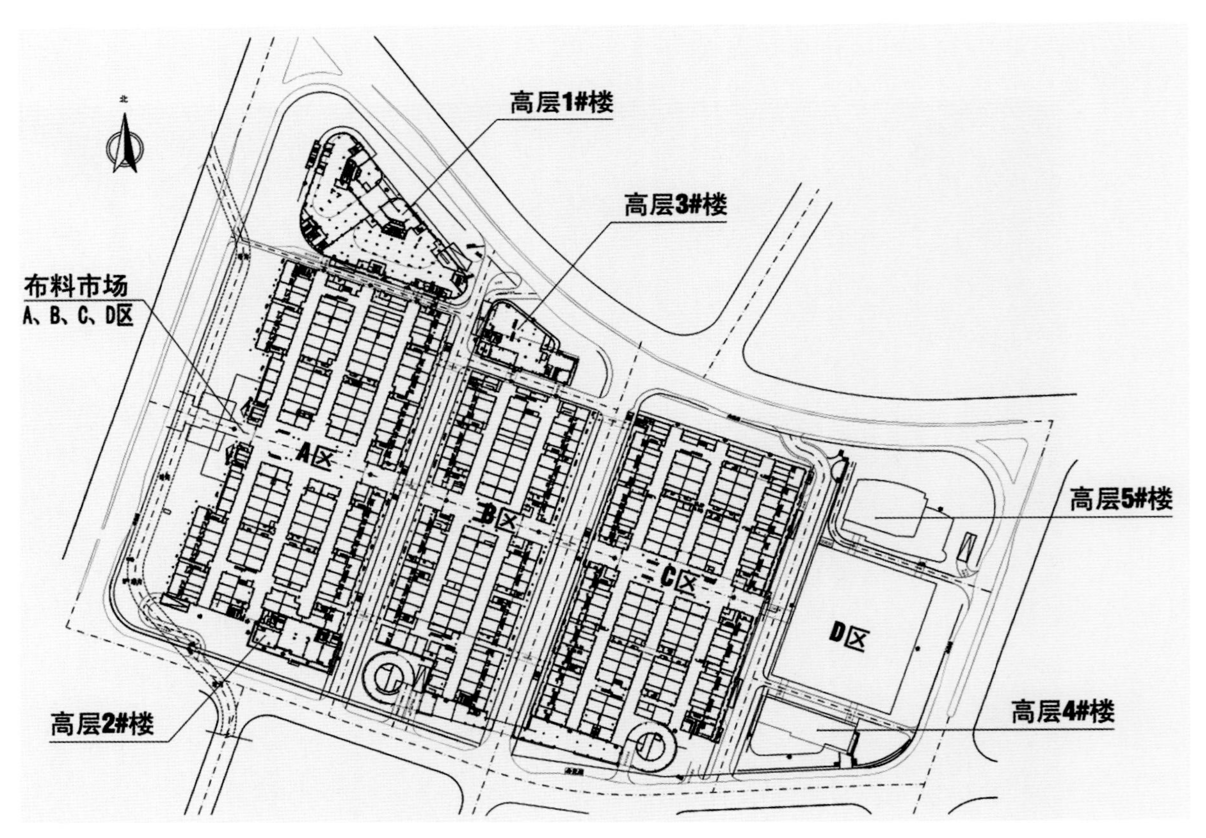

石狮国际轻纺城总平面图

夏热冬暖地区绿色建筑适宜技术

李泽武　深圳市建筑设计研究院有限公司
庞观艺　深圳国研建筑科技有限公司

引言

夏热冬暖地区为亚热带湿润季风气候（湿热型气候），其特征表现为夏季漫长，冬季寒冷时间很短，甚至几乎没有冬季，长年气温高而且湿度大，气温的年较差和日较差都小。太阳辐射强烈，雨量充沛。

结合本地区的夏季高温、高湿，太阳辐射强烈的特点，适宜于该地区的常用绿色建筑技术主要有自然通风、自然采光、围护结构隔热、雨水收集利用、室内防潮、可再生能源利用等。本文重点介绍适宜于该地区常用的绿色建筑被动技术措施，主要有自然通风、自然采光、建筑构造遮阳等。

一、绿色建筑的概念

绿色建筑是指在建筑的全寿命周期内，最大限度地节约资源（节地、节能、节水、节材），保护环境和减少污染，为人民提供健康、适用和高效的适用空间，与自然和谐共生的建筑[1]。这个定义可以简化为“核心是四节一环保、内容是三要素（即资源、环境、空间）”来概括。

二、绿色建筑被动式技术措施

规划阶段充分利用场地的地理环境、室外绿化、建筑朝向、整体布局等设计手段是绿色建筑设计的前提条件。

建筑总平面的布置采用错列式、斜列式以及自由式，比行列式、周边式好，建筑相互挡风较小。并且宜充分利用冬季日照并避开冬季主导风向，利用夏季凉爽时段的自然通风。建筑的主要朝向宜选择本地区最佳朝向（南偏东15°至南偏西15°范围内）、适宜朝向（南偏东45°至南偏西30°范围内）、避开本地区最不利朝向（西、西北朝向），主要房间避免夏季受东、西向日晒。

（一）自然通风

自然通风可以提高使用者的舒适感，有助于健康。在室外气象条件良好的条件下，加强自然通风有助于缩短空调设备的运行时间，降低空调能耗;能提供新鲜空气，有利于人体健康；自然通风是最简单、最经济，且效果良好的节能措施。良好的自然通风设计，可以贡献20%–30%的节能率[2]。

自然通风的效果不仅与开口面积与地面面积之比有关，也与通风路径有密切关系。在建筑设计过程中，为了实现室内良好的自然通风，可以从以下几个方面进行合理控制：

1. 应使建筑物的长（纵）轴尽量垂直于夏季主导风向。

2. 利用天井、中庭、风塔、楼梯间、架空底层、空中花园等组织自然通风。

3. 宜选用一梯两户、一梯三户和一梯四户的布局，尽量避免选用一梯六户以上的平面布局方式。

4. 当房间由可开启外窗进风时，能够从户内（厅、厨房、卫生间等）或户外公用空间（走道、楼梯间等）的通风开口或洞口出风，形成房间通风路径[3]（图1、图2）。并且宜将起居室、主卧、主阳台布置在夏季主导风向上风侧，而将厨房、卫生间等附属功能房间布置在下风侧。

5. 房间通风路径上的进风开口和出风开口不应在同一朝向（进风口所在的外立面朝向和出风口所在外立面朝向的夹角不应小于90°）[3]。（图1）

6. 当户门设有常闭式防火门时，户门不应作为出风开口[3]。

（二）自然采光

在建筑设计中如果能够充分合理地利用日光作为天然光源，能显著地减少人工照明的能耗和运行费用。采用天然采光可节省照明能耗的50%～80%，可减少3%～5%由灯具产生的热量而引起的冷负荷所增加的总能耗。室内天然采光不足，所增加的人工照明用电能耗，将可能超过节约的采暖制冷能耗[2]；而且从视觉功能试验来看，人眼在天然光下比在人工光下具有更高的视觉功效，并感到舒适和有益于身心健康、提高工作效率[4]。

建筑设计时，尽可能利用外窗采光，公共部位设置外窗并能实现自然采光，各主要功能房间的窗地比均能满足《建筑采光设计标准》GB/T 50033的要求。建筑进深对室内自然采光影响很大，随着进深的增加，室内采光系数迅速衰减，当进深大于6.5m时，宜采用双侧采光方式。地下空间采用合理的自然采光措施，包括采光侧窗、采光天窗、采光井、光导管、光导纤维等。

（三）建筑构造遮阳

充分利用建筑构造物本体遮阳，不仅可以丰富建筑立面的层次感，并且可以有效减少太阳辐射热进入室内。窗口设计时应优先采用建筑构造遮阳（图3、图4），其次应考虑窗口采用安装构件的遮阳，两者都不能达到要求时再考虑提高窗自身的遮阳能力，原因在于单纯依靠窗自身的遮阳能力不能适应开窗通风时的遮阳需要，对自然通风状态来说

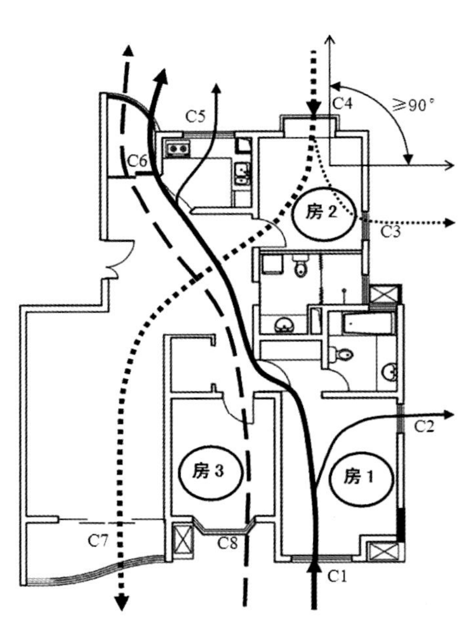

图1 套内房间通风路径示意图

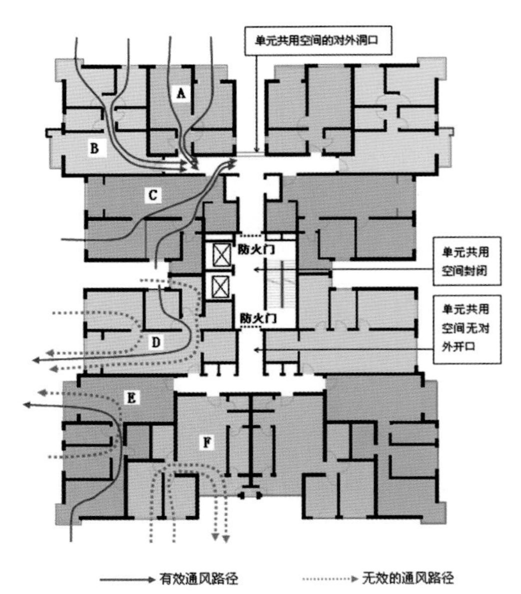

图2 单元房间通风路径示意图

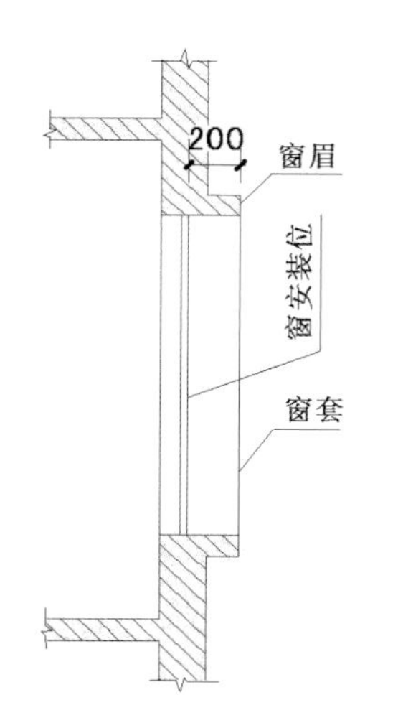

图3 窗套自遮阳构造

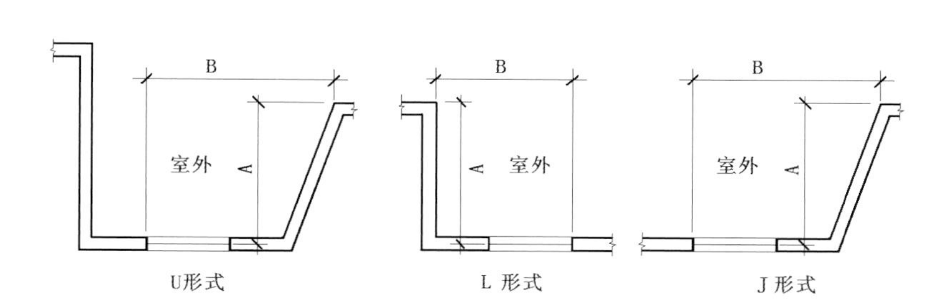

图4 建筑自遮阳型式构造

窗自身遮阳是一种相对不可靠做法。

建筑设计时，可以利用窗口上一层的阳台或外廊做水平遮阳。也可以利用窗口两翼建筑立面的折转时会对窗口起到的遮阳作用，此类遮阳也是建筑构造自遮挡常见的形式之一（图4）。对单元立面上受到立面折转遮挡的窗口，特别是对位于立面凹槽内的外窗遮阳作用非常大，对减少外窗太阳辐射热大有益处。

三、绿色建筑设计步骤

（一）依据建设项目的功能、标准和所处区域环境，并征得业主同意，确定绿色建筑设计标识的等级(1星、2星、3星级或地方标准等级的划分)。

（二）根据《绿色建筑评价标准》GB/T 50378的要求，制定详细的绿色建筑设计技术措施。

1. 方案设计阶段——主要考虑建筑物的朝向、间距、层数(高度)、日照、自然通风采光、容积率、覆盖率、绿地率、地下空间的利用,以及建筑群体的空间组合,如何充分利用地形地貌突出个性、突出亮点、并借助采光、通风、日照、热环境、声环境等的模拟手段，经多方案比较后得出一个最佳设计方案。

2. 初步设计阶段——主要确定绿色建筑的材料选择和构造做法以及可再生能源的利用。

1) 围护结构

a) 屋面形式、保温隔热材料及其构造做法。

b) 外墙形式、保温隔热材料及其构造做法。

c) 外窗类型、开启方式、开户面积、遮阳措施、玻璃选择、楼地面材料选择及构造做法、隔声(空气声、撞击声)措施；地下室自然采光技术措施的确定与选择。

2) 绿地布置及树种选择(与景观专业协调配合)

3) 透水地面的布置及雨水的收集利用（与给排水专业协调配合）

4) 可再生能源的利用(与相关专业协调配合，应因地制宜,经济合理)

5) 绿色建材和可再生循环料的利用

6) 其他

3. 施工图设计阶段——主要是进一步完善和优化各项绿色建筑设计技术措施，并落实到施工图设计文件中去。

四、工程实例简介

项目名称：中粮一品澜山花园

建筑类型：居住建筑

建筑规模：163423.04m^2

建设单位：中粮地产集团深圳房地产开发有限公司

设计单位：深圳市艺洲建筑工程设计有限公司

标识星级：绿色建筑设计标识国家一星＆深圳铜级

标识时间：2012年8月

项目位于深圳市坪山新区深汕高速出口与丹梓大道交汇处，项目总用地面积为53113.15m^2，绿地率为33%，人均公共绿地面积高达1.79 m^2，人均用地指标为13.9m^2。项目由7栋32层高层住

图5 中粮一品澜山花园效果图

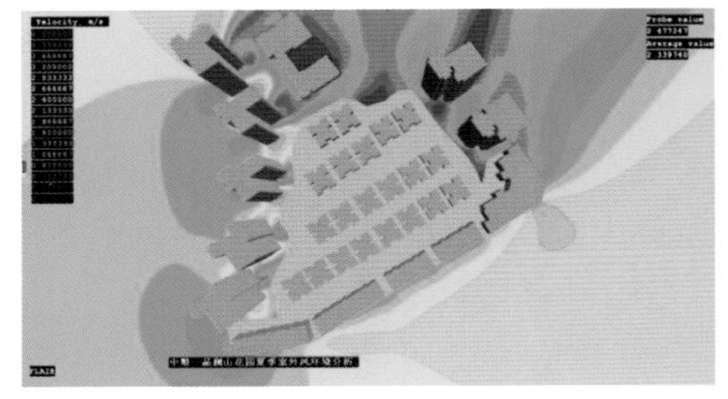

图6 1.5m标高人行高度处风速色阶图

图7 人行高度处空气龄色阶分布图

宅楼（1号～7号）、4栋7层住宅楼（9号～12号），21栋3层联排住宅，1栋3层幼儿园，1栋5层商业性综合楼及其他配套公建设施。

建筑总图方案设计阶段借助了多种模拟手段对建筑规划布局进行设计模拟优化，包括日照的模拟、室外风环境的模拟（图6）、室外噪声的模拟，在户型设计上也进行了采光的模拟、室内自然通风的模拟（图7）等多种技术策略的定量化分析与评估。这是一种低成本的技术策略，不仅能保证良好的室内空气品质和健康适用的使用空间，并且有利于节约投资、避免技术堆砌和改善建筑质量。例如，通过对典型户型室内自然通风的模拟分析，在外窗设计中自然地考虑了户型设计上把窗口分布两侧，平面布置进深小，使进风口和出风口分布平衡，保证建筑有良好的通风路径，为实现自然通风（“穿堂风”）提供了技术保障。

参考文献

1）中国建筑科学研究院，上海建筑科学研究院. GB/T50378-2006 绿色建筑评价标准［S］，北京：中国建筑工业出版社，2006.
2）深圳市建筑设计研究院. 建筑设计技术细则与措施［M］，北京：中国建筑工业出版社，2009.
3）中国建筑科学研究院，广东省建筑科学研究. JGJ75-2012 夏热冬暖地区居住建筑节能设计标准［S］，北京：中国建筑工业出版社，2013，52-55.
4）中国建筑科学研究院. GB/T 50033-2001 建筑采光设计标准［S］，北京：中国建筑工业出版社，2001.

BIM 工程实践与应用

过俊　悉地国际上海设计业务发展中心过俊工作室
王冰　悉地国际集团总部知识中心

主创设计师：王睦、刘世军
设计团队：王睦、刘世军、赵霞、杨华春、漆国强、王霏、李文鹏
设计时间：2008-2009年
施工时间：2010-2012年
工程地点：黑龙江省哈尔滨市
图片摄影师：傅兴

主要经济技术指标
总占地面积：约330000m^2
站房总建筑面积：70000m^2
雨棚投影面积：83000m^2
高架道路及匝道面积：10900m^2
建筑容积率：0.23
建筑覆盖率：27%
建筑层数：地上3层，地下2层
建筑高度：46m
绿化率：35%
停车位：1200

关键词：
BIM，建筑设计，全过程，项目实例，行业现状，新机会，应用路径

摘要：

CCDI作为一家在城市建设和开发领域从事专业服务的大型综合性设计咨询机构，近年来在建筑工程项目中进行了大量的BIM应用实践。本文通过典型BIM应用项目的实例展示，从建筑开发中设计、施工两个阶段的应用维度解读BIM的价值，并结合行业发展现状，提出BIM应用路径和由此产生的商业机会。

随着BIM在中国被逐渐认可与实践，在国内地产开发行业高速发展的背景下，BIM已经在一些大型地产开发项目中得到深入应用，涌现出很多成功的案例。这些案例充分展现了BIM在建筑工程行业巨大的应用价值，展现了BIM对于提高建筑工程行业（Architecture, Engineering and Construction，简称AEC）的技术水平和管理能力、促进行业信息化建设和产业链整合的广阔前景。

CCDI作为一家在城市建设和开发领域从事专业服务的大型综合设计咨询机构，近几年通过在建筑工程行业大量的BIM应用实践，通过全过程建筑设计、专业综合服务的角度来解读BIM的应用价值，充分解读行业发展现状，从中发现并找到BIM应用路径和可能存在的新兴业务机会。

建筑作为一类产品，其开发的全过程可以概括性地分为策划、设计、施工三大阶段。职业建筑师所提供的服务一般可以分为基本构思、基本计划、基本设计、实施设计、监理（含设计变更）、竣工检查、回访调查等几个阶段，在这些阶段中，BIM应用可说是贯穿整个建筑开发周期的全过程，本文将就设计、施工两大阶段的BIM应用结合设计实践展开论述。

一、设计阶段

通常建筑设计服务可以分为方案设计、初步设计、施工图设计等三个主要阶段，不同的阶段有着不同的设计目标和设计任务，其中协同设计、优化设计、造价控制是整个设计阶段的重点也是难点。BIM的应用对于职业建筑师在面对这些工作难点时提供了更有效的设计手段。

（一）协同设计

建筑设计项目可以根据项目特点和协作专业分解为多层级的子任务。通过将整个设计任务的有效分解可以便于对子任务的定义、管理和委派，也便于项目团队的分工协作和控制，这就要求建筑师必须具备很强的项目管理能力和专业协调能力。但二维CAD的工作方式不能很好地支持建筑师完成这一使命，这是因为CAD一般仅对设计进行图形层面的描述，这些所谓平面、立面、剖面的描述，本身都是缺少任何信息动态关联的，并且由于软件技术的限制，也不太容易附加各类构件、材料的属性信息，在没有CAD协同设计系统的情况下，专业之间甚至专业内部的信息在数据层面也缺少关联，导致整个项目团队各专业设计内容无法及时、有效的融合，为整个团队的设计协同带来极大的不便。

此外，由于地产行业的高速发展，国内无论建筑师培训还是市场需求，都有着引导建筑师向一个或者多个专业的专才发展的趋势，再加上巨大的市场容量的稀释，导致通才越来越难觅，但目前建筑的复杂性，又往往需要通才来主持和筹划建筑设计不同专业之间的协作。

BIM的出现，使协同设计不论是数据交换层面还是团队组织层面都有了倚重的工具和手段。BIM技术为各专业设计师提供基于三维中心文件式的协同工作环境，通过这样的环境，以往需要通才才能发现和协调的设计问题，现在通过专才之间的有效协作也能发现并协调解决。这种工作方式，不仅确保了设计质量，而且有可能提高设计效率和更好地控制设计成本，为建筑师满足开发商在效率、质量、成本方面越来越高的要求提供了利器。

（二）优化设计

设计优化是以工程建筑设计理论为基础，结合工程实践经验，通过先进、合理的工程设计方法，对工程建筑设计进行深化、调整、改善与提高，同时也可以对工程成本进行审核和监控，由此捕捉到项目投资中安全与经济之间的最佳平衡点。

随着开发商对建筑功能要求的提高，建筑师越来越难以仅凭人脑来完成对拟建建筑在使用过程中性能的评估和判断，而通过建立BIM模型并结合不同的模拟分析软件，为建筑师在诸如节能、风环境、人流交通、日照、热传导等方面提供了科学的模拟分析手段和设计决策依据。

理论上，不仅是建筑师，各专业设计师和工程师都应该全程参与到设计——验证——优化的循环工作流程中；遗憾的是，在国内建筑设计的过程中，由于大多数设计项目的专业产值分配比例并不是严格参照项目实际发生成本，而是参考行业经验值进行分配的，导致实际设计工作中，建筑专业可能付出的工作量超出被“分配”的产值（在BIM环境下可能这个差距会更大），于是一个很奇特的现象出现了：为确保建筑专业能够获得更高的产值收益，在建筑专业的控制下方案、初步设计阶段，都会大大减少其他专业参与配合的工作量。于是，上述各专业协同参与的设计、验证、优化循环工作流程，被弱化或者打破了。借助BIM为各专业信息交流带来的便捷，以及相关软件应用的普及，其他专业设计师有可能以较低的成本介入，原先可以也应该发挥其专业能力的环节；而建筑师也可以在方案、初步设计阶段对建筑设计做出以往只有专业工程师才能提供的验证和优化工作。由于在BIM环境下，各专业的配合远比传统CAD环境下复杂灵活得多，原有的专业分配比例不再适应这一新的工作方式，因此这也是研究或推动建筑设计按各专业实际发生工作量进行合理分配的契机。

（三）造价控制

建筑师作为开发商的专业代理人，应该对建筑产品的效果、功能和成本承担责任，在满足功能需求、时间、造价、工艺技术等方面的限制条件的前提下，为业主推荐适宜的建筑产品。但由于国内建筑师不对造价负责，在设计阶段往往出现指定的材料、设备很容易缺乏现实可操作性。形成这样的状态，除了行业长期形成的习惯，其实也受到二维CAD平台的技术制约。因为CAD技术造成的设计信息不完整，所以工程量基本上都需要在CAD图纸基础上通过人工建模进行统计，甚至有些数据需要通过人工直接计算得出，不能像制造业那样发挥计算机的特性实现自动算量。在这种方式下，往往难以保证工程算量的准确和及时。

BIM不仅是三维建筑模型，事实上也是一个项目的工程数据库，通过预先对BIM模型的合理规划以及输入相应的构件属性信息，可以方便项目团队高效、精确地获取各种材料和设备的统计数据。从而有可能做到对拟建建筑的工程量乃至成本做出准确和及时的统计，不仅能够高效、准确地体现建筑师的预想，减少测算对比的时间，也有可能帮助建筑师为开发商提供更具附加值的建筑设计服务。

遗憾的是，在国内建筑设计的服务中建筑师并没有系统性地担负起这些责任，这种行业普遍性服务能力缺失，不仅降低了建筑师在开发商面前的专业性和权威性，而且也降低了建筑师的服务价值。为了弥补因此带来的损失，开发商不得不付出额外的代价：提高建筑开发成本，增加对项目管理的投入或者采购其他专业外包服务等。因此，可以理解为何从2011年开始，越来越多的地产开发项目并不直接要求建筑设计服务中包含BIM，而是由开发商聘请第三方建筑设计单位，通过签订独立的BIM服务合同，弥补地产开发项目由于建筑设计服务不到位而可能带来的风险。在这种新兴的商务模式中，BIM的作用有点像医生看病时让患者预先接受的化验、透视或者CT等辅助诊断措施，是一种信息收集、信息表达的方式，是一种工具，而职业建筑师更像医生那样依靠自身的专业技能和行业经验对问题做出诊断并给出相应的解决方案。由此可见，这些基于BIM的第三方咨询服务，采购的依然是建筑设计服务，只不过是一种新的形式、新的定位并且应用了新的工具。

项目案例一：深圳百度国际大厦项目

图1 百度国际大厦渲染图

Fig.1 Rendering of Baidu International Tower

百度国际大厦（深圳）不仅是一个基于BIM的全专业协同设计项目，还在建筑设计过程中，项目经理会有计划地在整个项目设计过程中使用BIM技术不断优化和完善设计方案，并且通过BIM模型直接提取各类构件的工程量信息以及空间信息。

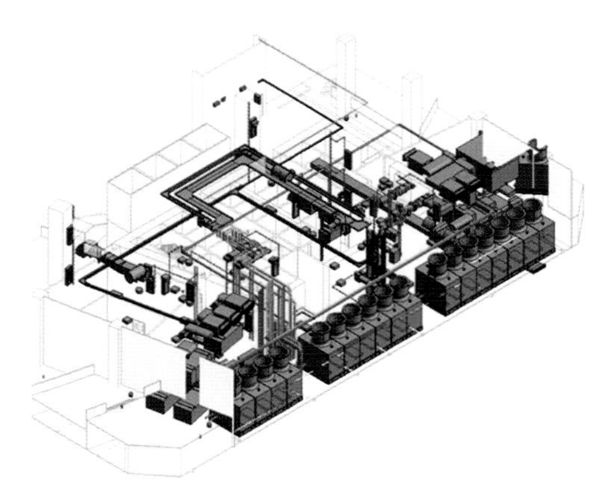

图2 裙楼屋顶冷却塔区域轴测图

Fig.2 Isometric View of Podium Roof Level Cooling Tower Area

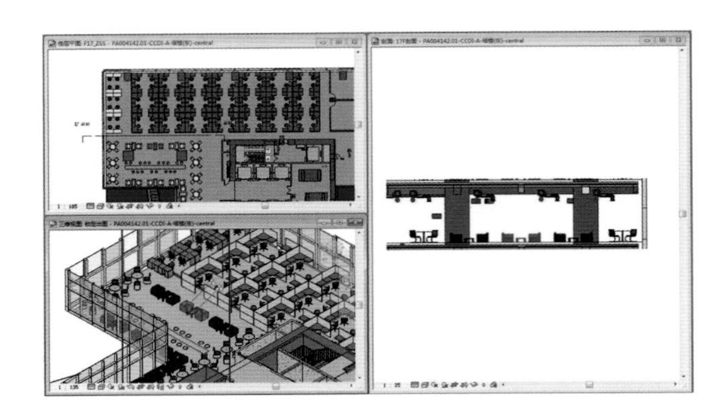

图3 设计修改的相互关联

Fig.3 Changes Made in One View Applied in All Other Views

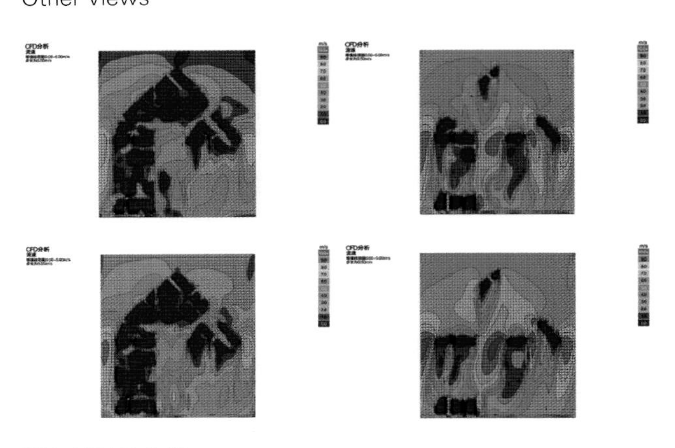

图4 风环景分析

Fig.4 Wind Tunnel Analysis

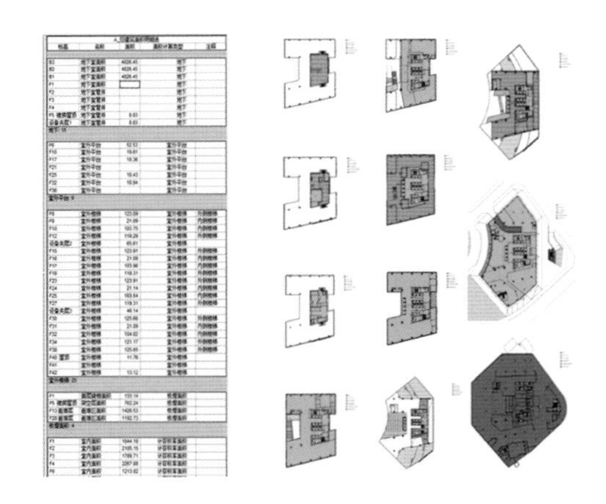

图5 建筑面积计算

Fig.5 Building Area Calculation

BIM的应用不仅要求建筑师需要接受相关技能的培训，更重要的是会带来工作模式的改变和工作流程上的调整。为此，项目组根据项目的特性、公司已有BIM应用能力和资源、参考北美BIM应用经验，从一开始就专门为基于BIM的全程建筑设计进行了详细的策划，包括工作目标、工作内容、相应的工作流程、信息交换标准、职责分配、人员培训等。这个策划的过程也是和各专业团队充分交流的过程，以确保最终整个团队对项目需要完成的BIM目标和工作内容及相关细节达成共识。

在全专业配合上协同必须有一个统一的信息标准，简单地说就是在特点的时间、特定的角色从模型中输入或者输出特定的信息。项目组借鉴了国外BIM应用项目通用的LOD（Level Of Detail，模型精度等级），并结合国内建筑设计特定的要求，制定了项目基本的LOD标准，并由专人全程维护这个标准以及匹配这个标准的公用模型元素库。

在职责分配方面，百度大厦项目不仅配备了高级别的BIM经理协助项目经理制定项目的BIM规划，并且在实施过程中BIM经理同时要承担项目BIM数据库的管理、各专业执行情况的监控以及整个项目组的培训和技术支持。此外，每个专业也都配备了一个BIM助理来协助专业负责人做好本专业的BIM实施工作。

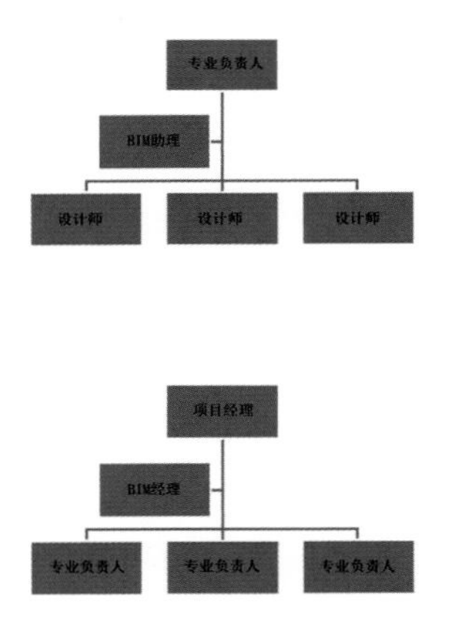

图6 团队结构

Fig.6 Team Structure

各专业设计师在项目启动前都接受了集中、密集的BIM应用技能培训，培训合格后才能进入项目开展设计工作。有了这些保障，项目组形成了一个集BIM规划、实施、支持等多层次的有效团队，不同的项目参与人员根据自己在项目中的角色承担有关BIM的责任和义务。

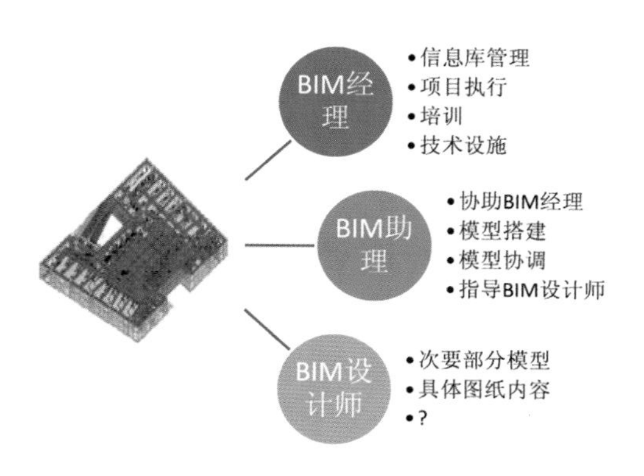

图7 不同角色在项目中承担的BIM责任

Fig.7 Responsibilities of different players involved in BIM project

在这个项目实施过程中，BIM在各专业协调方面发挥出巨大的优势，同时也遇到了不少挑战。但总体来看，BIM的应用必须在前期做好充足的规划和准备。同时由于BIM的应用，导致设计工作量的重心向前移动，以往在施工图阶段才考虑的设计步骤，现在在初步设计阶段就要有比较成型和好的解决方案，这对各专业设计师以及以往的设计管理工作都是一个新的挑战，BIM技术带来新的工作模式的调整可能才是整个建筑设计管理工作中最大的考验和机会。

图9 塔楼室外平台渲染图

Fig.9 Rendering of Building Tower Patio Area

图8 大堂天窗渲染图

Fig.8 Rendering of Lobby Skylight

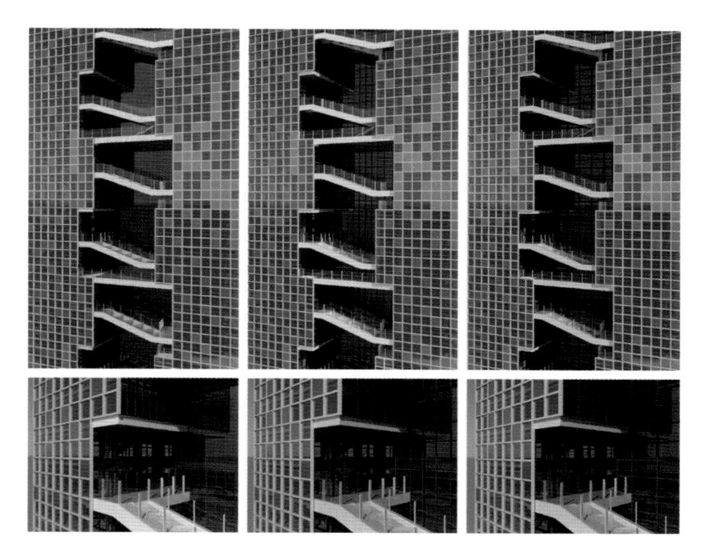

图10 幕墙模数推敲

Fig.10 Study of Curtain Wall Module

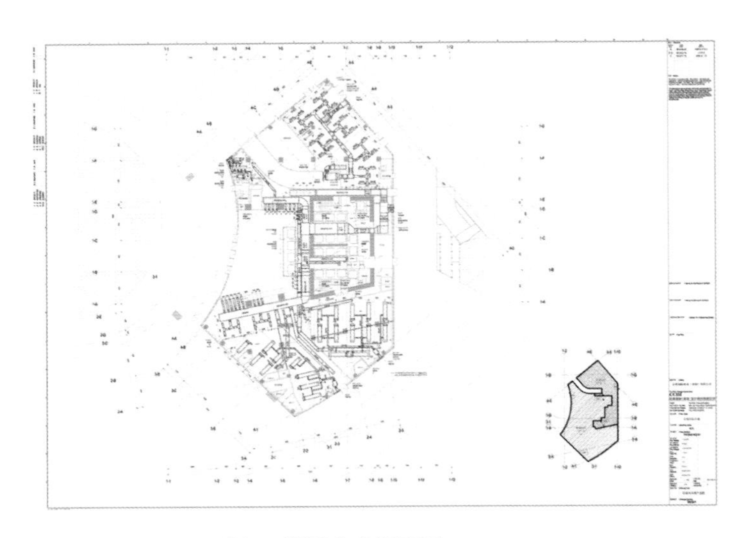

图11 暖通专业平面图
Fig.11 HVAC plan

二、施工阶段

作为设计阶段的工作延伸，这一阶段的建筑设计工作内容包括：设计意图及要求的确认、招投标的组织和技术说明、过程合同管理和设计变更、验收及竣工等。鉴于篇幅有限，仅从深化设计复核与设计监理两个角度做相应的介绍。

（一）深化设计复核

按照国内建筑设计行业通行的交付标准，建筑师提供的施工图仍然不是可以完全指导施工的图纸。尤其在超高、特大项目中，真正意义上可用于施工的图纸，必须依靠施工总包或者分包在施工前完成的深化设计图纸。

一方面，施工深化图的信息在一定程度上会对施工图作出修正，这不可避免会导致施工深化设计的成果与施工图设计产生冲突。因此，在施工正式开始之前，建筑师往往需要根据开发商的指示，对施工总包或分包提出的施工深化图纸进行进一步确认和把控。另一方面，由于建筑师不是项目建造的实施者，同时由于建筑师的安全设计和安全造价原则，在建筑设计中会存在一部分“过剩设计”——相对于性能非必须的部分。因此，在施工图深化设计阶段，各专业承包商往往可能会利用自身的管理和技术经验来优化设计和施工，从而达到降低造价的目的。

我们看到，已经有愈来愈多的开发商意识到需要施工总包、分包用BIM来交付深化设计成果，这大大方便了建筑师在施工深化设计阶段，对机电、幕墙、钢结构等专业分包的工作成果的复核和控制。同时，当多个专业都存在深化设计工作时，BIM就越发显示出了其协调统筹的巨大优势。这不仅有助于开发商、建筑师在施工实施前把控项目的品质和成本，同时也为建筑师提供了一个对多专业施工技术、工序、材料性能深入了解和技术经验积累的途径。

（二）设计监理

监理的目的是充分理解和监管建筑设计意图的最终实现，确保建筑设计的实现符合业主需求，从而保证开发主体利益的最大化。由于建筑师的职能定义就是业主利益的忠实代表和专业代理，出于对建筑产品负责，建筑师也必须全面监管建筑的建造过程，包括质量、时间、造价、功能及形式等，因此监理环节也是建筑师职能的组成部分。在实际操作中，监理职能中的施工技术、工程管理部分被称为工程监理，而与建筑设计相关的内容被称为设计监理。

传统模式下，设计监理需要对施工现场大量的施工过程信息进行准确捕获（例如测量），并根据设计图纸提出整改意见，这需要大量的人力和资源的投入。在BIM的实施案例中，设计监理可以借助一些高效的数据采集手段，例如三维激光扫描仪等，快速获取施工现场总包和分包的工作成果信息，并借助专业的容差比对软件，将通过扫描得到的三维点云模型与设计或者深化设计模型进行对照，从而及时、准确监督建筑师的设计意图是否得以实现。除了满足对施工过程的控制，这些现场采集的信息准确及时的录入BIM模型后，也为施工验收、决算提供了准确的数据支持，并且在项目建成后向物业管理团队的移交环节发挥重要的作用。

项目案例二：深圳平安大厦

平安金融中心位于深圳市福田区CBD，设计高度660m，是国内在建的最高建筑。该项目方案由KPF负责，由于项目复杂程度高，CCDI在施工图设计中借助BIM的帮助很好地解决了室内净高控制和施工图管线综合设计的工作难点，为了更好地发挥建筑设计在施工阶段的作用，业主继续聘请CCDI以BIM咨询顾问的身份在施工阶段提供服务。

其中最重要的一个工作内容就是使用BIM技术对施工总包和分包的施工深化成果进行复核，其中钢结构、幕墙、机电工程是重点。

业主在招标前，已经考虑到了施工总包、分包与BIM咨询团队的配合问题，要求各专业工程承包商必须在提交传统二维深化设计成果的同时，必须提供相应的BIM模型，由CCDI在施工图管线综合BIM模型基础上，继续整合各专业工程承包商的BIM模型，在建筑设计团队、各专业工程承包商以及业主的协同下，完成深化设计的最终定案和审核。相关的调整信息由各专业工程承包商根据施工深化BIM模型修改各自的二维深化设计图纸，最终形成一个对施工深化设计校核闭环的工作流程。

这样的BIM应用模式虽然未实现全过程BIM协调（关键节点借助BIM协调），但在BIM应用技术还不成熟、项目团队BIM应用能力分布不均的条件下，起到了一个较低成本（聘请BIM顾问和少量专业承包商建立BIM模型）投入换来较大收益的（减少了大量因专业协调不到位带来的材料浪费和工程延误）。

当然为了达到这一效果，各专业工程承包商必须按照一个统计的标准及工作方法才能在BIM的环境下进行协同，因而类似百度大厦项目那样前期的BIM规划工作也是必不可少的。为此CCDI的BIM咨询顾问在前期通过大量的调研、访谈以及论证等工作，为平安大厦项目做了严谨的BIM实施策划，并在此基础上结合整个工程的实施进度制定了详细的工作计划。

通过这些新的服务的投入，项目从系统上解决了过往施工图设计与深化设计容易脱节的问题，通过建立一个可视化的工作平台，让各专业工程承包商之间的深化设计要求在施工开始前得到充分交流并最大可能满足相互之间的要求，大大减少了施工阶段，各专业深化设计因为存在冲突导致最终与施工结果不一致，导致的变更增加、材料浪费、工期延误、决算难以理清等连锁反应。

图12 平安大厦渲染图

Fig.12 Rendering of Pingan Insurance Tower

工程建筑服务行业的突出特点是为一个特定的、唯一的建筑产品提供的定制服务，因此这种唯一性决定了每一个工程建筑服务项目都必须经过定义、计划与控制的过程。与国际通行的建筑设计服务职责相比，中国的职业建筑师的服务虽然在职能定位、工作范围、技术背景、工作权限、技能培训、分配体制等方面都有差异，不能完全做到像英美那样作为业主的专业代理人和利益代表，但工程建筑服务项目的特点决定了对全过程建筑设计的需求。虽然我们目前还难以完全实现全程设计，但借助BIM这类新技术应用为行业带来的变革机会，不正是我们将建筑设计做大、做强的机遇吗?

图13 结构模型

Fig.13 Structural Model

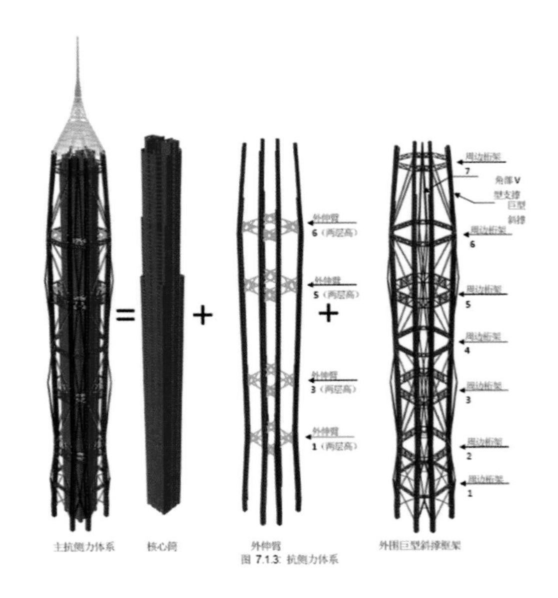

图14 结构BIM模型（分解）

Fig.14 Structural Model (Breaking Down)

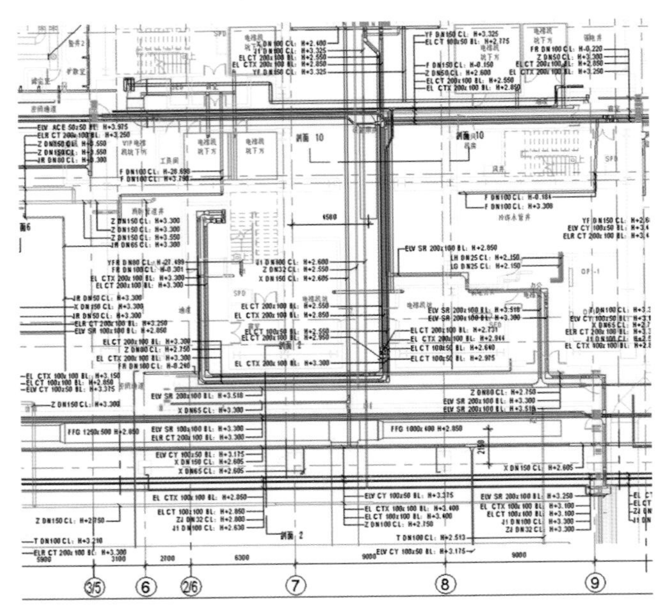

图15 利用BIM生成的机电管线综合图

Fig.15 Creating Combined Service Drawing（CSD） by using BIM

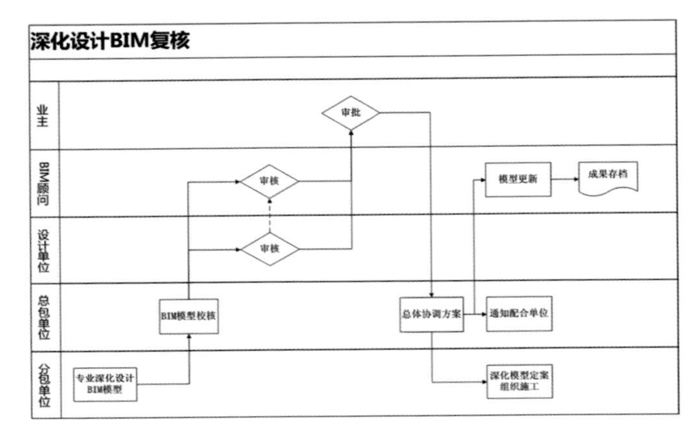

图16 深化设计BIM复核流程图

Fig.16 Flow Chart for validation by using BIM for Design development purpose

参考文献

[1] 姜涌. 建筑师职业实务与实践——国际化的职业建筑师 北京，机械工业出版社，2007.12.

[2] 王广斌，任文斌，罗广亮. 建设工程项目前期策划新视角——BIM/DSS 建筑科学，2012(5).

[3] 黄华. 基于BIM的建设项目前期价值管理 内江科技，2012(1).

哈尔滨西站

王睦　刘世军
悉地国际轨道交通事业部

主创设计师：王睦、刘世军
设计团队：王睦、刘世军、赵霞、杨华春、漆国强、王霏、李文鹏
设计时间：2008-2009年
施工时间：2010-2012年
工程地点：黑龙江省哈尔滨市
图片摄影师：傅兴

主要经济技术指标
总占地面积：约330000m^2
站房总建筑面积：70000m^2
雨棚投影面积：83000m^2
高架道路及匝道面积：10900m^2
建筑容积率：0.23
建筑覆盖率：27%
建筑层数：地上3层，地下2层
建筑高度：46m
绿化率：35%
停车位：1200

哈尔滨西站是有“东方俄罗斯”之称的中国冰城。哈尔滨市新建的特大铁路综合性交通枢纽项目（Transit Complex），集铁路、城市轨道交通、城市公共交通、社会交通等多种交通方式于一体。从交通枢纽的一体化布局看，项目包含国铁站房和站前枢纽设计，以及地下空间、换乘空间、广场景观、商业开发设计等一系列分项设计。而作为整个枢纽最为重要的一座建筑——国铁站房的设计，则成为整个建筑集群设计的关键。

站房形制为高架车站，车站主体呈“工”字型布置，分为东西站房，通过站台上部的高架层候车区相连接。站台下方设出站地道与城市通廊。站房东西两侧各设一个城市广场，因地势高低不平，东广场比西广场高出20m左右。而对应的东西站房则相应设计为地上二层、地下二层侧式站房与三层侧式站房，西站房设有高架桥与进站口相连。东侧广场中部为面积约9000m^2的下沉广场，形成了一处安逸的商业休闲空间。

哈尔滨西站站房立面设计通过富于节奏和变化的竖向划分表现出变化的韵律感，通过比例的控制以及细节的设计使建筑带有优雅的俄罗斯韵味，两侧柱廊式的粗壮石材柱列表现出强烈的力量感，并衬托出中部入口拱形空间细密石材细柱的优雅与细腻。站房主体采用流畅的拱形结构，屋顶曲线延续至站房两翼，柔美的曲线轮廓结合厚重的垂直墙身，在满足降低屋顶雪载荷以及降低热量损耗的条件下，更是形成一种刚柔相济的整体基调。在中央进站厅部分采用适当通透的立面处理以突出火车站的主入口，使车站以开放的姿态面向城市！在色彩和材质上，砖红色的外立面色彩选择给人以温暖、

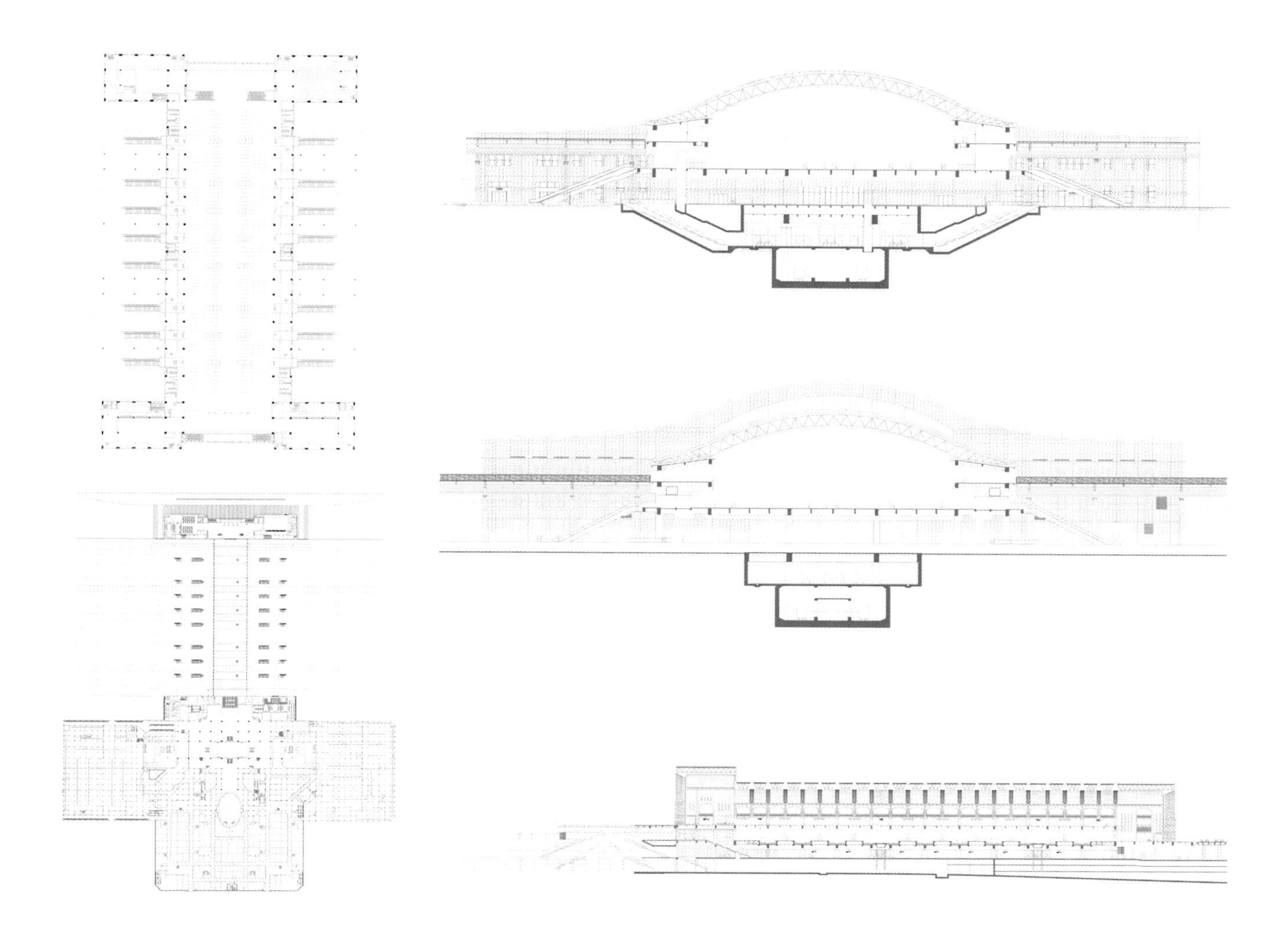

安全的感觉，同时，红色在冰城哈尔滨的素白世界中将显得格外突出和亲切。立面材料则选用棕色陶板及暖色石材的搭配设计，形成了强烈的标识性和鲜明的地方特色。

出于安全性与采光品质的双重考虑，站房内部空间设计采用了近70m的大跨拱形屋面。明亮宽敞的一体化候车大厅极富空间感。在大厅的两侧还设置了商业夹层，在简单的走廊围合形式中稍作空间及业态的划分和变化，打破了空间形式的单一和层次的单薄。候车厅室内立面在色彩设计时选用同为暖色系的米色石材，局部用呼应外立面砖红色调作为点缀，提供温暖、明亮的视觉效果，表现出哈尔滨欢迎各方来客的热情暖意。屋面桁架下部吊顶采用微孔铝板密缝拼接，在天窗正下方采用模数化三角形开孔铝板拼接，意似雪花冰晶的抽象形式。天窗内两侧设有暗藏灯带，夜晚的照明辅助体现其弧形空间结构形式，并削弱天窗的立面尺度，整体更为轻盈。

哈尔滨西站的设计探寻了严寒地区的气候、地方城市文化、交通建筑特点和综合交通枢纽之间的平衡。随着哈大高铁与该车站的同步启用，哈尔滨这座极富中国北方情怀的寒带城市便拥有了一个温暖的城市新客厅。

实践创新（设计说明或技术难点）：

这座全新的铁路综合枢纽将屹立于冰雪之城哈尔滨，通过整体式的严谨规划和“客站–枢纽”一体化的联动设计，给人们带来新时代的出行体验，也成为哈尔滨都市副中心的开发建设提供强有力的保障。

梁鹏程

梁黄顾建筑师（香港）事务所有限公司

梁鹏程先生是香港著名的注册建筑师，1986年创立梁黄顾建筑师（香港）事务所，2009年成立深圳市梁黄顾艺恒建筑设计有限公司。

梁先生一直倡导一丝不苟、精益求精的工作态度，提倡在产品设计的全过程进行精细化设计。努力把国际通行的设计管理经验引入到国内项目中，并不断探索项目全程管理和服务的方法。他相信尽管建筑设计行业竞争日趋激烈，但只要坚持这些理念，就是对产品及服务质量的最大保证。同时，在各类型的发展项目中，他不断提倡且坚持可持续发展的思想，并力求将有限资源最大化利用，以为今后环境资源的长效发展打下坚实的基础。

在专业资质方面，梁鹏程先生于早年已取得中国香港、澳洲、英国建筑设计专业资格，并持有中国一级注册建筑师资格，经过近四十年的专业摸索和实践，他积累了丰富的建筑设计经验，并形成了一套既包容又独特的建筑设计风格，尤其擅长处理不同规模的综合性社区规划建设及高尚住宅设计项目。已建成的作品遍及中国大陆、中国香港、韩国及海外多个国家和地区，其中还包括调景岭地铁上盖的综合发展项目都会站、将军澳地铁站沿线的商住项目将军澳豪庭、荔枝角港铁战沿线住宅升悦居等项目。

专业资格

香港注册建筑师	1991年
国家一级注册建筑师资格	2004年
香港建筑师学会会员	1989年
认可人士 (香港建筑师名单)	1984年
英国皇家建筑师学会会员	1981年
皇家澳洲建筑师学会会员	1979年
Member, Architect Accreditation council of Registered Architect State of NSW, Australia (AACA)	1979年

工作经验

Managing Director (Partner) — LWK & Partners (HK) Ltd. 董事总经理（合伙人）— 梁黄顾建筑师（香港）事务所有限公司	1986 –现在
Senior Architect – P&T Architects 高级建筑师 —巴马丹拿建筑师与工程师有限公司	1981–1985年
Project Architect– P&T Architects 工程建筑师 —巴马丹拿建筑师与工程师有限公司	1980–1981年
Project Architect– Lightfood Stanton Halon & Ritchie (Sydney) 工程建筑师	1978–1980年

项目：The One
地点：香港
设计年份：2008
完成日期：2010
用地面积：3125m^2
建筑面积：37507m^2

项目简介

近日，由梁黄顾建筑师（香港）事务所有限公司承担建筑设计的“The One”(原名香港尖沙咀东英大厦重建项目)将于7月底隆重试营业，170m高全零售商业，号称全亚洲最高的纯零售商业建筑，从150m高的空中花园俯瞰，整个维港自西向东尽收眼底。

该项目位于香港繁华商业区尖沙咀加连威老道一至十九A，总用地面积3125.6 m^2，总建筑面积37507.2m^2。

为了吸引善变的消费者到一幢高层建筑中购物，设计师遵照“形式紧随功能”的原则，特别将大厦分成两座，当中包括餐厅、商店及电影院,以尽量吸引人流光顾。综合项目位于加连威老道及弥敦道之间，人流可从3层高的平台前往26层高的主厦或11层高的戏院大楼。主厦的购物商场一直伸至十四楼，再上则为餐厅。大楼的最高四层移后，腾出空间做露天阳台,在此用膳，可眺望九龙以至更远的繁华景色。一条长长的扶手电梯由主厦的六楼一直通往电影院大楼的底部，为两座大楼提供另一个联系。除了视觉和实质上的连接外，电梯也透视了这个综合项目里的内部动态。

项目：广州太古汇
地点：广州珠江新城
设计年份：2010
完成日期：2012
用地面积：49000m²
总建筑面积：446000m²

项目简介

该地块位于中国广州天河区，项目位于天河路以南，天河东以东，N1路以北，正在建设的地铁3号线石牌桥站以南，地铁1号线体育中心站300m以西。开发项目是两站之间的地段包括地下连接部分。

该地块用地面积为4.9万m²，建筑面积44.60万m²，其中地上建筑面积28.0万m²。开发包括4个主要部分：①40层办公楼的一号塔楼和28层高的办公楼的二号塔楼，分别位于基地东南部的专卖店商场与位于基地西南部的酒店B座；②基地东北部的5星级酒店A座和一座在基地西北角的文化中心；③地下部分，其中包括一个3层地下停车场和4层上下交通区域；④位于三层和四层的绿化广场。设计意图在四角布置酒店、文化中心和办公部分，从而增加城市视觉廊道，同时消除每栋塔楼的视觉遮挡。（梁黄顾在此项目中担任执行建筑师）

项目：赫兰道11–12号
地点：香港港岛南湾赫兰道11–12号
设计年份：2008
完成时间：2009
用地面积：4040m²
总建筑面积：3030 m²
业主：恒基兆业地产有限公司

项目简介

项目“赫兰道”由恒基兆业地产有限公司发展，位于港岛南湾赫兰道11–12号，由四座独立大屋所组成。此发展项目的总建筑面积为3030m²，包括了一幢建筑面积超过900m²的别墅。房屋拥有简洁的建筑外观，并充分地利用了南湾的海景作为主要景观。房子本身以天然石材为材料，并配搭各种铝材和玻璃， 形成现代与古典结合的建筑体。在兼顾总体规划设计以及房屋定位的同时，设计师也别有心栽地保留了项目地段内原有的巨大古树。

林彬海

深圳市清华苑建筑设计有限公司

1988年毕业于清华大学建筑系(本科)，1990年毕业于清华大学城市规划（硕士研究生）；1990年7月－1998年4月深圳市建筑设计研究总院第一设计院任建筑师、主任建筑师、所长职务；1998年4月至今深圳市清华苑建筑设计有限公司任设计一所所长、副总建筑师、副总经理职务。

2009年3月评选为深圳市建设工程设计评标专家；2009年4月荣获“深圳市勘察设计行业首届十佳提名青年建筑师”；2011年1月深圳市注册建筑师协会第四届理事会理事；2012年3月荣获“首届深圳市优秀设计项目负责人”；2012年8月评选为深圳市住建局第一批入库评标专家；2012年11月荣获“深圳市土木建筑学会中青年技术精英”。

毕业至今从事建筑设计工作23年，主持设计完成大中型各类项目几十项，总建筑面积数百万平方米，其中“深圳紫荆苑”荣获1998年度广东省优秀工程设计三等奖、“昆明12棵橡树庄园 ”荣获2006年度云南省优质工程一等奖、“ 三亚・山水国际（酒店式公寓及水上餐厅） ”荣获2008年度深圳市第十三届优秀工程勘察设计公共建筑三等奖、“东莞鼎峰・品筑”荣获2010年度东莞市优秀建筑工程设计方案、“深圳十二橡树庄园 ”荣获2012年度深圳市第十五届优秀工程勘察设计住宅建筑类二等奖、“ 江阴阳光・敔山湾”荣获2012年度深圳市第十五届优秀工程勘察设计住宅建筑类三等奖、“东莞万科・松山湖1号花园龙湖居”荣获2012年度东莞市优秀勘察设计项目二等奖。

设计理念：追求共赢的建筑

建筑师承担设计项目都是为了最好地满足人的需要，不论是公共建筑项目还是开发商的项目，都要充分满足业主的要求，符合城市规划的限定，还要注重公众的利益，如何把各方面的需求统一起来，是建筑师追求的目标。在中国当前的建设大潮中，建筑师遇到了各种各样的开发商，他们的诉求各有不同，除了务实方面的要求，解决项目本身的问题，包括环境条件的问题、工程技术问题、空间形象问题等，还要应对市场竞争与销售方面的挑战等。有些开发商还提出建立地标、几十年不落后等更感性的要求。建筑师要实现设计上的想法，满足开发商的利益追求，就要立足于共赢的理念，将实用性、艺术性、经济性相结合，又能为城市增添新的光彩，为公众提供更好的空间感受。

建筑和景观同样是密不可分的。现代人生活压力大，更加注重景观的空间感受，渴望亲近自然，在景观空间中获得更多愉悦的体验。因此，一个成功的建筑，不仅是建筑物的成功，也是建筑师与景观设计师互相理解与配合共同完成，互相为对方提供更好的空间和价值，互为共赢。

建筑师与承建商、材料与设备供应商的配合同样重要，对材料的运用，细节的塑造，构造节点的处理，设备系统的优化等，都需要相关各方紧密配合才能达到最好的使用功能，实现最理想的艺术效果，又能对成本进行有效控制，因而实现共赢。

通过以上各方面的工作，建筑师实现了自己的创意，为业主创造了最大的价值，使各种需求找到最佳的平衡点，达成经济的效益、社会效益、环境效益的统一，从而实现了共赢。

近年来主持设计了若干大型城市综合体项目，感受到创作就是为达到共赢而进行综合与妥协的艺术。每块用地都是独一无二的，必须认真分析项目自身的特点，将各种限制条件充分消化，将设计难点转化成建筑独有的个性特征。横岗东城中心花园总建筑面积约40万m^2，功能复杂，有住宅、公寓、主力商场、特色餐饮、影城等。项目难点在于一二期用地都不大，功能相联系与互补，却被市政道路所切割，设计中最大的特点就是将一二期用地通过二层平台和三四层连廊相连接，使得一二期浑然一体，又与高架地铁站点、人行天桥等与周边地块联系起来，形成立体化的商业街区，商业二层以上层层退台，使得商业广场与裙楼形成立体化的全天候开放的休闲景观空间。在这里，建筑创意得到实现，开发商获得了更大的商业利益，多层商业首层化，市民生活、通行、娱乐更加便利。基于对城市空间所做的贡献，获得了规划部门的认可并得以实施，实现了共赢的建筑。

深圳横岗东城中心花园

湛江鼎盛广场

深圳十二橡树庄园

大亚湾龙城一品

惠州奥林匹克花园

南京技师学院

东莞鼎峰品筑

平湖恒路物流园

三亚山水国际

中国人民银行深圳市中心支行扩建工程

朱翌友

悉地国际设计顾问（深圳）有限公司

1974年出生
2000年毕业于华中科技大学，建筑学硕士
2000–2002年任职于香港华艺设计顾问（深圳）有限公司
2002年至今服务于悉地国际设计顾问（深圳）有限公司
CCDI悉地国际 设计副总裁
CCDI悉地国际 公共建筑事业部 总建筑师
国家一级注册建筑师

代表作
2009年 四川美术馆
2009年 慈溪文化商务区文化艺术中心
2008年 盐城文化艺术中心
2008年 深圳航天国际中心
2007年 南山文体中心
2007年 振业星海名城七期办公楼
2006年 深圳腾讯研发大厦
2005年 深圳绿景大厦
2004年 深圳正中科技大厦
2004年 东莞金地格林小城
2003年 龙岗体育公园
2003年 成都中海·格林威治城

深圳腾讯研发大厦

深圳绿景大厦

深圳南山文体中心

朱翌友，多年以来一直立足于深圳进行建筑创作，精于文化建筑、大型高层建筑、科技产业园、商业建筑和居住建筑等多个类型的设计，为中国十多个城市和地区创造出标志性的建筑作品，多次获得国内外著名奖项，是CCDI青年建筑师创作团队的重要领军人物。

在十多年的建筑实践中，朱翌友以其勤奋、刻苦、敬业的精神，实现了数量惊人的设计作品，包括具有探索意义的文化建筑四川美术馆、深圳南山文体中心、盐城文化艺术中心；独具一格的超高层建筑腾讯科技大厦、绿景大厦、深圳航天大厦、正中科技大厦；以及备受居住者好评的住宅社区东莞金地格林花园、成都中海格林威治城等。这些丰富的建成和正在实施的项目，见证了一位优秀的建筑师不断挑战和超越自我的复杂历程。

从设计哲学上看，朱翌友力图在可供调用的有限材质之中探寻美学自身的逻辑与真实性。在他看来，经典的美学规律依然在当代建筑之中发挥巨大的作用，这种作用来自人类对人体自身的认知，只要人体存在，比例、均衡、尺度等一系列问题就依然是建筑审美的范畴。先进的电脑软件虽然促成了某些怪异夸张的建筑形态。但朱翌友却依然努力让建筑的美更加“逻辑化”，即充分关注从设计概念到建筑形态的过程，关注造型

深圳航天国际中心

盐城文化艺术中心

慈溪文化商务区文化艺术中心

深圳绿景大厦

四川美术馆

背后的逻辑。

对于设计，朱翌友一直保持着旺盛的新奇心。他的团队时常回味近期出现的有特色的建筑手法，评论那些有意、无意间发生的事件，当然还有建筑之外的设计艺术与工艺时尚。他常说："如果没有新鲜感，就没有灵气，没有激情，设计水准就停滞了"。即使身处CCDI这样一个大型的商业化设计公司，朱翌友的创作团队依然扎根在新的形态和概念之中寻求突破，寻求原创的价值。正是一份难能可贵的坚持，成就了朱翌友对建筑和人生的高度追求。

四川美术馆

满志

深圳市东大建筑设计有限公司

工学硕士
国家一级注册建筑师
深圳市东大建筑设计有限公司董事长
东南大学驻深圳虚拟大学园首席代表

1993年由东南大学建筑系派驻东南大学建筑设计研究院深圳分院工作，1997年任分院院长，2010年分院改制后，任东大建筑设计有限公司董事长。历任深圳市龙岗区顾问规划师，中国建筑学会会员，深圳市勘察设计行业专家库专家，《深圳勘察设计25年——风景园林篇》副主编等职。2011年12月满志荣获深圳市勘察设计行业优秀驻深企业负责人称号，2011-2012年，满志在《时代财富大厦工程》创优中做出了突出贡献，被评为度国家优质工程奖先进个人。

代表作品：广东省东莞市行政中心广场（2006年荣获教育部优秀设计一等奖）、深圳市龙岗文化中心（2006年荣获建设部优秀设计二等奖）、深圳市海上田园生态旅游区、深圳市时代财富大厦、东莞市迎宾馆、山海天鲁能度假公寓等。

财富集团
安全生产警钟长鸣

研山銘
五色水浮
崑崙潭
在頂出黑
雲挂龍怪
爍電痕下
震霆澤
極變化
闔道門
寶晉山
前軒書

杨为众

筑博设计股份有限公司

杨为众出生于1965年，1990年毕业于东南大学建筑研究所获建筑学硕士学位，为筑博设计股份有限公司创始人之一，现任筑博设计股份有限公司总建筑师、深圳市建筑师学会会员、深圳市建设工程交易服务中心评标专家，拥有超过20年的大型建筑项目的设计经验。

理念——设计源于生活

建筑设计的本质是什么？既不是为了满足一叠设计任务书的要求，也不是为了迎合某位当政者的权欲，回到起点，建筑设计是为人的活动提供空间。人的活动是生活的一部分，生活是融合了场所、时间、人物、事件的整体，生活中充满了关于时空与人的生动关联，这些和我们所学习的那些刻板教条的建筑学知识非常不同。因此筑博的理念是：希望设计能回到原点，回到生活具体而浑然的状态中去，从对生活的观察和感悟去引导设计。在具体的设计中，理性的分析和感性

深圳京基下沙滨河时代

东莞长安万科中心

长沙保利国际广场

深圳华强广场

三亚亚龙湾瑞吉度假酒店

深圳市档案中心

深圳市文体局笔架山综合训练馆

北京保利东郡

的判断经常交替在一起，需要在项目的开始阶段去平衡和决策项目本身最基本的诉求，针对生活的需求安排具体的空间策略。比如，尊严的感受可以凭借空间严谨的几何关系以及尺度等；伦理的实现与不同空间的顺序安排有关；交往的发生依赖一个具有轻松而别致的场所的营造；享乐的需求则需要丰富而有层次的空间经验和光线的明暗变化，而且还涉及对触觉、听觉、嗅觉等其他

深圳肿瘤医院

深圳宝荷医院

东莞万科虹溪诺雅

东莞万科紫台

深圳万科城

感官的调动。有个性的建筑，是不同建筑师对各种人类活动体验后不同理解的诠释。

杨为众对筑博设计作品的评价为：从市场角度看，筑博设计的多个项目都得到业内人士的好评；从城市的角度看，筑博的设计也在扮演着和谐的角色。这两方面的追求就是筑博的过去、现在和未来的追求。

黄晓东

深圳市建筑设计研究总院有限公司

1965年10月出生，1983年9月－1989年12月就学于华南理工大学，建筑学专业本科、城市规划与设计专业硕士研究生毕业，现任深圳市建筑设计研究总院有限公司执行总建筑师、中国建筑学会建筑师分会人居环境专业委员会委员、深圳市注册建筑师协会常务理事、全国注册建筑师管理委员会考试委员会命题专家、深圳市规划国土委员会建筑设计审查专家库专家、深圳市住房和建设局评标专家、香港建筑学会会员。1995年深圳市先进工作者。

主要著作

《建筑设计技术细则与措施》及《建筑设计技术手册》（中国建筑工业出版社）主要编写人，《旅馆建筑设计规范》编委。

主要作品包括深圳银湖长途汽车客运总站、深圳高等职业技术学院教学楼、盐田区妇幼保健院和计划生育服务中心、深圳市市民广场及地下工程、中国矿业大学南湖校区公共教学区、珠海方正科技PCB产业园、宁夏医学院、上海佘山索菲特大酒店、西安苏陕国际金融中心、株洲大汉希尔顿国际、南方科大和深大新校区拆迁安置项目产业园区。

从业思考

建筑与环境

我们只有一个地球，人类的任何建造活动，对自然就是一种改变。社会与环境资源的最大化地慎用，建筑师责无旁贷，而缓、思、慎、巧是应有的工作态度。建筑师力所能及的是减少破

盐田区妇幼保健院和计划生育中心

上海佘山索菲特大酒店

珠海方正科技PCB产业园研发楼比较方案

坏，进而改善环境。

相对于环境，建筑宜减不宜增。环境为主，建筑为辅。

相对于城市，建筑服从于需要。城市中个体建筑角色不同、轻重不一，重个性而争为主角，城市则无序，会令人生厌、烦躁。建筑应与城市互动，营造宜人的环境。

环境基地因素决定建筑。

建筑设计

建筑设计犹如写作。重点在于解题、立意、构架、着笔、推敲、润色。建筑设计应重视基地研读、功能分析、空间营造、形象分析、建造统筹，找出相对合理的方案。解题失误，后续的努力往往是徒劳。

功能因素制约建筑。建筑非纯艺术作品，更多的是功能产品。功能优劣决定了建筑的使用效率。物质与精神功能的轻重取决于项目本身，复杂功能制约着建筑师的设计发挥，但制约下的突破往往产生独特而优秀的作品。

建筑师无法“设计生活”。未来无法准确预见，生活处于变化之中，应在实用性与灵活性中掌握平衡，少占地、提高空间的灵活性与可能性，将可能延长建筑物的生命。

建筑非个人的丰碑。建筑空间与造型的追求需适度，解决问题、改善生活才是设计的本质。

建筑源于生活。对生活的观察、体验与思考的深入程度决定了建筑师设计水平的优劣。

用心设计。建筑创作的成功决定于建筑师的用心程度，珍惜机会，不断推敲与完善，少留遗憾于人间。

细节决定成败。作品的经久耐看取决于细部处理，细节体现用心。

建筑设计手法贵在精炼。

工作反思

建筑设计绝对是一份辛苦差事，它需要建筑师不断的忘情投入，却也可能给建筑师一个圆梦的机会。

建筑设计可以仅是一份职业，但也可以成为你的理想与追求。

建筑总是不乏遗憾，每次的验收与回顾，总觉得当初投入的不够。

建筑设计需要用心、踏实、勤学、坚持。

湖州体育场

珠海方正科技PCB产业园研发楼实施方案

珠海方正科技PCB产业园
研发楼细部实景

深圳南方科技大学和深圳大学新校区拆迁安置项目产业园区

株洲大汉希尔顿国际

大汉希尔顿国际沿规划路透视1

大汉希尔顿国际沿规划路透视2

株洲大汉希尔顿内街透视

拼搏进取 成就梦想

侯军

深圳市建筑设计研究总院有限公司
筑塬建筑设计研究院

侯军，深圳市建筑设计研究总院有限公司——筑塬建筑设计研究院院长、首席建筑师、建筑与环境设计研究所所长、医疗建筑设计研究所所长、高级建筑师、国家一级注册建筑师、中港互认一级注册建筑师、香港建筑师学会会员、深圳市注册建筑师协会理事、深圳市建筑师协会理事、2012首届深圳市优秀设计项目负责人

上篇 建筑梦想

1961年11月，侯军出生在吉林省长春市。1980年，作为应届高中毕业生参加高考，被吉林建筑工程学院（现吉林建筑大学）录取。入校后经加试美术顺利考入建筑与规划学院建筑学专业，成为吉林建筑大学——建筑与规划学院首批建筑学专业的学生。

虽然当时的师资条件和办学环境都很差，但这并没有影响他求知的渴望，他对人与建筑的关系、建筑与美的关系以及建筑史的发生、发展有了更深入的认识，他的人生目标也渐次清晰，那就是“要成为一名对社会有所贡献的职业建筑师”，并确立了“我的事业是建筑，建筑是我终生的事业！我要倾注毕生努力，为社会奉献出优秀建筑精品”的人生信念。

1984年7月，侯军怀着无限的抱负与期望迈出了学校的大门，成为一名年轻的建筑师。吉林省建筑科学研究院是实现他人生理想的第一个平台，他虚心地向老前辈们学习，积极参与各种方案征集、竞赛与投标，完成了一批优秀的建筑作品，如：香港邵逸夫先生首批捐款——东北师范大学逸夫科学馆（获国家教委优秀建筑表扬奖），延吉公路客运总站（吉林省优秀设计二等奖），松原市委、市政府办公大楼，四平市公路客运中心站，长春市青少年宫等项目。他的事业获得了长足的进步，成为省内崭露头角的青年建筑师。

1986年底，侯军随单位领导赴广州、深圳考察，并在深圳度过了1987年的元旦，广州、深圳给他留下了美好的印象。在他看来，深圳是个充满希望、充满活力、欣欣向荣的一片热土，这是可以提供无限可能的实践天地！此次的深圳之行让他暗下决心：将来有机会一定要来这里实现自己的人生梦想！

1992年邓小平南方讲话犹如一阵春风吹遍了神州大地，深圳改革开放的建设成就，似乎一夜之间吸引了世人的眼球，深圳成了时代弄潮儿实现梦想的乐园，大批有识之士和有志青年从四面八方潮水般的涌向深圳。而侯军就是这其中的一员，1993年2月初，当人们还沉浸在新春佳节的喜庆氛围中，侯军怀着对事业与美好未来的憧憬与期望，毅然决然、义无反顾地放弃了在长春经过九年艰苦努力创下的“天地”，放弃舒适的生活，远离爱妻和刚满四岁的女儿，辞掉设计室主任和后备干部的平台，只身一人南下深圳，开启了在深圳事业的“零起步”。

“从零开始、从底层做起、厚积薄发”，这是侯军对他初入深圳设计总院心态的最恰当总结。深圳对于这个来自内地设计室主任来说，一切都需从头做起。以他深厚的专业功底和综合管理才华，经过不懈的努力，他从一个普通的设计师开始，从建筑师、主任建筑师、高级建筑师，副所长、所长、副总建筑师、院长一路走来，用智慧和汗水为他实现职业建筑师的理想，写下了一路拼搏与辉煌的足迹。在这

里，他完成了大量的城市规划、城市设计、公共建筑（如文化、办公、会展、商业、教育、体育、医疗、交通）、居住建筑、工业建筑、室内装修、环境景观等各种类型的设计工作，这一干就是二十年。

2007年12月，在深圳市建筑设计研究总院建院二十五周年的庆典晚会上，他被光荣的评为“在职十五年的优秀员工”、“具有突出贡献的专业带头人”和“优秀业务骨干”。他的事业，无疑跨上了一个令人瞩目的新台阶。

对于这二十年的特殊经历，侯军有着特别的感受。从1993年的31岁到今年51岁，恰是他人生最黄金的时节，这也是他事业上快速成长与发展的二十年。他不无感慨地说，深圳设计总院之所以能够从1982年只有十几人的宝安县设计室发展成为今天拥有2300名员工、跻身国内十强的知名大院，实在是人间奇迹！是深圳的沃土吸引了莘莘学子的不断加盟，是特区的火热生活培养与造就了他们的成才之路，更是这批志向远大、不甘寂寞、勇于探索和敢为天下先的年轻人托起了深圳的明天。他为有幸能够加盟深圳，加盟深圳设计总院，投身到中国改革开放的最前沿，亲历与并见证中国经济特区的发展历程而感到无比的骄傲与自豪。

中篇 辉煌成就

2002年8月，深圳设计总院在全国设计体制改革方面敢为天下先，在全国大型设计院中率先推行了“项目经理责任制”。侯军与王丽娟、朱建群三人合作组建深圳市建筑设计研究总院第三设计院“建筑与环境设计研究所”，并联合孟建民大师的“孟建民建筑工作室”,共同参与国内多项重大项目投标，战绩卓著。如：合肥市政务中心（获国优银质奖、省优一等奖、市优一等奖），中国第一汽车集团公司总部大楼（获省优二等奖），东莞理工大学教学实验综合楼（获省优三等奖、市优二等奖），重庆建工未来城（获省优三等奖、市优二等奖），深圳保税区配餐服务中心（获市优三等奖），安徽新闻中心大厦（获市优三等奖），合肥新城国际商业综合体（获市优三等奖），深圳市土地房产交易中心大厦（获市优三等奖），深圳金蝶软件中心大厦（获市优三等奖）等项目。

2004年3月。侯军设计团队与孟建民建筑工作室合作，在全国范围内参与大型综合医院投标，有幸中标：张家港市第一人民医院、安徽医科大学第二附属医院，并顺利完成了施工图设计。在与众多卫生界专家们的接触与交流中，侯军强烈地感觉到：全国范围内新一轮、大规模的医疗建筑改造与建设高潮即将来临。为了适应时代发展需要，迎接更大的机遇与挑战，他在“建筑与环境设计研究所”的基础上，适时地向总院提出了创办总院“医疗建筑设计研究所”的申请，很快获得总院领导、分院领导的首肯与批准。从此，他们在“建筑与环境设计研究所”班底的基础上（一套队伍，两驾马车），开启了“专业化医疗建筑设计的发展之路”。实现了“宽泛（建筑与环境）与专业（医疗建筑）”共同发展的设计之路。并根据建筑市场和建筑政策的需要，采取了一系列行之有效的发展策略：

1. 创建“室内、景观、幕墙、专业医疗设计部”。根据国内和深圳政府投资项目 “代建制”和“建筑工务署管理制”的需要，对设计单位提出了“总包设计”的要求。即：建设项目所涉及的全部设计工作均由中标的、完成主体工程设计的大型综合甲级设计院“归口统一完成”。常常被作为分包的：建筑幕墙、室内装修、环境景观与园林绿化、专业医疗工艺、建筑智能化等内容。他在 “方案创作、建筑、结构、给排水、暖通空调、电气智能”六个设计部门的基础上，又增加了“室内、景观、幕墙、专业医疗设计部”。吸纳高水平的设计师加盟，成为能够覆盖：城市规划、城市设计、建筑设计、室内设计、环境景观设计、幕墙设计、工程咨询、项目策划管理八大服务内容的大型、综合性设计事务所。

2. 广泛联合，协作共赢。积极与美、法、德、日等多家境外知名设计机构合作，完成了多个有影响的大型项目。中标并完成了：安医大一附院门急诊与外科综合大楼（760床），安徽省心脑血管医院（800床），安徽省肿瘤医院（1200床），安徽省立医院住院综合大楼（1600床），吉林大学第一医院整体扩建与改造工程（2500床），江苏省人民医院整体扩建与改造工程（2500床），昆山市第一人民医院友谊医院（600床），东莞市第三人民医院（精神病医院1000床），深圳市第三人民医院（传染病医院500床），香港大学深圳医院（深圳滨海医院2000床），深圳市儿童医院整体扩建与改造（800床），深圳市新安医院（1000床），深圳市光明医院（500床），深圳市坪山新区第三医院（500

香港大学深圳医院

床），深圳市松岗人民医院扩建（500床），北京解放军总医院（301医院）内科综合大楼，昆明医学院第一附属医院呈贡新区医院（4000床）,河南林州市人民医院（1500床），安徽淮南东方医院（1000床），安徽萧县人民医院（1000床），安徽灵璧县人民医院（1350床），安徽砀山县人民医院（1500床），山东滕州市中医医院（1000床），北京积水潭中山骨科医院（500床），苏州市第五人民医院（传染病医院600床），江西省人民医院红谷分院（1800床），南昌大学第二附属医院红角洲分院（2000床），山西省肿瘤医院科研综合楼（800床）等项目设计。

张家港市第一人民医院于2007年10月正式投入使用后，获中国建筑学会第六届创作大奖、部优三等奖、省优二等奖、市优一等奖，成为医疗建筑界竞相学习、借鉴的佳作。安医大一附院门急诊与外科综合大楼（市优一等奖）、安医大二附院（市优二等奖），安徽省心脑血管医院、吉林大学第一医院、东莞市第三人民医院、昆山市第一人民医院友谊分院（市优二等奖）、深圳市第三人民医院（获市优三等奖）等项目也于2008年、2009年相继竣工投入使用，得到社会各界的广泛赞誉与好评。

合作共赢，不但使各自的资源得到最大化地利用，而且取得巨大的建筑荣誉，与美国TRO建筑工程设计公司合作完成的工程：深圳市第三人民医院和江苏省人民医院整体扩建与改造工程,在2007年北京中国国际建筑艺术双年展上,获得“最佳医院建筑设计优秀奖”和“现代医疗设计奖”两项大奖。2008年6月19日，深圳市第三人民医院又获得美国建筑师学会（AmericanInstitute of Architects）2008年度美国“医疗建筑设计大奖”。他的精英设计团队也在竞争与发展中迅速成为国内医疗建筑设计界中一支响当当的新军。

2013年2月，在总院集团化发展战略方针的指引下，侯军设计团队适时提出申请，并获批晋升为总院有限公司的直属分院，即：“深圳市建筑设计研究总院有限公司——筑塬建筑设计研究院”，成为员工规模超百人的大型综合性建筑设计院。它以大型公共建筑、民用建筑、医疗建筑等为专业优势，努力为深圳乃至中国的建筑事业做出积极地贡献！

下篇 感恩与责任

在与侯军的交流中，我们除了被他的学者风度和睿智所折服外，更为他的感恩情怀所打动。这使我们在认识一个建筑大家的精湛专业之外，更真切地感受到了一个普通人对于父母、妻女、师长、朋友们所具有的真情实感，这构成了侯军极为丰富的感情世界。而这一切也成为他事业成功的坚强

长春汽车博物馆

吉林大学第一医院

张家港市第一人民医院

动力。他始终忘不了父母亲及师长对他的呵护与关爱，忘记不了母校对他的谆谆教诲。

1997香港回归的那一年，侯军的双方父母第一次来到深圳，亲眼目睹了改革开放窗口的巨大发展与变化。而那时的他不但站稳了脚跟，事业上也有了很大的突破，很多倾注他心血的建筑作品拔地而起，他也成了单位里的业务骨干和中坚力量。父母、家人看到这些都无比地欣慰，那些埋藏在心底里的顾虑也自然地烟消云散了。

在深圳创业的第六年，即1999年6月，侯军奉命调任到由时任深圳市建筑设计研究总院副院长、总建筑师孟建民博士创办并首任所长的“深圳市城市环境设计研究所”任副所长兼总建筑师。他作为孟建民大师的得力助手，积极而卓有成效地开展各项工作。

通过他们的积极努力，连续在国内有影响的大型国际投标中中标，成为总院系统内竞争力最强的设计团队之一。完成的主要作品有：温州会议展览中心（获市优三等奖），广东省委机关办公大楼（获省优二等奖、市优三等奖），深圳

宝安体育馆（获部优三等奖、省优二等奖、市优二等奖），新疆哈密南粤文化中心(获市优三等奖)，中共深圳市委党校，江苏省教育厅办公大楼、无锡国邮大厦、合肥市新图书馆、深圳欢乐谷主题乐园、南京白马公园等项目。

他们培养锻炼了一大批建筑创作人才，也带出了能打硬仗的优秀创作团队。连续三年成为总院的先进集体、先进个人和优秀干部，取得了良好的经济效益和社会效益。侯军本人也与孟建民大师建立了深厚的友谊，成为亲密无间的好朋友和事业伙伴。他不无感慨地说：从孟大师的身上不但学到了大师的为人、品格、学识和拼搏精神，学到了方案创作和主持大型项目的思路与方法，更提高了艺术修养、职业操守和鉴赏水平，为事业的长远发展奠定了坚实的基础。从侯军的话语里，我们不但感受到他对师长的敬重，更感受到了他一以贯之的感恩心情。

侯军是一个兴趣广泛，多才多艺的人，他爱好文学、艺术、绘画、音乐、摄影、旅游等，并且达到很深的造诣。但由于对建筑事业的追求，多年以来他养成了一种习惯，就是惜时如金，抓住每分每秒。他能投入“玩”的时间也是极其有限的，经常出差的他，对于别人口中津津乐道的名山、大川等好玩的旅游景点，他即使是经过也没有时间去光顾。

2010年，侯军在写给母校《纪念建筑学专业创办30周年》的文章里写道：纵观这二十六年的成长与奋斗历程，我深深感到：人外有人，天外有天，学海无涯，学无止境！作为一名立志投身祖国建筑事业的职业注册建筑师，我的事业才刚刚开始，今后的路还很漫长，只有孜孜不倦、努力奋斗，才能为社会创造出更多的建筑精品，才能取得最后的成功！……今后，我要用更大的努力与成绩回馈父母、母校的养育之恩！回馈国家、单位对我的栽培、器重！回馈爱妻、女儿对我的莫大鼓励与支持！回馈所有与我并肩工作的朋友、同仁们的厚爱与帮助。我们这代人应该庆幸能够赶上这样一个伟大的时代，赶上中国改革开放的发展机遇，是时代给予我们这样的成功机会！

从以上饱蘸感情的文字里，我们不但感受到一个建筑大家所拥有的谦逊和为人，励志和胸襟，更体会到一个建筑师所具有的侠骨情肠。正是他所具有的感恩情怀，使他一路走来，披荆斩棘；而我们这个时代，正是有如侯军一样建筑专家的孜孜以求，坚持不懈的努力，深圳乃至中国的建筑事业才会取得如此辉煌的成就！

让我们预祝侯军率领的精英团队——深圳市筑塬建筑设计研究院，能够为社会奉献出更多、更好的建筑精品，愿侯军的建筑事业取得更大的辉煌！

合肥市政务中心

安徽医科大学第二附属医院

中共广东省委机关办公大楼

中国第一汽车集团公司总部办公大楼

用智不用力 重势不重形

千茜

深圳市北林苑景观及建筑规划设计院有限公司

东南大学建筑学士、景园硕士；
教授级高级建筑师；
国家一级注册建筑师；
深圳市北林苑景观及建筑规划设计院副院长、总建筑师、总工办主任

长期从事建筑设计及景园规划设计，获得国家、部委、省、市各类专业设计奖项50余项，完成论著十余种，发表学术论文二十余篇，荣获首届深圳市勘察设计行业“十佳青年设计师”称号，任深圳市政府采购中心专家（建筑设计、风景园林）、《深圳市勘察设计行业专家库》专家、广东省优秀工程勘察设计奖评审专家。

设计理念：

“道生之，德畜之，物形之，势成之”。

“执其雄，守其雌，为天下溪”。

“执其白，守其黑，为天下式”。

建筑师工作的核心是以专业的热诚对城乡与大地、建筑与景观、生命与生活加以关注和提升。“物”如何赋“道”以“形”，“势”又如何完成“道”所生成的任务，研究在异相间彼此差异而又相互依存的关系。

对事物的探究必须回归其本源，按照其自身固有的规律和方式运行，才能最大程度找到使其可持续发展的基本条件。任何事物的反相、媾和而又相互接力的关系，都需要一个科学自然的发生机制加以统筹，如同道生万物的过程。因而面对每一个项目都需要分析和揭示项目本身在人文环境和自然环境相互作用下可能存在的交集，找到自然系统与人文系统留给我们的操作空间抑或发展方向。

这就需要设计者在“有无相生，难易相成，长短相形，高下相盈，音声相和，前后相随”的辩证思维中，来触发自然界的神奇变化，使之了无痕迹地融入人类健康有序的生存发展中，形成一种“虽由人作，宛自天开”的通行天下的“势”。一言以蔽之，就是设计应当“用智不用力，重势不重形”。

保留下来的古榕树与新建观景木平台的光影对话

十年一转念

序

之所以将自己的这次专辑内容命名为“十年一转念”，是因为认识到设计手段的进步本质上是设计观念的进步。

借这次专辑的机会，纵览一下自己近20年的从业经历，发觉设计观念的变化一直没有停止过。从“三段式”到后现代，从混凝装饰构架到“double facade”，不一而足，只不过有些是自己追逐时代的脚步努力前进，另一些则更像是被历史的洪流裹挟着不知去往何处。在这里将自己在不同时期所抱的设计观念通过3个典型项目与各位同仁分享，看看20年的斗转星移，大家是不是有过似曾相识的观念轨迹。

远眺大海的月光酒廊

月光酒廊

月光花园与大梅沙海滨公园既互为一体又相互独立，位于大梅沙西侧海湾，是一个以爱情为主题的休闲花园，占地1.1公顷，根据面海背山的地形特点，保留原有古榕树及地貌，规划设计了月光酒廊、休息廊、平台、木栈道、入海栈桥、摩崖石刻及其“天长地久”仿真礁石。月光酒廊建筑因地制宜，底层为酒廊，屋顶为停车场和观海平台。建筑语言既与海滨公园协调又独具特点，以红色砂岩为主调的建筑外观，配以轻盈的白色构架，使人联想起“热情、热烈、纯洁、纯净”等与爱情有关的字眼，建成后为人久留连忘返及婚纱摄影的指定场所。

酒廊不远处的观景平台

酒廊对景–天长地久石

月光酒廊

是我初来深圳不久的设计项目，距今已12年，当时的设计观念受新古典主义的影响较为明显，比例尺度的推敲都体现了那个时代的审美需求。和周边自然环境的有机结合是该设计的主要特征，和周边景观要素的结合也费了一些心思。略感遗憾的是受当时经济技术条件的制约，建筑物的尺度偏小，未能将道路对面的山体与沙滩真正联系起来，成为山海间对话的无缝纽扣。

厦门园博园主展馆

厦门园博园主展馆

园博园大道

厦门园博会主展馆夜景

主展馆前的连廊

“海上生明月，天涯共此时”标志性构筑物——月光环

厦门园博园主展馆及相关构筑物

5年前完成的厦门园博园主展馆及其附属设施更多体现的是后现代建筑语境下的美学追求，从形式和逻辑都与10年前发生了巨大的变化，体块穿插，比例推敲不再是流行的建筑造型手段，功能空间的自由流动，外立面建筑语言的高度丰富，建筑整体的雕塑化观感都使得我们不得不随着时代的步伐前进。也许是兴奋，也许是急迫，面对着与潮流共舞的全新设计观念，我们也像所有人一样，似乎有点过度释放了自己的热情，在诸如外立面设计语言的运用上现在看起来好像过于繁杂，没有能够和建筑物的形体结合的更有机，这也算是个难得的启示吧。

厦门国际园林花卉博览园是举世瞩目的海上园博园，见证城市和祖国的日新月异，也是海峡两岸同根同源的划时代庆典，具有深远历史意义和现实意义。“月光环”是提领全园的景观标志点。以和合及包容，涵盖各种深切的情思和丰富的意境。构思其中包含了三个层面的寓意：“月”象征着中华民族特有的浪漫和诗意，“光”代表着温暖和幸福，“环”则象征着和合、和谐、团圆，抒发海峡两岸和香港、澳门同心共创未来的美好希望。真正体现了中国深厚的人文精神、浪漫的诗人情怀和独特的文化感悟。月光环建成后已成为当地标志性景观。

“经山络水城”立面

“经山络水城”，顾名思义，以山为经，以水为脉，是一个延续自然地形地貌特征并具有完善城市功能的全新城市形态构想。

在规划上，力求扩大海湾的空间尺度感，避免高层建筑对其的围堵。通过“龙回头”大桥的建设，消除过境高速通道对海湾的负面影响。

在生态上，“经山络水城”既是人类的乐园，也是动植物的天堂，具有自然多样性的城市结构为人类与动植物和谐共存提供了条件。

在城市形态与功能上，商业，娱乐等大尺度的公共空间被覆土后联成整体，形成大型空中公园“漫花坡”，人类的工作和生活将在这里重新构建，“工作山脉”尺度较大成为主脉，“生活山脉”尺度较小成为次脉，两者既相连系又保持距离，是理想的生活工作模式的实体化表现。另外，灵活，快捷的轨道自行车系统绿道2.0是一种全新的绿色交通方式，将有效缓解传统交通的压力。

总而言之，基于大生态理念的“经山络水城”，是对传统山水城市理念的现代化解析，尝试一种生活品质提高的同时还能极少占用能源和资源的新型城市建设模式。

“经山络水城”效果图

漫花坡

这是去年我们受深圳规土委及城市促进中心之邀，参加的一个以前海矛盾性与复杂性研究为题的工作坊项目。项目的初衷是为深圳前海合作区未来城市的建设与发展提供一些前瞻性的观点和想法。由于不受现实经济技术条件的制约，怎样产生想法本身成为最主要的挑战。在这次天马行空般的设计中，我们终于有机会跳出建筑尺度本身去重新审视自然空间与人造空间，自然环境与人造环境之间到底有多大可能的相似抑或多大可能的冲突。这次观念的转变才刚刚开始，和所有人一样，我很愿意向着未来的方向好好的眺望一番。

附录一

2013年深圳市注册建筑师会员名录（含香港与内地互认注册建筑师会员）

深圳市注册建筑师协会2013年单位会员名录（共34家）

1. 深圳市建筑设计研究总院有限公司
2. 深圳市建筑设计研究总院有限公司第一分公司
3. 深圳市建筑设计研究总院有限公司第二分公司
4. 深圳市建筑设计研究总院有限公司第三分公司
5. 深圳大学建筑设计研究院
6. 深圳市市政设计研究院有限公司
7. 深圳华森建筑与工程设计顾问有限公司
8. 深圳奥意建筑工程设计有限公司
9. 筑博设计股份有限公司
10. 深圳市清华苑建筑设计有限公司
11. 深圳机械院建筑设计有限公司
12. 悉地国际设计顾问（深圳）有限公司
13. 深圳市同济人建筑设计有限公司
14. 北京市建筑设计研究院深圳院
15. 深圳市华阳国际工程设计有限公司
16. 深圳市北林苑景观及建筑规划设计院有限公司
17. 深圳市精鼎建筑工程咨询有限公司
18. 深圳市新城市规划建筑设计有限公司
19. 深圳市欧博工程设计顾问有限公司
20. 深圳市鑫中建建筑设计顾问有限公司
21. 深圳市国际印象建筑设计有限公司
22. 深圳市物业国际建筑设计有限公司
23. 深圳市博万建筑设计事务所
24. 深圳市中汇建筑设计事务所
25. 深圳市东大建筑设计有限公司
26. 深圳市大唐世纪建筑设计事务所
27. 深圳市汇宇建筑工程设计有限公司
28. 深圳市陈世民建筑设计事务所有限公司
29. 艾奕康建筑设计（深圳）有限公司
30. 深圳市天合建筑设计事务所有限公司
31. 深圳市梁黄顾艺恒建筑设计有限公司
32. 深圳中深建筑设计有限公司
33. 深圳中海世纪建筑设计有限公司
34. 何设计建筑设计事务所（深圳）有限公司

深圳市注册建筑师协会2013年会员名录（共921人）

1. 深圳市建筑设计研究总院有限公司 121人					
sz0322	孟建民	zs007	陈邦贤	zs015	张一莉
zs032	黄晓东	zs035	范晖涛	zs034	陈福谦
zs023	楚锡璘	zs029	李泽武	zs041	梁 焱
zs024	黄厚泊	sz0289	李 军	sz0119	徐瑾丹
sz0653	陈更新	sz0654	陈广林	sz0655	陈慧芬
sz0656	陈建宇	sz0657	陈险峰	sz0658	陈一川
sz0659	陈云涛	sz0660	谌礼斌	sz0377	邓惠豪
sz0661	范慧敏	sz0662	方 锐	sz0663	冯 春
sz0664	高方明	sz0665	高国芬	sz0289	李长兰
sz0515	张英豪	sz0666	关仙灵	sz0667	郭 非
sz0668	郭世强	sz0669	韩 斌	sz0670	韩 庆
sz0671	何植春	sz0672	贺 江	sz0673	洪绍军
sz0674	侯 军	sz0675	黄冠亚	sz0676	黄 旻
sz0677	黄小薇	sz0117	涂 斌	sz0678	姜红涛
sz0679	金 峰	sz0680	金建平	sz0378	蓝 江
sz0690	李丹麟	sz0421	韩启逵	sz0545	李伟民
sz0563	李文鑫	sz0681	李信言	sz0682	李 旭
sz0683	梁文流	sz0162	林绿野	sz0684	林镇海
sz0685	刘白华	sz0686	刘冠豪	sz0687	刘金萍
sz0688	刘 巍	sz0543	张 杨	sz0549	刘 争
sz0839	刘志辉	sz0689	柳 军	sz0341	罗韶坚
sz0691	罗 伟	sz0693	麦毅峰	sz0694	那向谦
sz0695	聂 威	sz0696	宁 坤	sz0375	丘 刚
sz0731	程正义	sz0697	沈晓恒	sz0699	孙文静
sz0908	胡小勃	sz0700	郤仁记	sz0726	郑亚军
sz0703	涂宇红	sz0704	万 兆	sz0705	王 超
sz0706	王光中	sz0707	王 堃	sz0708	王丽娟
sz0709	王 荣	sz0342	王玥蕤	sz0374	王则福
sz0710	王子驹	sz0711	吴 超	sz0712	吴 旻
sz0713	谢超荣	sz0714	谢 扬	sz0715	许红燕
sz0716	许懋瑜	sz0340	晏卫东	sz0343	杨玮琳

sz0717	杨 艳	sz0718	杨 洋	sz0376	万 军
sz0719	袁方方	sz0720	苑 宁	sz0721	岳红文
sz0288	曾俊英	sz0558	张 欢	sz0722	张 琳
sz0321	张 凌	sz0723	张 玮	sz0344	张文清
sz0724	张雪梅	sz0373	郑 昕	sz0725	赵似蓉
sz0727	周德成	sz0872	赵 强	sz2892	李 春
sz2732	刘小义	sz0899	黄 鸿	sz0900	耿升彤
sz0901	丁 莹	sz0902	肖 松	sz0903	孙 伟
sz0904	郭连峰	sz0905	林 超	sz0906	夏常松
sz0907	冯志荣				

2. 深圳大学建筑设计研究院 30人

zs030	张道真	zs033	高 青	sz0056	孙颐潞
sz0057	吴向阳	sz0058	何 川	sz0059	赵 阳
sz0060	李 勇	sz0061	黎 宁	sz0062	龚维敏
sz0589	蔡瑞定	sz0064	宋向阳	sz0065	陈佳伟
sz0066	傅 洪	sz0067	俞峰华	sz0068	马 越
sz0069	朱继毅	sz0070	殷子渊	sz0071	杨文焱
sz0072	钟波涛	sz0073	饶小军	sz0074	夏春梅
sz0075	李智捷	sz0076	陈 方	sz0077	黄大田
sz0078	赵勇伟	sz0079	朱文健	sz0080	孙丽萍
sz0081	王 鹏	sz0082	邓德生	sz0520	钟 中

3. 深圳大学建筑与城市规划学院 1人

zs003	艾志刚				

4. 深圳市市政设计研究院有限公司 2人

zs021	李 明	sz0514	蔡旭星		

5. 深圳市城市规划设计研究院有限公司 3人

sz0025	赵映辉	sz0651	陈一新	sz0652	王 昕

6. 深圳华森建筑与工程设计顾问有限公司 13人

zs004	宋 源	sz0121	肖 蓝	sz0122	李 舒
sz0123	郭智敏	sz0124	常发明	sz0125	徐 丹
sz0127	王晓东	sz0129	张 晖	sz0130	谷再平
sz0134	谢 东	sz0132	代瑜婷	sz0133	喻 晔
sz0135	胡光瑾				

7. 深圳奥意建筑工程设计有限公司 22人

zs016	赵嗣明	sz0622	程亚珍	sz0290	陈 炜
zs027	彭其兰	sz0292	陈泽斌	sz0294	罗 蓉
sz0295	马旭生	sz0623	郑旭华	sz0297	宁 琳
sz0624	罗伟浪	sz0301	孙 明	sz0302	袁春亮
sz0625	梁 伟	sz0291	陈晓然	sz0299	彭东明
sz0460	孙 逊	sz0913	方 竹	sz0914	夏 兰
sz0915	付毅刚	sz0916	赵志伟	sz0917	骆小帆
sz0589	于雪梅				

8. 筑博设计股份有限公司 32人

zs020	孙慧玲	zs038	俞 伟	zs040	赵宝森
sz0176	刘卫平	sz0178	孙立军	sz0179	万文辉
sz0180	王 棣	sz0181	王旭东	sz0182	徐蓓蓓
sz0183	杨 晋	sz0184	杨为众	sz0185	姚 亮
sz0188	张宇星	sz0190	周 杰	sz0617	孙卫华
sz0189	钟 乔	sz0174	刘 瀚	sz0610	梁景锋
sz0173	顾 斌	sz0612	刘晓英	sz0613	马以兵
sz0611	刘建红	sz0615	杨 鹭	sz0616	陈 琪
sz0614	佘 赟	sz0618	王京戈	sz0172	戴溢敏
sz0928	田 鸣	sz0929	冯果川	sz0930	王宏亮
sz0931	唐 勉	sz0932	陈天泳	sz0015	朱少威

9. 香港华艺设计顾问（深圳）有限公司 36人

zs2013	盛 烨	sz0345	陈日飙	sz0346	郭文波
sz0347	郭艺端	sz0348	黄鹤鸣	sz0349	黄宇奘
sz0350	蒋 昱	sz0351	雷治国	sz0352	林 毅
sz0353	卢永刚	sz0354	鲁 艺	sz0355	陆 强
sz0356	马艳良	sz0357	潘玉琨	sz0358	钱 欣
sz0359	司徒雪莹	sz0360	宋云岚	sz0361	孙 剑
sz0362	陶松文	sz0363	万慧茹	sz0364	王 璐
sz0365	魏 纬	sz0366	张 玲	sz0367	张 楠
sz0368	赵 晖	sz0369	赵 强	sz0370	周戈钧
sz0371	周 新	sz0372	邹宇正	sz0754	侯 菲
sz0755	孙 华	sz0756	解 准	sz0757	叶 鹏
sz0758	乔国婧	sz0759	付玉武	sz0760	彭建虹

10. 深圳市清华苑建筑设计有限公司 26人

zs012	李维信	sz0259	林彬海	sz0260	江卫文
sz0261	黄瑞言	sz0262	李念中	sz0263	卢 捷
sz0264	陈 竹	sz0265	陈 蓉	sz0266	葛铁昶
sz0270	李粤炜	sz0268	张 涛	sz0269	卢 杨
sz0271	雷美琴	sz0273	李兆慧	sz0274	马群柱
sz0275	华勤增	sz0276	李增云	sz0277	丘亦群
sz0278	赵 星	sz0594	罗锦维	sz0281	刘尔明
sz0593	崔 颖	sz0279	叶 佳	sz0867	徐 峰
sz0869	殷 海	sz0868	郭春胜		

11. 深圳机械院建筑设计有限公司 16人

sz0309	陈 颖	sz0311	郭赤贫	sz0312	姜庆新
sz0313	蒋红薇	sz0314	李朝晖	sz0315	李 旭
sz0316	梁二春	sz0317	卢燕久	sz0318	全松旺
sz0319	王 晴	sz0573	肖 锐	sz0282	曹汉平
sz0572	陈乐中	sz0574	张晓丹	sz0846	李力思
sz2847	陈基强				

12. 悉地国际设计顾问（深圳）有限公司 10人

zs008	庄 葵	zs018	司小虎	sz0405	关 巍
sz0410	朱翌友	sz0422	郭宇鹏	sz0424	伍 涛
sz0426	谢 芳	sz0429	禹 庆	sz0430	张震洲
sz0431	朱 宁				

13. 深圳市中建西南院设计顾问有限公司 3人

sz0447	邵吉章	sz0450	邹志岚	sz0449	张 斌

14. 北京市建筑设计研究院深圳院 3人

sz0499	陈知龙	sz0500	马自强	sz0816	魏志农
15. 深圳市同济人建筑设计有限公司 14人					
sz0104	叶宇同	sz0105	邓伯阳	sz2107	陈文春
sz0108	高 泉	sz0109	顾 锋	sz0110	徐罗以
sz0111	龙 蔓	sz0112	赵新宇	sz0113	乐玉华
sz0114	何敏鹏	sz0115	张凌飞	sz0548	陈德明
sz2809	韦曼娜	sz0300	石海波		
16. 中国建筑东北设计研究院有限公司深圳分公司 8人					
sz0632	任炳文	sz0633	刘 战	sz0634	郝 鹏
sz0635	杨海荣	sz0636	张 强	sz0637	刘泽生
sz0638	陈正伦	sz0639	吴伟枢		
17. 深圳市大正建设工程咨询有限公司 4人					
sz0145	刘春春	sz0142	郭甲英	sz0143	方 尤
sz2772	孙玉玲				
18. 深圳市水务规划设计院 2人					
sz0833	邓 宇	sz0815	葛 燕		
19. 深圳市华阳国际工程设计有限公司 18人					
zs019	唐志华	sz0451	江 泓	sz0540	赵 雪
sz0453	杨 昕	sz0454	周 放	sz0455	朱行福
sz0456	符润红	sz0457	江 伟	sz0459	梁 琼
sz0461	王亚杰	sz0462	翁 苓	sz0883	王 格
sz2465	徐 洪	sz2466	尹宇波	sz0881	韦 静
sz0882	叶兴铭	sz0467	郑攀登	sz0539	陈 晨
20. 艾奕康建筑设计（深圳）有限公司 15人					
zs009	毛晓冰	sz0734	张惠锋	sz0735	朱毅军
sz0736	温震阳	sz0737	王帆叶	sz0738	褚 彬
sz0739	胡恩水	sz0740	王一旻	sz0733	金逸群
sz0741	王越黎	sz0778	沈 利	sz0779	梁新平
sz0780	蒋宪新	sz0781	钟 兵	sz0782	关钊贤
21. 深圳市北林苑景观及建筑规划设计院有限公司 3人					
sz0053	刘 筠	sz0054	章锡龙	sz0055	何 倩
22. 深圳市电子院设计顾问有限公司 3人					
sz0298	欧阳军	sz0911	孙 辉	sz0912	傅 斌
23. 深圳市宝安规划设计院 4人					
sz0387	范依礼	sz2476	黄曼莉	sz2477	赖志辉
sz0630	李向阳				
24. 深圳市华森建筑工程咨询有限公司 2人					
sz0047	刘建平	sz0048	韩新明		
25. 深圳市园林设计装饰工程有限公司 1人					
sz0146	王 辉				
26. 深圳供电规划设计院有限公司 2人					
sz0535	窦守业	sz2547	吕书源		
27. 深圳左肖思建筑师事务所有限公司 4人					
zs010	左肖思	sz0561	李 晞	sz0562	温 娜
sz0831	李 俐				
28. 中国建筑科学研究院深圳分院 2人					
sz0591	刘标志	sz0592	杨雪军		

29. 深圳市燃气工程设计有限公司 1人					
sz0032	吴艳萍				
30. 深圳市都市建筑设计有限公司 3人					
sz0605	李 琦	sz0606	文 毅	sz0607	符永侠
31. 深圳市精鼎建筑工程咨询有限公司 3人					
sz0003	梁 梅	sz0004	黄亮棠	sz0783	马朝晖
32. 建设综合勘察研究设计院有限公司深圳分院 1人					
sz0748	王俊东				
33. 深圳市华鼎晟工程设计顾问有限公司 3人					
sz0005	杨 凯	sz0006	甄依群	sz0784	高基伟
34. 深圳市中航建筑设计有限公司 5人					
sz0336	付 苓	sz0338	刘 鹏	sz0569	彭韶辉
sz2339	靳 波	sz2567	赵怀军		
35. 广东省城乡规划设计研究院深圳分院 2人					
sz0777	赵军选	sz0642	王力勤		
36. 深圳艺洲建筑工程设计有限公司 5人					
zs011	陈文孝	sz0643	方 巍	sz0644	韩嘉为
sz0645	黄迎晓	sz0027	唐 谦		
37. 哈尔滨工业大学建筑设计研究院深圳分院 2人					
sz0194	智益春	sz0195	智勇杰		
38. 深圳市粤鹏建筑设计有限公司 3人					
sz0398	宋洪森	sz0399	周志宏	sz0400	卢立澄
39. 深圳迪远工程审图有限公司 2人					
sz0043	黄 敏	sz0044	张 蒨		
40. 深圳钢铁院建筑设计有限公司 3人					
sz0215	罗 清	sz0216	许淳然	sz0217	庄 莉
41. 深圳雅本建筑设计事务所有限公司 3人					
sz0013	沈 桦	sz0014	费晓华	sz0380	徐中华
42. 深圳市利源水务设计咨询有限公司 1人					
sz0743	王旭翔				
43. 深圳市广泰建筑设计有限公司 4人					
sz0154	陈卫伟	sz0155	龙 武	sz0584	陈 可
sz0583	胡磊帆				
44. 北京中外建建筑设计有限公司深圳分公司 5人					
sz0796	张爱新	sz0795	施 彤	sz0794	隋 力
sz0793	张 琦	sz0792	郭 昊		
45. 深圳市建筑科学研究院有限公司 11人					
zs005	叶 青	ZS037	王 欣	sz0509	沈 驰
sz0505	刘 丹	sz0506	孙延超	sz0507	魏新奇
sz0508	杨万恒	sz0627	侯秀文	sz0628	洪文顿
sz0885	王湘昀	sz0884	周筱然		
46. 深圳市新城市规划建筑设计有限公司 7人					
sz0021	路凤岐	sz0023	何建恒	sz0024	李 滨
sz2557	陈 莉	sz0909	段 炼	Sz0785	黄心裁
sz0310	高洪波				
47. 深圳市华筑工程设计有限公司 3人					
sz0085	李晓霞	sz0086	梅 宁	sz0087	李长明

48. 深圳市欧博工程设计顾问有限公司 10人					
sz0411	丁 荣	sz0412	冯秀芬	sz0414	龙卫红
sz0415	涂 靖	sz0419	张长文	sz0417	谢 军
sz0418	叶林青	sz0420	张厚琲	sz0926	倪 昕
sz0927	钟子贤				
49. 深圳市方佳建筑设计有限公司 6人					
sz0517	林 文	sz0518	林 青	sz0519	周 鸽
sz0825	杨慧兰	sz2824	雷 迅	sz2823	汪 雷
50. 广东南方电信规划咨询设计院有限公司 3人					
sz0860	陆超群	sz0859	程 骁	sz0919	徐左江
51. 深圳市天华建筑设计有限公司 3人					
sz0581	王 皓	sz0099	伍颖梅	sz0100	郭春宇
52. 深圳市协鹏建筑与工程设计有限公司 8人					
sz0529	叶景辉	sz0559	张志强	sz0560	周 静
sz0284	董善白	sz0285	郑 晖	sz0287	朱 希
sz0871	黎国林	sz0629	万友吉		
53. 深圳星蓝德工程顾问有限公司 4人					
sz0045	黄澍华	sz0866	朱永明	sz0865	康 彬
sz0255	皮月秋				
54. 深圳市宗灏建筑师事务所有限公司 3人					
sz0918	郭 颖	sz0564	于春艳	sz0565	何 军
55. 深圳市瀚旅建筑设计顾问有限公司 2人					
sz0196	陈丽娜	sz0197	吕之林		
56. 深圳市鑫中建建筑设计顾问有限公司 1人					
sz0049	方金荣				
57. 深圳市梁黄顾艺恒建筑设计有限公司 2人					
sz0620	王君友	sz0621	曾 繁		
58. 深圳华新国际建筑工程设计顾问有限公司 6人					
sz0381	邓枢城	sz0382	黄 薇	sz0383	林劲峰
sz2384	刘苹苹	sz0385	罗 林	sz2386	汪茹萍
59. 深圳市城建工程设计有限公司 5人					
sz0501	罗展帆	sz0829	韩 英	sz0828	李先逵
sz0827	许 敏	sz0826	罗荣坚		
60. 深圳市蓝森建筑设计有限公司 5人					
sz0206	裴 峻	sz0207	郭梅红	sz0208	卢 峰
sz0209	范大焜	sz2100	关京敏		
61. 深圳市广汇源水利勘测设计有限公司 3人					
sz2088	刘灼华	sz2089	邓 平	sz2090	刘 欣
62. 深圳市国际印象建筑设计有限公司 9人					
sz0330	黄任之	sz0331	李建荣	sz0332	李德明
sz0333	李新华	sz0334	梁瑞荣	sz0335	徐春锦
sz2813	陈湛明	sz0812	黄根妹	sz0553	张 镭
63. 深圳市物业国际建筑设计有限公司 12人					
sz0030	薛琨邻	sz0836	张 煦	sz0835	林 云
sz2031	喻文学	sz2837	齐小锋	sz0834	汪永权
sz0920	吴丽娜	sz0921	敖国忠	sz0922	杨克昌
sz0923	王复堂	sz0924	王惠英	sz0925	孙俊一

64. 深圳市鹏之艺建筑设计有限公司 7人					
sz0880	荣 峰	sz2879	孙晓红	sz0878	焦林胜
sz0877	吴中伟	sz0876	岳 勇	sz0875	张 帆
sz0874	谭裕声				
65. 深圳华粤城市建设工程设计有限公司 2人					
sz0842	罗 达	sz2841	冯国庆		
66. 深圳市联合创艺建筑设计有限公司 7人					
sz0787	刘 劲	sz0786	岳 琦	sz0238	李建平
sz0236	丁大伟	ssz0237	文石渠	sz0239	陈宇铮
sz2303	韩韪闹				
67. 何显毅建筑师楼 1人					
sz0001	聂光惠				
68. 深圳市农科园林装饰工程有限公司 1人					
sz2491	王乐愚				
69. 深圳中咨建筑设计有限公司 3人					
sz0242	呙 朋	sz0243	刘 滨	sz0244	张小花
70. 深圳中深建筑设计有限公司 2人					
sz0102	余 加	sz0103	忽 然		
71. 深圳天阳工程设计有限公司 4人					
sz0249	黄 欣	sz0250	俞 昉	sz0251	邓伯钧
sz0252	刘 全				
72. 深圳市筑道建筑工程设计有限公司 3人					
sz0390	陈一丹	sz0393	谭 竣	sz0397	韦志强
73. 中信建筑设计（深圳）研究院有限公司 6人					
sz0528	刘 晖	sz0522	周才贵	sz0523	韩 辉
sz0609	卢红燕	sz2521	段 方	Sz0788	贾 俊
74. 深圳市中外建建筑设计有限公司 1人					
sz0811	杨 衡				
75. 深圳市华纳国际建筑设计有限公司 6人					
sz0855	黄英才	sz0854	白春华	sz2853	付 俊
sz0852	黎欣	sz0851	杨汉滔	sz0850	幸晓明
76. 深圳市华蓝设计有限公司 1人					
zs025	高磊明				
77. 深圳市三境建筑设计事务所 3人					
sz0226	许安之	sz0227	胡 异	sz0228	段敬阳
78. 深圳市深大源建筑技术研究有限公司 3人					
sz0050	刘传海	sz0051	李晓光	sz0052	何南溪
79. 深圳市市政工程咨询中心有限公司 1人					
sz0856	王宏伟				
80. 深圳市中汇建筑设计事务所 3人					
sz0041	张中增	sz0042	赵学军	sz0157	肖 楠
81. 深圳市朝立四方建筑设计事务所 7人					
sz0147	陈德军	sz0148	何永屹	sz0149	孔力行
sz0150	李 笠	sz0151	张伟峰	sz0152	赵国兴
sz0153	赵晓东				
82. 深圳市镒铭建筑设计有限公司 3人					
sz0444	韩 曙	sz0445	李 颖	sz0446	王 承

83. 深圳市博万建筑设计事务所 7人					
zs039	陈新军	sz0468	陈 伟	sz0470	李亚新
sz0471	吴 健	sz0472	肖 唯	sz0473	姚俊彦
sz0474	于清川				
84. 大地建筑事务所（国际）深圳分公司 2人					
sz0170	李 岩	sz0171	刘 筱		
85. 深圳市东大建筑设计有限公司 9人					
sz0218	陈 玲	sz0219	满 志	sz0220	苏琦韶
sz0221	汤健虹	sz0222	韦 真	sz0223	袁 峰
sz0575	胡 静	sz0576	揭鸣浩	sz0577	朱 斗
86. 深圳市库博建筑设计事务所有限公司 5人					
sz0008	邱慧康	sz0009	何光明	sz0010	彭光曦
sz0011	范纯青	sz0012	向大庆		
87. 五洲工程设计研究院深圳分院 1人					
sz0806	高艳清				
88. 中铁工程设计院有限公司 1人					
sz0246	唐 炜				
89. 中机十院国际工程有限公司深圳分公司 2人					
sz0771	杨 强	sz0770	黄 煜		
90. 西安建筑科技大学建筑设计研究院深圳分院 2人					
sz0038	赵越林	sz0039	王东生		
91. 深圳合大国际工程设计有限公司 3人					
sz0602	黄 河	sz0603	负 娜	sz0604	陈治新
92. 泛华建设集团有限公司深圳设计分公司 1人					
sz0804	黎旺秋				
93. 北方—汉沙杨建筑工程设计有限公司 4人					
sz0886	魏文斌	sz0768	郭春燕	sz0767	张 涤
sz0766	王志军				
94. 深圳大学城市规划设计研究院 1人					
sz0083	冯 鸣				
95. 深圳市大唐世纪建筑设计事务所 5人					
zs036	郭怡淬	sz0040	唐世民	sz0230	臧勇建
sz2232	龚 伟	sz0805	邹修洪		
96. 深圳市水木清建筑设计事务所 6人					
sz0595	林怀文	sz0596	张维昭	sz0597	朱鸿晶
sz0598	庄绮琴	sz0599	麦浩明	sz0600	陈怡姝
97. 广东建筑艺术设计院有限公司深圳分公司 2人					
sz0530	郭恢扬	sz0531	江慧英		
98. 深圳奥雅景观与建筑规划设计有限公司 2人					
sz2163	李凤亭	sz2164	申云安		
99. 深圳市汇宇建筑工程设计有限公司 10人					
zs001	刘 毅	zs017	祖万安	sz0200	廉树欣
sz0201	王桂艳	sz0202	周松华	sz0204	王 臣
sz0205	银 峰	sz0203	曾昭薇	sz0626	汤介璈
sz0898	周海良				
100. 深圳中广核工程设计有限公司 8人					
sz0035	巩 霞	sz0036	王建军	sz2033	王青霞
sz2034	郑福现	sz0037	吴 松	sz0801	陈双梅
sz0800	廖 涛	sz0799	郭胜凯		
101. 深圳市明润建筑设计有限公司 3人					
sz0211	陈泽伟	sz0212	彭 谦	sz0213	邓志东
102. 深圳市普利兹克建筑设计事务所（普通合伙）3人					
sz0791	卢昌海	sz0790	吕光艺	sz0789	王烜
103. 深圳市工大国际工程设计有限公司 4人					
sz0191	崔学东	sz0192	王永钢	sz0193	伍剑文
sz0747	吴 铮				
104. 中外建工程设计与顾问有限公司深圳分公司 1人					
sz0640	徐金荣				
105. 广东广玉源工程技术设计咨询有限公司 2人					
zs026	黄石宝	sz0002	陈新宇		
106. 深圳市张孚珮建筑设计事务所 2人					
sz0095	张孚珂	sz0097	郭振玉		
107. 亚瑞建筑设计有限公司 1人					
sz0840	陈朝华				
108. 深圳市现代城市建筑设计有限公司 3人					
sz0861	安忠杰	sz0862	万 秋	sz0863	王仲威
109. 深圳中海世纪建筑设计有限公司 9人					
sz0305	吴科峰	sz0306	蒋雪枫	sz0307	梁 呐
sz0308	宋兴彦	sz0646	陈选科	sz0647	胡振中
sz0648	龙呼	sz0649	时芳萍	sz0650	赵献忠
110. 深圳市良图设计咨询有限公司 2人					
sz0492	苏红雨	sz0493	张国海		
111. 深圳市汤桦建筑设计事务所有限公司 2人					
zs022	汤 桦	sz0159	张光泓		
112. 广西华蓝设计集团有限公司深圳分公司 1人					
zs028	吴经护				
113. 深圳市金城艺装饰设计工程有限公司 1人					
sz0026	李 宁				
114. 深圳市大地景观设计有限公司 1人					
sz0046	邓宇昱				
115. 深圳市朗程师地域规划设计有限公司 2人					
sz2091	刘乐康	sz2619	刘群有		
116. 深圳市中外园林建设有限公司 1人					
sz0093	黄玉书				
117. 北京森磊源建筑规划设计有限公司深圳分公司1人					
sz0120	靳炳勋				
118. 深圳市津屹建筑工程顾问有限公司 3人					
sz0160	吴进年	sz0551	黄嘉玮	sz0746	李志梅
119. 深圳市东大景观设计有限公司 2人					
sz2214	陈 健	sz0503	周永忠		
120. 深圳市建艺国际工程顾问有限公司 1人					
sz0225	王 建				
121. 深圳长城家俱装饰工程有限公司 1人					
sz0229	顾崇声				

122. 深圳原匠建筑设计公司 1人					
sz0231	赵 侃				
123. 深圳市华洲建筑工程设计有限公司 3人					
sz0233	陈井坤	sz0234	方永超	sz0235	罗 凌
124. 北京世纪中天国际建筑设计有限公司 1人					
sz0245	叶 荣				
125. 香港恒基兆业地产有限公司 1人					
sz0304	文 彦				
126. 深圳市陈世民建筑设计事务所有限公司 6人					
zs002	陈世民	sz0325	苏勋雨	sz0326	王 阳
sz0327	宛 杨	sz0323	韩 璘	sz0324	刘 鸿
127. 深圳市求是图建筑设计事务所有限公司 3人					
sz0441	韩 晶	sz0442	孔 勇	sz0443	李 伟
128. 深圳市和华博创建筑设计有限公司 1人					
sz0458	梁绿荫				
129. 深圳筑诚时代建筑设计有限公司 3人					
sz0478	朱加林	sz0578	陈耀光	sz0814	薛 峰
130. 深圳市四季青园林花卉有限公司 2人					
sz2490	李 洁	sz2641	苗国军		
131. 北京中建恒基工程设计有限公司 1人					
sz0494	郑 阳				
132. 深圳市中金岭南有色金属股份有限公司 3人					
sz2511	黄益泉	sz2513	邹利广	sz2510	陈正强
133. 建学建筑与工程设计所有限公司 1人					
sz0516	于天赤				
134. 深圳市天合建筑设计事务所有限公司 3人					
sz0524	周 锐	sz0525	郑 莹	sz0526	陈周文
sz0858	吴志群				
135. 深圳市阿特森泛华环境艺术设计有限公司 1人					
sz0532	陈广智				
136. 深圳市慧创建筑设计有限公司 2人					
sz0546	梁志伟	sz0550	王 凯		
137. 北京东方华太建筑设计工程有限责任公司深圳分公司 2人					
sz0533	司徒泉	sz0534	周西显		
138. 深圳九州建设监理有限公司 1人					
sz0552	刘功勋				
139. 广东中绿园林集团有限公司 2人					
sz2555	包沛岩	sz2556	傅礼铭		
140. 深圳市创和建筑设计事务所有限公司 2人					
sz0570	黄 舸	sz0571	黄 焰		
141. 重庆大学建筑设计研究院深圳分部 1人					
sz0579	杨 凡				
142. 深圳大学建筑与城市规划学院 深圳大学城市规划设计研究院 1人					
sz0582	杨 华				
143. 深圳市华汇建筑设计事务所（普通合伙）3人					
sz0536	林 娜	sz0537	牟中辉	sz0538	肖 诚
144. 深圳市世房环境建设（集团）有限公司 1人					
sz2586	熊兴龙				
145. 深圳市华江建筑设计有限公司 2人					
sz0587	何国华	sz0588	缪 军		
146. 深圳市耐卓园林科技工程有限公司 1人					
sz2609	黄步芬				
147. 深圳市楚电建设工程设计咨询有限公司 1人					
sz0803	曹广荣				
148. 广东现代建筑设计与顾问有限公司 4人					
sz0893	聂永志	sz0894	朱振华	sz0895	陈 军
sz0896	许 锐				
149. 深圳市中泰华翰建筑设计有限公司 5人					
sz0763	朱龙先	sz0762	徐少霞	sz0761	曾 珑
sz0328	兰 燕	sz0329	张小波		
150. 深圳市森磊源建筑设计有限公司 3人					
sz0776	吴卫	sz0775	朱银普	sz0774	李声亮
151. 深圳市文科园林股份有限公司 2人					
sz0240	于源	sz0241	张树军		
152. 深圳市全至工程咨询有限公司 2人					
sz0247	王任中	sz0248	曾志平		
153. 深圳市华盖建筑设计有限公司 1人					
sz0631	白星辰				
154. 北京东方华太建筑设计工程有限责任公司 1人					
sz0873	管 彤				
155. 华兴建安工程有限公司 1人					
sz0849	郭晓峰				
156. 深圳源创易景观设计有限公司 1人					
sz0870	薄清洁				
157. 北京中建建筑设计院有限公司深圳分公司 1人					
sz0864	张 瑾				
158. 深圳中建总工程设计有限公司 1人					
sz0857	羊晓萍				
159. 中国航天建设集团有限公司 1人					
sz0580	叶志锋				
160. 增城市至高工程建设咨询有限公司 1人					
sz0832	辛 立				
161. 深圳墨泰建筑设计与咨询股份有限公司 2人					
sz0822	李 化	sz0821	麦旋威	sz0094	朱东宇
162. 深圳德普思建筑设计有限公司 2人					
sz0819	许 迅	sz820	刘云俊		
163. 深圳无象建筑设计有限公司 2人					
sz0808	熊 畅	sz0807	巴 勇		
164. 深圳市丽宇建筑设计有限公司 2人					
Sz0802	余 萌	Sz0843	陈杨平		
165. 深圳市高盛建筑设计有限公司 2人					
sz0798	陈乐娜	sz0797	程 权		
166. 深圳市大成建筑设计有限公司 1人					
sz0773	谢 滔				

167. 广州智海建筑设计有限公司深圳分部 1人					
sz0769	吴盛芳				
168. 深圳天诺建筑设计事务所有限公司 2人					
sz0765	宋 琳	sz0764	盘绍雄		
169. 深圳市翠绿洲环境艺术有限公司 3人					
sz2753	袁成惠	sz2752	陈 军		
170. 中山市水利水电勘测设计咨询有限公司 1人					
sz0750	林剑晖				
171. 深圳市吴肇钊园林设计公司 1人					
sz2749	宋卫红				
172. 深圳市华剑建设集团有限公司 1人					
sz0745	田云溪				
173. 深圳弘祥国际城市空间设计事务所 1人					
sz0744	陆瑞祥				
174. 深圳市新西林园林设计有限公司 1人					
sz0751	李 启				
175. 深圳市筑合建筑景观设计有限公司 1人					
sz0742	陈桂亮				
176. 深圳中粮地产建筑研发设计有限公司 2人					
sz0844	李朝晖	sz2845	陈宪夫		

177. 深圳市华博建筑设计责任有限公司 5人					
sz0810	付晓军	sz0888	戴思源	sz0889	陈东旗
sz0890	朱咏梅	sz0891	王阁安		
178. 深圳市合创建筑设计有限公司 3人					
sz0838	王立全	sz0541	陈 宁	sz0542	蒋昌芸
179. 深圳迈思建筑设计有限公司 1人					
sz0897	邱小弦				
180. 浙江华亿工程设计有限公司 1人					
sz0887	成国亭				
181. 深圳市时代装饰工程有限公司 1人					
sz2848	王 献				
182. 其他单位 27人					
sz0452	唐甸飞	sz0286	朱丹丹	sz0267	韩志刚
sz0272	周芳麟	sz0280	张生强	sz2830	刘密喜
sz0028	朱能伟	sz0029	李志平	sz0158	谭玉阶
sz0156	何 冀	sz0423	苏剑琴	sz0131	杨 强
sz0136	朱守训	sz0601	刘国彬	sz2416	王持真
sz0337	石东斌	sz0463	吴 昱	sz0464	谢泽强
sz0320	许 锐	sz0428	颜奕填	sz0425	夏 波
sz0701	汤照晖	sz0692	罗 晓	sz0527	叶美嫦
sz0098	苏 亚	sz0177	毛墨丰	sz0186	姚 陟

深圳市注册建筑师协会2013年会员名录 香港特别行政区会员名录

183. 中梁建筑设计有限公司 1人					
HK001	欧中梁				
184. 巴马丹拿建筑及工程师有限公司 1人					
HK002	李子豪				
185. 亚设贝佳国际（香港）有限公司 1人					
HK003	林材发				
186. 建艺公司 1人					
HK037	梁义经				
187. 启杰建筑师事务所 1人					
HK005	潘启杰				
188. 郭荣臻建筑设计事务所（香港） 1人					
HK006	郭荣臻				
189. 城设（综合）建筑师事务所有限公司 1人					
HK007	沈埃迪				
190. James Lee 顾问事务所 1人					
HK008	李剑强				
191. 南丰中国发展有限公司 1人					
HK009	周世雄				
192. 香港特别行政区周古梁建筑工程师有限公司1人					
HK039	卢志明				
193. 三匠建筑事务有限公司 1人					
HK025	区百恒				

194. 香港铁路有限公司 1人					
HK026	黄煜新				
195. AD+RG建筑设计及研究所有限公司香港中文大学建筑教授（部任） 1人					
HK011	林云峰				
196. AECOM公司 1人					
HK012	邓镜华				
197. 梁黄顾建筑师（香港）事务所有限公司 8人					
HK013	符展成	HK041	卢建能	HK042	陈家伟
HK043	梁顺祥	HK045	张永健	HK046	陈皓忠
HK048	吴国辉	HK049	何伟强		
198. 南丰发展有限公司 1人					
HK038	蔡宏兴				
199. 正日建筑设计事务所有限公司 1人					
HK015	黄志伟				
200. Traces Limited 创施有限公司 1人					
HK016	刘文君				
201. 城市拓展国际有限公司 1人					
HK017	岑廷威				
202. 香港特区政府福利署建筑组/策划课 1人					
HK018	陈永荃				
203. 吕邓黎建筑师有限公司 3人					
HK019	郭嘉辉	HK020	邓文杰	HK021	黎绍坚

204. 雅砌建筑设计有限公司 2人					
HK022	乙增志	HK023	郑炳鸿		
205. 李景动·雷焕庭建筑师有限公司 1人					
HK027	梁向军				
206. 黄潘建筑师事务所有限公司 1人					
HK028	黄志光				
207. 王董国际有限公司 1人					
HK060	苏炳洪				
208. 美亚国际建筑师有限公司 1人					
HK059	陈沐文				
209. 香港特别行政区政府房屋署 1人					
HK029	叶成林				
210. 嘉里建设 1人					
HK030	鲍锦洲				
211. 香港房屋署 1人					
HK031	佘庆仪				
212. 香港城市大学 1人					
HK032	陈慧敏				
213. 香港建筑师学会 1人					
HK033	谭天放				
214. 四合设计有限公司 1人					
HK040	潘浩伦				
215. 潘家风专业集团 1人					
HK036	潘家风				
216. TFP Farrells Limited 1人					
HK035	李国兴				
217. 何文尧建筑师有限公司 2人					
HK050	何文尧	HK053	熊依明		
218. 邝心怡建筑师事务所 1人					
HK051	邝心怡				
219. 香港政府建筑署 1人					
HK052	曾静英				
220. 信和置业有限公司 1人					
HK056	张振球				
221. 利安顾问有限公司 1人					
HK057	林光祺				
222. 香港演艺学院 1人					
HK058	何美娜				
223. 其他单位 1人					
HK055	潘承梓				
224. 王欧阳（中国工程）有限公司 1人					
HK061	周月珠				

深圳市注册建筑师协会2013年资深会员名录

1. 深圳市建筑设计研究总院有限公司 9人					
zs035	范晖涛	zs032	黄晓东	zs015	张一莉
zs029	李泽武	zs007	陈邦贤	zs023	楚锡璘
zs024	黄厚泊	zs031	梁 焱	zs034	陈福谦
2. 深圳大学建筑设计研究院 2人					
zs030	张道真	zs033	高 青		
3. 深圳大学建筑与城市规划学院 1人					
zs003	艾志刚				
4. 深圳奥意建筑工程设计有限公司 2人					
zs016	赵嗣明	zs027	彭其兰		
5. 香港华艺设计顾问（深圳）有限公司 1人					
zs2013	盛 烨				
6. 深圳市清华苑建筑设计有限公司 1人					
zs012	李维信				
7. 悉地国际设计顾问（深圳）有限公司 2人					
zs008	庄 葵	zs018	司小虎		
8. 深圳市华阳国际工程设计有限公司 1人					
zs019	唐志华				
9. 深圳华森建筑与工程设计顾问有限公司 1人					
zs004	宋 源				
10. 深圳左肖思建筑师事务所有限公司 1人					
zs010	左肖思				
11. 深圳艺洲建筑工程设计有限公司 1人					
zs011	陈文孝				
12. 深圳市建筑科学研究院有限公司 2人					
zs005	叶 青	zs037	王 欣		
13. 深圳市华蓝设计有限公司 1人					
zs025	高磊明				
14. 深圳市博万建筑设计事务所 1人					
zs039	陈新军				
15. 深圳市汇宇建筑工程设计有限公司 2人					
zs001	刘 毅	zs017	祖万安		
16. 广东广玉源工程技术设计咨询有限公司 1人					
zs026	黄石宝				
17. 深圳市汤桦建筑设计事务所有限公司 1人					
zs022	汤 桦				
18. 广西华蓝设计集团有限公司深圳分公司 1人					
zs028	吴经护				
19. 筑博设计股份有限公司 3人					
zs020	孙慧玲	zs038	俞 伟	zs040	赵宝森
20. 深圳市陈世民建筑设计事务所有限公司 1人					
zs002	陈世民				
21. 艾奕康建筑设计（深圳)有限公司 1人					
zs009	毛晓冰				
22. 深圳市市政设计研究院有限公司 1人					
zs021	李 明				

附录二

《注册建筑师》编委会

编委会主任修璐在《注册建筑师》首发式上致辞

深圳市住房和建设局副局长洪海灵在《注册建筑师》首发式上致辞

中国建筑工业出版社副总编王莉慧在《注册建筑师》首发式上致辞

深圳市民间组织管理局孙景明副局长在《注册建筑师》首发式上致辞

第二期编委会合影

修璐主任与何家琨顾问

刘毅会长与孟建民大师

香港嘉宾

出版社给参编单位赠书

出版社给全体编委赠书

附录三

《注册建筑师》编委风采

修　璐

职　　务：副主任
学　　位：博士、研究员
单位名称：住房和城乡建设部执业资格注册中心
深圳市注册建筑师协会名誉会长
兼国际合作与理论研究委员会总顾问

刘　毅

职　　务：会长
职　　称：高级建筑师
执业资格：国家一级注册建筑师
单位名称：深圳市注册建筑师协会

艾志刚

职　　务：副会长、副院长
中国建筑学会建筑师分会理事
深圳市注册建筑师协会副会长
职　　称：教授
执业资格：国家一级注册建筑师
单位名称：深圳大学建筑与城市规划学院

陈邦贤

职　　务：副会长、院长
职　　称：教授级高级建筑师
执业资格：国家一级注册建筑师
单位名称：深圳市注册建筑师协会
深圳市建筑设计研究总院有限公司第二设计院

张一莉

职　　务：副会长兼秘书长
职　　称：高级建筑师
执业资格：国家一级注册建筑师
单位名称：深圳市注册建筑师协会
深圳市建筑设计研究总院有限公司

赵嗣明

职　　务：副会长兼副秘书长
职　　称：教授级高级建筑师
执业资格：国家一级注册建筑师
单位名称：深圳市注册建筑师协会
深圳奥意建筑工程设计有限公司

陆　强

职　　务：副总经理、设计总监
职　　称：教授级高级建筑师
执业资格：国家一级注册建筑师
单位名称：香港华艺设计顾问（深圳）有限公司

庄　葵

职　　务：副总裁
职　　称：教授级高级建筑师
执业资格：国家一级注册建筑师
单位名称：CCDI 悉地国际

冯 春

职　　务：建筑总工、副总建筑师
职　　称：高级建筑师
执业资格：国家一级注册建筑师
单位名称：深圳市建筑设计研究总院有限公司

冯果川

职　　务：执行副总裁
　　　　　执行总建筑师
职　　称：建筑师
执业资格：国家一级注册建筑师
单位名称：筑博设计股份有限公司

忽 然

职　　务：总建筑师
职　　称：建筑师
执业资格：国家一级注册建筑师
单位名称：深圳中深建筑设计有限公司

陈 竹

职　　务：副总建筑师
职　　称：高级建筑师
执业资格：国家一级注册建筑师
单位名称：深圳市清华苑建筑设计有限公司

曾 繁

职　　务：总建筑师
职　　称：高级建筑师
执业资格：国家一级注册建筑师
单位名称：深圳市梁黄顾艺恒建筑设计有限公司

韦 真

职　　务：副总经理、副总建筑师
职　　称：高级建筑师
执业资格：国家一级注册建筑师
单位名称：深圳市东大建筑设计有限公司

侯 军

职　　务：院长
职　　称：高级建筑师
执业资格：国家一级注册建筑师
单位名称：深圳市建筑设计研究总院有限公司
　　　　　筑塬建筑设计研究院

千 茜

职　　务：副院长、总建筑师
职　　称：教授级高级建筑师
执业资格：国家一级注册建筑师
单位名称：深圳市北林苑景观及建筑规划
　　　　　设计院有限公司

编后语

《注册建筑师》首期出版发行，深受业内人士喜爱及好评，甚感欣慰并成为新一期编撰出版的动力。

《注册建筑师》是以专业性、技术性、实用性和时效性为宗旨，刊登优秀的建筑设计作品和理论；重点介绍建筑技术的应用、细部构造设计、实施节能措施等。主要栏目有：建筑理论研究与探讨、注册建筑师执业与创新、注册建筑师之窗、建筑广角等。涵盖规划设计、景观设计、方案设计、施工图设计、技术创新、绿色建筑、建筑技术细则与措施等。

本书还刊登了深圳各建筑设计单位执业注册建筑师会员名录，方便建设单位和相关单位查找及联系。

本期重点：深圳前海区城市规划、福田中心区规划历程、罗湖区城市更新规划；2013年海峡两岸和香港、澳门建筑设计大奖获奖作品等。

《注册建筑师》是连续出版物，不定期出版。本书图文并茂，内容丰富新颖，具有前瞻性和实用性，是供建筑师、规划师、科研管理人员、大中院校教师学生以及房地产商、建筑材料商等阅读参考，并值得收藏的专业书籍。

在编撰过程中，我们得到深圳市住房和建设局的支持与指导；原住房和城乡建设部执业资格注册中心副主任修璐博士亲自指导选题及审核书稿；本市10余家设计单位的积极参与，使编撰工作顺利进行。对上述机构和人员的努力与付出深表感谢。在此，还要感谢各参编单位、各位编委的共同努力。

由于能力所限，本书不全面、不妥当之处还望各界原谅，并望及时赐教。

张一莉
《注册建筑师》主编
深圳市注册建筑师协会副会长兼秘书长
2013年8月

图书在版编目（CIP）数据

注册建筑师.02 / 深圳市注册建筑师协会,张一莉主编.
北京：中国建筑工业出版社，2013. 8
ISBN 978-7-112-15612-2

Ⅰ. ①注… Ⅱ. ①深… ②张… Ⅲ.①建筑师－作品集－中国－现代②建筑师－介绍－中国－现代Ⅳ. ①TU206 ②K826.16

中国版本图书馆CIP数据核字 (2013) 第159399号

责任编辑：费海玲　张振光
装帧设计：肖晋兴
责任校对：党　蕾　王雪竹
封面题字：叶如棠

注册建筑师 02

深圳市注册建筑师协会

主　　编　张一莉
执行主编　张一莉 赵嗣明 艾志刚 陈邦贤

*
中国建筑工业出版社出版、发行（北京西郊百万庄）
各地新华书店、建筑书店经销
北京晋兴抒和文化传播有限公司制版
恒美印务（广州）有限公司印刷
*
开本：880×1230毫米　1/16　印张：$13^{1}/_{4}$　字数：400千字
2013年9月第一版　2013年9月第一次印刷
定价：128.00元
ISBN 978-7-112-15612-2
(24237)